·视频讲解·

U0180641

电子元器件

从入门到精通

张红辉　马志文◎主编

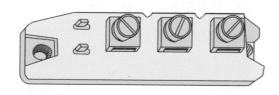

中国商业出版社

图书在版编目（CIP）数据

电子元器件从入门到精通 / 张红辉，马志文主编
. -- 北京：中国商业出版社，2022.2
（零基础学技能从入门到精通丛书）
ISBN 978-7-5208-1943-5

Ⅰ.①电… Ⅱ.①张… ②马… Ⅲ.①电子元器件
Ⅳ.①TN6

中国版本图书馆CIP数据核字(2021)第241974号

责任编辑：管明林

中国商业出版社出版发行

（www.zgsycb.com　100053　北京广安门内报国寺1号）

总编室：010-63180647　　编辑室：010-83114579

发行部：010-83120835/8286

新华书店经销

三河市冀华印务有限公司印刷

*

710毫米×1000毫米　16开　19印张　450千字

2022年2月第1版　2022年2月第1次印刷

定价：88.00元

* * * *

（如有印装质量问题可更换）

前言

　　随着科学技术的发展和高新技术的广泛应用，电子技术在国民经济中具有越来越重要的作用，并深深渗透到人们的生活、工作和学习中。新的世纪已跨入以电子技术为基础的信息化社会，层出不穷的电子新业务和电子新设施几乎无处不在、举目可见。掌握一定的电子技术基础知识和基本技能是电子信息时代对每个国民提出的要求和召唤，也是提高素质、搞好本职工作的需要。特别是我国加入 WTO 后，随着产业结构的调整，电子及其相关行业得到飞速发展，社会对电子产业人才的需求量逐年上升，电子产业人才严重不足，已成为我国的四大紧缺技能人才之一。为帮助广大即将加入或已从业电子人员尽快地学习和掌握电子技术基础知识和基本技能，特组织有关专家编写《电子元器件从入门到精通》一书。

　　本书主要讲述了电子产品中常用的基本元器件、晶体分立元件、敏感元器件、电声器件、执行元器件、集成电路、电真空器件与其他元器件的基本知识，主要技术指标及性能，技术参数及元器件质量的测试方法，并为读者提供了一些常用元器件的技术资料。全书结构合理、内容详尽、实用性强，是一本通俗、新颖、实用的科普读物，适合电子产品的生产技术人员、维修人员、应用人员阅读，可作为电子技校、职业学校、中等专业学校的电子技术基础教材，也可作为广大电子爱好者的学习参考书。

本书由五彩绳科技研究室组织编写，特邀请长期在企业生产和教学工作第一线、具有丰富实践经验的教师和工程技术人员编写，其中主编为衡阳技师学院张红辉高级讲师和营口市现代服务学校马志文高级讲师。在编写过程中，编者参考了大量的参考文献和科技文章，同时得到工作单位的大力支持和帮助，在此一并表示感谢。

由于编者水平有限，书中不妥之处在所难免，恳请广大读者批评指正。

作者

2021 年 9 月

目录

第一章　检测仪器与电子元器件简介

第五章 二极管

第一节 二极管的基本知识

第二节 二极管的选用、代换与检测

第六章 晶体三极管

第一节 晶体三极管的基本知识

第一章　检测仪器与电子元器件简介

第一节　万用表

万用表也称为三用表或万能表，它集电压表、电流表和电阻表于一体，是测量、维修各种电子产品时最常用的测量工具。下面分别介绍常用指针式万用表和数字式万用表的结构特点与使用方法。

一、指针式万用表

指针式万用表是用指针来指示被测数值的万用表，属于一种模拟显示仪表。

1.指针式万用表的结构

指针式万用表通常由表头、表盘、表笔、转换开关、调零部件、电池、整流器和电阻器等组成。

表头一般是一只磁电式的直流电流表，它是万用表的主要部件，由指针、磁路系统、偏转系统组成。

表盘是被测参量的刻度盘，上面印有多种符号及数值。使用万用表之前，应正确理解表盘上各种符号、字母的含义及各条刻度线的读法。图 1-1-1 所示为指针式万用表的表盘。

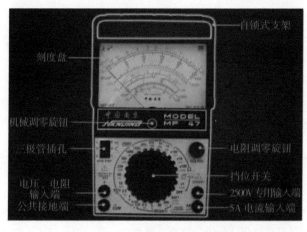

图 1-1-1　指针式万用表的表盘

万用表有两支表笔，一支为黑表笔，接在万用表的"–"端插孔（在电阻挡时内接表内电池的正极）；另一支为红表笔，接在万用表的"+"端插孔（在电阻挡时内接表内电池的负极）或 2500V 电压端插孔、5A 电流端插孔。

转换开关用来选择测量项目和量程。大部分万用表只有一个转换开关，而 500 型万用表用两个转换开关配合选择测量项目及量程。

万用表中心的机械调零部件用来调整表头指针静止时的位置（即表针静止时应处于表盘左侧的"0"处）。调零旋钮只在测量电阻时使用。

2. 指针式万用表的功能

指针式万用表可以用来测量电压、电流、电阻、电平、电容、二极管、三极管等，其性能指标如表 1–1–1 所示。

表 1–1–1　MF47 型万用表的性能指标

测量项目	量程范围	灵敏度	准确度等级
直流电流	$0 \sim 0.05$mA，$0 \sim 0.5$mA，$0 \sim 5$mA，$0 \sim 50$mA，$0 \sim 500$mA，$0 \sim 5$A	0.3V	2.5
直流电压	$0 \sim 0.25$V，$0 \sim 1$V，$0 \sim 2.5$V，$0 \sim 10$V，$0 \sim 50$V，$0 \sim 250$V，$0 \sim 500$V，$0 \sim 1000$V，$0 \sim 2500$V	20000Ω/V	2.5
交流电压	$0 \sim 10$V，$0 \sim 50$V，$0 \sim 250$V，$0 \sim 500$V，$0 \sim 1000$V，$0 \sim 2500$V	4000Ω/V	5
直流电阻	R×1，R×10，R×100	R×1 中心刻度为 16.5Ω	2.5
	R×1k，R×10k		10
音频电平	$-10 \sim +22$dB	1mV、600n 信号对应的电平为 0dB	
电　感	$20 \sim 1000$H		
电　容	$0.001 \sim 0.3 \mu$F		
三极管电流放大倍数	$0 \sim 300$	1200MΩ	

3. 指针式万用表的使用方法

（1）万用表使用常识

① 插孔的选择：在测量前，首先检查测试表笔应插在什么位置上。红表笔的连线应接到标有"+"符号的插孔内，黑表笔应接到标有"–"或"*"符号的插孔内。有些万用表针对特殊量设有专用插孔，在测量这些特殊量时，应把红表笔改接到相应的专用插孔内，而黑表笔的位置不变。

② 测量挡位的选择：根据测量的对象，将转换开关旋至需要的位置上。有的模拟万用表面板上设有两个转换开关旋钮，使用时需要互相配合来完成测量工作。在选择挡位时，应特别小心，稍有不慎就有可能损坏仪表。特别是测量电压时，如果误选了电流挡或者电阻挡，

将会使表头遭受严重损坏，甚至被烧毁。因此，选择好测量对象后，要仔细核对无误后才能进行测量。

③ 量程的选择：根据被测量的估计值选择量程，量程应大于被测量的数值。测量电流、电压时，应尽量使指针工作在满刻度值的 1/3 以上区域，以保证测量结果的准确度。用万用表测量电阻时，应尽量使指针在中心刻度值的 0.1 ~ 10 倍之间。如果测量前无法估计出被测量的大致范围，则应先把转换开关旋至量程最大的位置进行估测，然后再选择适当的量程进行测量。

④ 正确读数：万用表的表盘上有很多条标度尺，每一条标度尺上都标有被测量的标志符号。测量读数应根据被测量及量程在相应的标度尺上读出指针指示的数值。另外，读数时尽量使视线与表面垂直；对装有反射镜的模拟式万用表，应使镜中指针的像与指针重合后再进行读数。

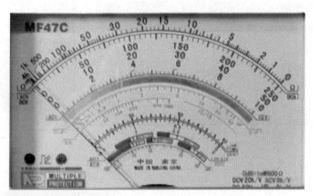

图 1-1-2　指针式万用表的正确读数

（2）使用前的检查与调整

① 检查万用表的外观是否完好无损，当轻轻摇晃时，指针能左右轻微摆动自如。

② 转动转换开关，查看是否切换灵活、指示量程挡位是否准确。

③ 水平放置万用表，进行机械调零，即转动表盘指针下面的机械调零旋钮，使指针对准标度尺左边的 0 位线。

④ 测电阻前应进行欧姆调零（电气调零），即将挡位开关置于欧姆挡，两支表笔短接调整零欧姆调整器旋钮，以检查万用表内的电池电压。如调整时指针不能指在欧姆标度尺右边的 0 位线，则应更换电池。

⑤ 检查测试表笔插接是否正确。黑表笔应接负极，即"–"或"*"的插孔上，红表笔应接正极，即"+"的插孔上。

（3）测量电阻

① 测量电阻时，首先应将万用表的转换开关置于电阻挡的适当量程，并根据被测电阻估测值选择量程合适的挡位，指针应指在标度尺中心两侧，不宜偏向两端。

② 测量电阻前，应先断开连接被测电路的电源，否则，将损坏仪表或者影响测量结果。

③ 测量过程中每变换一次量程挡位，应重新进行欧姆调零。

④ 测量过程中测试表笔应与被测电阻接触良好，以减少接触电阻的影响；手不得触及表笔的金属部分，以防止将人体电阻与被测电阻并联，引起不必要的测量误差。

⑤ 被测电阻不能有并联支路，否则其测量结果是被测电阻与并联支路的等效电阻，而不是被测电阻的实际阻值。

⑥ 欧姆挡测量晶体管参数时，考虑到晶体管所能承受的电压比较小和容许通过的电流较小，一般应选择 R×100 或 R×1k 的倍率挡。这是因为低倍率挡的内阻较小，电流较大，而高倍率挡的电池电压较高，避免损坏晶体管。因此，一般不适宜用低倍率挡或者高倍率挡去测量晶体管的参数。

⑦ 特别注意在模拟万用表中，红表笔与表内电池的负极相连接，而黑表笔与表内电池的正极相连接。

⑧ 测量完毕，应将转换开关旋至空挡或者交流电压最大挡，防止在欧姆挡上表笔短接时消耗电池。更重要的是防止下次使用时，忘记换挡即用欧姆挡去测量电压或者电流而损坏万用表。

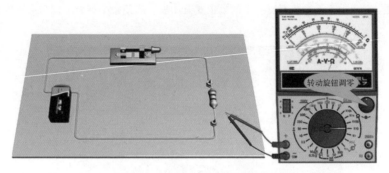

图 1-1-3　指针式万用表的电阻测量

（4）测量电压（图 1-1-4）

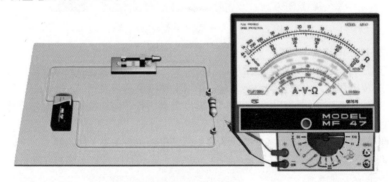

图 1-1-4　指针式万用表的电压测量

① 测量电压时，表笔应与被测电路并联连接。

② 在测量直流电压时，应分清被测电压的极性，即红表笔接正极，黑表笔接负极。如无法区分正负极时应先将一支表笔触牢，另一支表笔轻轻碰触，若指针反向偏转，应调换表笔进行测量。

③ 应根据被测电压值选择合适的电压量程挡位，被测电压值无法估计时，应选用最大电压量程挡进行粗测，再变换量程进行测量。

④ 测量中应与带电体保持安全距离，手不得触及表笔的金属部分，防止触电。同时还要防止短路和表笔脱落。测量高电压时（500～2500V）应戴绝缘手套，站在绝缘垫上进行，并使用高压测试表笔。

⑤ 测量电压时，指针应指在标度尺满刻度的 2/3 处左右，即指示值越接近满刻度，测量

结果越准确。

⑥测量直流电压时，一定要注意表内阻对被测电路的影响，否则将可能产生较大的测量误差。

⑦测量交流电压时的方法及注意事项与测量直流电压时相似，只是测量交流电压时万用表的表笔不分极性。

⑧测试完毕应将转换开关置于空挡、OFF位或者电压最高挡位。

（5）测量电流

①测量电流时仪表必须与被测电路串联连接。严禁并联连接，防止仪表损坏。

②测量直流电流时，应分清正负极性，即红表笔接正极，黑表笔接负极。如无法区分正负极时应先将一支表笔触牢，另一支表笔轻轻碰触，若指针反向偏转，应调换表笔。

③应根据被测电流值，选择合适的电流量程挡位。被测电流值无法估计时，应选择最大电流量程挡进行粗测，再变换量程进行测量。

④测量中不许带电换挡，测量较大电流时应断开电源后再撤表笔。

⑤测量电流时，指针应指在标度尺满刻度的2/3处左右，即指示数越接近满刻度，测量结果越准确。

⑥测试完毕应将转换开关置于空挡、OFF位或者电压最高挡位。

二、数字式万用表

1. 数字式万用表的结构

数字式万用表是以数字形式来指示测量数值的万用表，一般由显示器（LCD或LED）、显示器驱动电路、A/D转换器、交直流变换电路、转换开关、表笔、插座、电源开关等组成，如图1-1-5所示。

数字式万用表不但具有指针式万用表的功能，而且具有读数直观、分辨率高、测量速度快、输入阻抗高等优点。

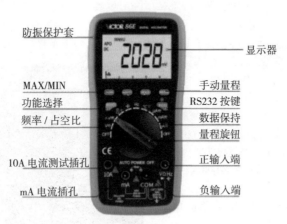

图1-1-5　数字式万用表的结构

2. 数字式万用表的使用方法

（1）测量电阻（图1-1-6）

测量电阻之前，应将转换开关拨至电阻挡（Ω挡）适当的量程，将黑表笔接COM（接地端）

插孔，红表笔接"V.Ω"插孔。测量时，若被测电阻阻值大于所选电阻量程，则万用表显示为"1"（即溢出状态，为无穷大），这时应更换高挡电阻量程。

（2）测量电压（图1-1-7）

测量直流电压之前，将转换开关拨至直流电压挡（DCV挡）的适当量程，将黑表笔接COM插孔，红表笔接"V.Ω"插孔。接通电源开关，用两表笔并接在被测电源的两端，若测量值显示为"1"，则说明被测值超过量程，需置更高级电压量程进行测量；若显示值带"−"号，说明红表笔接的是被测电压的低端。

测量交流电压时，只需将转换开关拨至交流电压挡（ACV）的适当量程，其他与测量直流电压时相同。

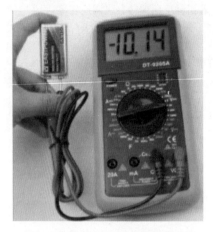

图1-1-6　数字式万用表测量电阻

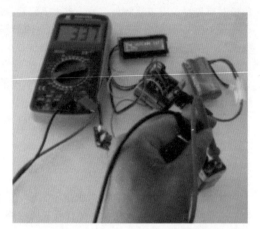

图1-1-7　数字式万用表测量电压

（3）测量电流（图1-1-8）

测量直流电流之前，应将转换开关拨至直流电流挡（DCA挡）的适当量程，将红表笔插入"mA"插孔，黑表笔仍接COM插孔不动。接通电源开关，将两表笔串入被测电路中（应注意被测电流的极性），显示器即会显示所测的数值。若电流量程挡位在"mA"挡，则显示数值的单位为"毫安"；若在"μA"挡，则显示数值的单位为"微安"。

注意：不同的数字式万用表，相应的直流量程刻度也不同，如DT830、DT890A的直流电流挡有200μA、2mA、20mA/10A、200mA四个量程，DT890D、DT9205等则有2mA、20mA、200mA、20A四个量程。当需要测量200mA以上、10A或20A以下的大电流时，红表笔应接入"20mA/10A"或20A插孔。

测量交流电流时，只需将转换开关拨至交流电流挡（ACA）的适当量程，其他与测直流电流时相同。

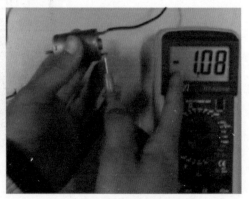

图1-1-8　数字式万用表测量电流

（4）测量二极管或三极管（图1-1-9）

数字式万用表上的二极管测量挡（标注有二极管图形符号），可用来检测二极管、三极管等器件。

测量时，可将转换开关拨至二极管测量挡，红表笔接"V.Ω"插孔，黑表笔接COM插孔。接通电源开关后，用两表笔分别接二极管两端或三极管PN结（B、E或B、C）的两端，万用表会显示二极管正向压降的近似值。

（5）测量晶体管 h_{FE}

将转换开关置于 h_{FE} 挡（测NPN管时用"NPN"挡，测PNP管时用"PNP"挡），将被测三极管的三个引脚分别插入 h_{FE} 插座上的相应引脚中，然后接通电源开关，直接从显示器上显示三极管的 h_{FE} 值。

（6）测量电容（图1-1-10）

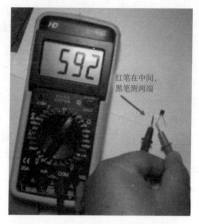

红笔在中间，黑笔测两端

图1-1-9　数字式万用表测量三极管

电容值的测量挡位，同样，上面标示的也是各挡所能测量的最大电容值。

选择好挡位后，把电容插入这两个孔，显示的就是该电容的容量了！

图1-1-10　数字式万用表测量电容

将量程开关置于CAP或F位置，将被测电容插入电容插座中，直接可读取被测电容的容量值。一般万用表可测量的电容容量范围为 $2nF \sim 20\mu F$。

（7）蜂鸣器挡的使用

数字式万用表的蜂鸣器挡（标注有蜂鸣器图形符号，有的万用表该挡与电阻量程的200挡共用）用于检查线路的通断。检测之前，可将万用表的转换开关置于蜂鸣器挡，黑表笔接COM插孔，红表笔接"V.Ω"插孔。接通电源开关后，两表笔接在被测线路的两端。

当被测线路的直流电阻小于 20Ω（阈值电阻）时，蜂鸣器将发出2kHz的音频振荡声。

第二节　电子示波器

　　电子示波器是一种用途广泛的电子测量仪器，可以把随时间变化的电信号，在示波管的屏幕上描绘成可见的图像，还可以作某些电参量的测量，如电压、电流、频率、周期、相位等。

　　电子示波器的种类很多，功能也各不相同，大体可分为通用示波器、多踪示波器、多束示波器、取样示波器、记忆存储示波器等，其中使用最普遍的是单踪单扫描的通用示波器。

一、电子示波器的结构原理

1. 示波管

　　示波管是示波器的主要部件，其作用是把待观察的电压信号变换成发光的图形显示出来。示波管由电子枪、偏转板、荧光屏三个主要部分组成，如图 1-2-1 所示。

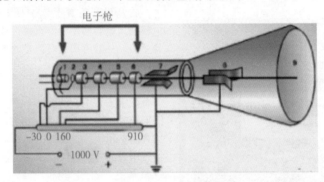

图 1-2-1　示波管的组成

1—灯丝；2—阴极；3—控制栅极；4—第一阳极；5—第二阳极；
6—第三阳极；7—X 轴偏转板；8—Y 轴偏转板；9—荧光屏。

　　（1）电子枪

　　电子枪的作用是产生和发射出一束高速的电子射线轰击在荧光屏上，使荧光屏亮出光点。电子枪包括灯丝、阴极、控制栅极、第一阳极、第二阳极和第三阳极。

　　灯丝：一般通以 6.3V 交流电压，用来加热阴极；

　　阴极：灯丝通电后，阴极受热而发射电子；

　　控制栅极：控制阴极发射出来的电子数；

　　第一阳极：对电子射线进行聚焦；

　　第二阳极：加速从阴极发射出来的电子，并配合第一阳极对电子射线进行聚焦；

　　第三阳极：是在示波管的锥体内部涂上一层石墨形成的。它有三个作用：第一，加快经过偏转区后的电子射线的速度，使荧光屏提高亮度；第二，回收因电子射线以很高速度射向荧光屏后而产生的二次电子；第三，起屏蔽作用，使电子射线不受外来强电场的干扰。

　　（2）偏转板

　　偏转板有两对。一对是 Y 轴偏转板（或称垂直偏转板）；另一对是 X 轴偏转板（或称水平偏转板）。偏转板的作用是使电子束按一定规律上下左右移动，如果没有偏转板的控制作用，亮点只能停留在荧光屏的中心。

（3）荧光屏

它是用发光材料涂在玻璃屏的内壁形成的。电子束轰击荧光屏使它发光，显示出被测信号的图形。荧光屏的材料不同，荧光屏的发光颜色也不同，通常有绿、黄、蓝等色。

当电子束停止轰击后，因荧光粉的发光作用要经过一定时间才停止，这段时间叫作余辉时间，一般分长余辉、中余辉和短余辉三种。一般示波器采用比较多的是中余辉示波管；当观察频率较低的信号时，可用余辉时间较长的示波管；当观察频率较高的信号时，需用余辉时间较短的示波管。

（4）示波管的型号及其意义

示波管的型号由以下四部分组成。

第一部分的阿拉伯数字代表荧光屏的直径或对角线长度，以厘米为单位，取其整数。如13SJ37J，其荧光屏的直径是13.6cm，取其13这个整数。

第二部分的字母代表管子的类型，如SJ表示静电式电子射线管。

第三部分的阿拉伯数字代表型号的序数，即大小相同的各种示波管的不同性能。

第四部分的字母代表示波管的余辉程度。J字代表中余辉，D字代表长余辉，A字代表短余辉。

2. 亮点亮度控制原理

亮点亮度的控制是通过改变控制栅极和阴极之间的电位差，从而控制通过控制栅极的电子数目而实现的。调节辉度电位器，使控制栅极电压负值越大，控制栅极和阴极之间电位差越大，通过控制栅极的电子数目就越少，荧光屏上亮点就越暗；相反控制栅极和阴极之间电位差越小，通过控制栅极的电子数目就越多，荧光屏上的亮点就越亮。

3. 亮点聚焦原理

示波器亮点的聚焦，是由第一阳极和第二阳极组成的电子透镜系统所产生的静电场来完成的。第二阳极和第一阳极相比是处于正电位，并有一定的电位差，因此它们之间就有静电场存在。根据电子逆电力线方向运动的原理，电子从阴极发射出来后，受到静电场的作用，使电子集中形成一束很细的电子射线，在荧光屏上呈现一个亮点。改变第一阳极和第二阳极的电位差，是利用聚焦点电位器和辅助聚焦点电位器来实现的。

4. 示波器波形形成原理

现在常用的示波管一般是采用静电偏转的方法。所谓静电偏转，就是在偏转极之间加上一定的电压，这样就会在偏转板两极之间产生静电场。当电子射线通过偏转区域时受到电场力的作用而产生偏转。

（1）偏转板加直流电压

在偏转板上加直流电压，两偏转板之间产生静电场，电场的电力线方向是由"+"向"–"，所以电子射线向上移动。反之把所加极性对换一下，则电场方向相反，电子射线向下移动。如果偏转板两极之间电位相等，亮点则在荧光屏的中心，如图1-2-2所示。

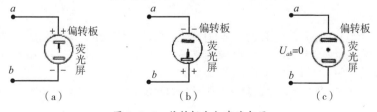

$$（a）\qquad（b）\qquad（c）$$

图1-2-2　偏转板上加直流电压

（2）Y轴偏转板加周期性变化电压

在Y轴偏转板上加周期性变化电压，两极板间产生交变电场，电子射线经过偏转板时将受到交变电场的控制。由于荧光屏的余辉和人们眼睛的视觉残留作用，荧光屏就显示出电子射线周期性运动轨迹——垂直线，见图1-2-3。

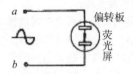

图1-2-3　Y轴偏转板上加周期性变化电压

（3）X轴偏转板加锯齿形电压

X轴偏转板与Y轴偏转板的作用和原理一样，示波器观察一个随时间变化的信号波形必须在荧光屏的水平方向显示一条扫描线。如果在X轴偏转板上加锯齿形电压，就能得到水平扫描线。

为了分析方便，把锯齿形电压的一个周期 $t_1 \sim t_4$ 分为三个阶段来讨论，见图1-2-4（a）。

第一个阶段 $t_1 \sim t_2$：在这段时间内，锯齿形电压处于正半周。假设a极为正电位，b极为负电位，亮点向左移动，见图1-2-4（b）。当时间由 $t_1 \to t_2$ 时，锯齿形电压由正峰值→0，偏转板ab之间电位差减小，亮点逐步向荧光屏中心移动。在时间 t_2 时，偏转板ab之间电压相等，亮点就处于荧光屏中心，见图1-2-4（c）。

第二个阶段 $t_2 \sim t_3$：锯齿形电压由零下降到负半周的峰值，此时偏转板a极为负电位，b极为正电位，亮点由中间逐步向右移动。在时间 t_3 时，亮点到达荧光屏的右边，见图1-2-4（d）。

第三个阶段 $t_3 \sim t_4$：锯齿形电压从负峰值瞬间上升到正峰值，亮点从荧光屏的右边迅速回到左边，见图1-2-4（e）。

锯齿形电压的一个周期完成一次扫描，如果每秒钟扫描次数达到十几次以上，加上荧光屏的余辉作用，在荧光屏上就能看到一条水平扫描线，见图1-2-4（e）。水平扫描线的长短与加在X轴偏转板上的锯齿形电压幅度有关。电压幅度大，扫描线长；电压幅度小，扫描线短。

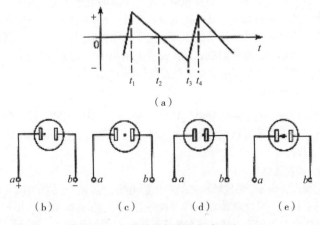

图1-2-4　X轴偏转板上加锯齿形电压

（4）波形的形成

如在Y轴偏转板上加一个变化量，同时在X轴偏转板上加另一个变化量，在荧光屏上就能显示两个变化量的函数关系。一般在X轴偏转板上加锯齿形电压，在Y轴偏转板上加被测信号电压。为了便于分析，把时间分成若干小段，如图1-2-5所示。

当 $t=1$ 时，Y轴偏转板上的电位差等于零，X轴偏转板上的电位差为负值，光点在荧光屏"1"的位置。

当 $t=2$ 时，Y 轴和 X 轴偏转板上都加有一定的电压，在偏转板上电压的作用下，荧光屏上的光点向 "2" 位置移动。其他的各个时间区域的光点移动位置可依此类推，结果在示波管的屏幕上就形成了一个完整的与施加在 Y 轴偏转板上的信号相同的波形。

当光点到达 "5" 位置时，Y 轴上的信号电压变化了一个周期，此时 X 轴上的电压立即回复到起始数值，光点也就恢复到 "1" 的位置。接着就进入第二个周期，在第二个周期中，光点又进行与上述同样的移动。

在这里要指出的是，锯齿形波的重复周期与被测信号的重复周期相等，或者是等于被测信号周期的整数倍时，在屏幕上才能显示出稳定的图形。否则，每次扫描出现的信号波形就不会完全吻合。这时在屏幕上显示的图像就会不断移动，甚至难以观察。所以在电子示波器中必须加入同步触发电路，以使其能显示出稳定的图形。

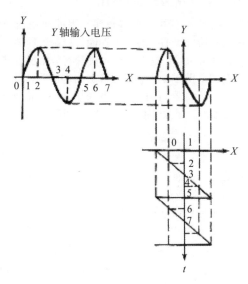

图 1-2-5　波形的形成

二、示波器的电路结构

示波器的电路原理框图，如图 1-2-6 所示。

电源系统由电源变压器、整流和滤波电路组成，它提供示波管和各电路所用的各种不同的高低压电源。标准信号发生器是一个幅度和频率准确已知的机内信号源，用以校正示波器的 X 轴和 Y 轴的刻度。Y 轴偏转系统由前置放大器（包括衰减器、倒相放大器）、延迟线、输出放大器等组成；X 轴偏转系统由来自 Y 通道送来的内触发信号通过同步触发电路、扫描发生器、放大器等组成。X 通道和 Y 通道的作用是将被测电压变换成大小合适的电压信号，在示波器的荧屏上显示出来。

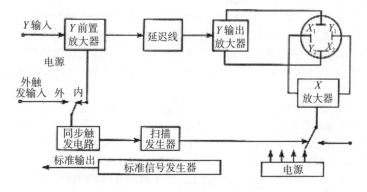

图 1-2-6　示波器电路原理框图

三、电子示波器的使用

电子示波器的类型较多，因此使用前应先阅读仪器说明书中的技术性能、控制机件的作用和使用方法等，这对如何正确和有效掌握仪器使用范围及操作方法等都会带来一定帮助。本书以 ST16 型示波器为例，介绍其使用方法。其他类型示波器的测量方法也可参照进行，见图 1-2-7。

图 1-2-7　ST16 型示波器

1. 使用前的检查和校准

仪器初次使用前，或久置后复用时，应对仪器进行一次能否工作的简单检查，在每次使用前应进行一次校正。

（1）仪器电源与电网电压连接前应注意供电电网与仪器出厂时规定的电压（220V）相符。如使用场合的供电电网电压为 110V 时，应将仪器后盖板打开，重新加以调整。

（2）将仪器面板上各控制机件置于表 1-2-1 所列的位置。

表 1-2-1　各控制机件在示波器面板上的位置

控制机件	作用位置	控制机件	作用位置
¤	逆时针旋转	AC ⊥ DC	⊥
◎	居中	电平	自动
○	居中	t/ div	2ms
↑↓	居中	微调	校准
⇌	居中	+、−、外接、×	+
V/div	⊓⊓	内，电视场、外	内
微调	校准		

（3）接通电源，指示灯应发亮光。预热片刻后，仪器应能进入正常工作。

（4）顺时针调节"¤"辉度旋钮，此时屏幕上应显示出不同步的校准信号方波。

（5）调节"◎"聚焦旋钮和"○"辅助聚焦旋钮，使荧光屏上的电子射线达到较细的最佳宽度。

（6）将触发电平调离"自动"位置，并向逆时针方向转动直至方波波形得到同步（否则应调整稳定度电位器）。然后将方波波形移至屏幕中间，如若仪器性能基本正常，则此时屏幕显示的方波垂直幅度值约为 5div，方波在水平轴上的宽度约为 10div（电网频率为 50Hz）或 8.3div（电网频率为 60Hz）。

（7）将"电平"旋钮置于"自动"位置，用小螺丝刀调节面板上的"平衡"电位器，使改变灵敏度 V/div 开关挡级和调节"微调"旋钮时，所显示的扫描基线不发生 Y 轴方向上的位移为止。

（8）由于示波管的加速电压值（−1200V）的大小受到电网电压变化的牵制，当电网电压偏离 220V（或 110V）时，将直接影响示波管的偏转灵敏度，从而使垂直输入灵敏度 V/div 和水平时基扫描 t/div 造成较大的误差。因此仪器在使用前必须对垂直系统的"增益校准"和水平系统的"扫描校准"分别进行校准，使屏幕上显示的校准信号垂直幅度为 5div，周期宽度恰为 10div（电网频率为 50Hz 时）或 8.3div（电网频率为 60Hz 时）。

2. 直流电压的测量

被测信号中，如含有直流电压，且此直流电压亦需进行测量时，首先应确定一个相对的参考基准电位。一般情况下的基准电位直接采用仪器的地电位。其测量步骤如下。

（1）将 Y 轴输入耦合选择开关置于"上"，触发电平处于"自动"，使屏幕出现一条扫描基线。调节 Y 轴移位旋钮，使扫描基线位于屏幕上某一特定基准位置，作为零电位基准线。

（2）将输入耦合选择开关置于"DC"位置，选择 V/div 和 t/div 挡级开关的适当位置，并将被测信号直接或经 10∶1 衰减探极接至 Y 轴输入端，然后调节触发"电平"使波形稳定。

（3）根据屏幕坐标刻度，如图 1-2-8 所示，分别读出显示信号波形的交流分量（峰—峰）为 Adiv（A=2），直流分量为 Bdiv（B=3），被测信号某特定点 R 与参考基准线间的瞬时电压值为 Cdiv（C=3.5）。若仪器 V/div 挡级的标称值为 0.5V/div，同时 Y 轴输入端使用了 10Y1 衰减探极，则被测信号的各电压值分别为：

交流分量：U_{p-p}=0.5×2×10=10（V_{p-p}）；

直流分量：U=0.5×3×10=15（V）；

R 点瞬时值：U=0.5×3.5×10=17.5（V）。

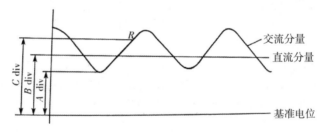

图 1-2-8 直流电压的测量

3. 交流电压的测量

一般直接测量交流分量的峰—峰值，测量时通常被测信号通过输入端的隔直电容，使信号中所含有的交流予以分离。否则，被测信号的交流和直流分量叠加后往往会超过放大器的有效动态范围，故不得不采用较低的输入灵敏度挡级，从而影响交流分量的测量精度。所以垂直系统的输入耦合选择开关应置于"AC"位置，其测量和计算方法仍按上述直流电压测量方法进行。

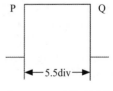

图 1-2-9 时间的测量

4. 时间的测量

（1）按被测信号波形上两特定点 P 与 Q 的时间间隔，选择适当的 t/div 扫描挡级，使两特定点的距离在屏幕的有效面内达到最大限度，以便提高精度，见图 1-2-9。

（2）根据屏幕坐标的刻度，读出被测信号两特定点 P 与 Q 间的距离为 Ddiv，如 t/div 扫描开关挡级的标称值为 2ms/div，D=5.5，则 P、Q 两点的时间间隔为

$$t=2×5.5=11（ms）$$

5. 频率的测量

对重复信号的频率测量，一般可按时间测量的步骤进行，测出其信号周期，并按其倒数计算出频率值。

例如测得某重复信号的周期为 $T=5\mu s$，则频率为

$$f=\frac{1}{T}=\frac{1}{5\times10^{-6}}=0.2\times10^6=200\,(\text{kHz})$$

6. 脉冲上升时间的测量

（1）按照被测信号的幅度选择 V/div 挡级，并调节灵敏度"微调"电位器，使屏幕上所显示的波形垂直幅度正好为 5div。

（2）调节触发"电平"及"⇌"水平移位电位器，并按照脉冲前沿上升时间的宽度，选择适当的 t/div 扫描挡级，使屏幕上显示信号波形，如图 1-2-10 所示。

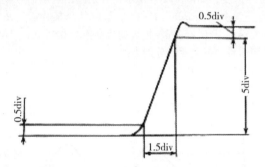

图 1-2-10　脉冲上升时间的测量

（3）根据屏幕上坐标刻度显示的波形位置，读出信号波形的前沿在垂直幅度的 10% 与 90% 两位置之间间隔为 Ddiv。若 t/div 扫描挡级的标称值为 $0.1\mu s/div$，Ddiv=1.5div，则前沿上升时间 t_Y 为

$$t_Y=\sqrt{t_1{}^2-t_2{}^2}=\sqrt{(0.1\times1.5\times1000)^2-70^2}\approx133\,(\text{ns})$$

其中，t_1 为垂直幅度 10% 与 90% 的时间间隔；t_2 为仪器固有上升时间，约为 70ns。

7. 相位的测量

在未具备专用的相位测量仪表情况下，通常用示波器来进行相位差的测量。

例如要测量正弦波通过放大器后的滞后相角值，其方法和步骤如下。

（1）将仪器的触发源选择开关置于"外"，同时将导前的信号 A 分别接入仪器的 Y 轴输入插座和外触发输入端。然后调节"t/div"扫描开关、扫描"微调"和触发"电平"，使屏幕上所显示信号周期宽度在 X 轴上坐标刻度恰为 9div，这样轴上的坐标刻度值就直接与信号的角度值相对应，即 360°/9div=40°/div。

（2）读出导前信号波形 A 的特定点 P 在 X 轴上的位置，同时应保持仪器的外触发信号、"t/div"开关、扫描"微调"、触发"电平"和"⇌"水平移位电位器皆不变，然后将原输入 Y 轴的导前信号 A 改为滞后信号 B，并读出滞后信号在 X 轴上的相应特定点 P′的位置，见图 1-2-11。

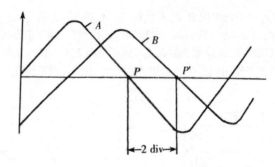

图 1-2-11 相位的测量

（3）根据两特定点 P、P' 的距离 $D\mathrm{div}$（2div）计算两信号间的相移。即

$$\varphi=D \times 40° =2 \times 40° =80（°）$$

8. 使用注意事项

（1）输入端不应馈入过高电压。

（2）应在示波管有效屏面的中心区进行测量，以免因示波管的边缘失真而产生测量误差。

（3）应避免手指或人体其他部位触及 Y 轴输入端或探针，以免输入人体感应的 50Hz 交流电压而影响测试，或导致 Y 轴放大器过载。

（4）示波器暂停使用关断电源后，如需继续使用时，应等待数分钟后再开启电源，以免熔断保险丝。

第三节 兆欧表

兆欧表俗称摇表，它是用来检测电气设备、供电线路绝缘电阻的一种可携式仪表。兆欧表标度尺上的单位是"兆欧"，用"$M\Omega$"表示，$1M\Omega=10^3k\Omega=10^6\Omega$。

一、兆欧表的结构和工作原理

兆欧表的种类很多，但基本的结构相同，主要由一个磁电系的比率表和高压电源（常用手摇发电机或晶体管电路产生）组成。兆欧表的外形如图 1-3-1 所示，原理结构和线路图如图 1-3-2 所示。

从图 1-3-2 可以看出，被测的绝缘电阻 R_x 接于兆欧表的"线"（线路）和"地"（接地）端钮之间，此外在"线"端钮外圈还有一个铜质圆环，叫作保护环，又称为屏蔽接线端钮，符号为"G"，它与发电机的负极直接相连。被测绝缘电阻 R_x 与附加电阻 R_c 及比率表中的可动线圈 1 串联，流

图 1-3-1 兆欧表的外形

过可动线圈 1 的电流 I_1 与被测电阻 R_x 的大小有关。R_x 越小，I_1 就越大，磁场与可动线圈 1 相互作用而产生的转或力矩 M_1 也就越大，越使指针向标度尺 "0" 的方向偏转。指针的偏转可指示出被测电阻的数值。可动线圈 2 的电流与被测电阻无关，仅与发电机电压 U 及附加电阻 R_v 有关，它与磁场相互作用而产生的力矩 M_2 与 M_1 相反，相当于游丝的反作用力矩，使指针稳定。

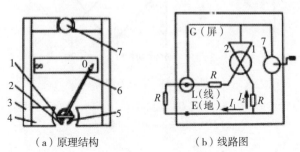

（a）原理结构　　　　　（b）线路图

1、2—可动线圈；3—永久磁铁；4—极掌；
5—有缺口的圆环铁芯；6—指针；7—手摇发电机。

图 1-3-2　兆欧表的原理结构和线路图

数字显示屏直接显示测试时所选择的高压挡位以及高压警告，通过电池状态可以了解数字兆欧表内的电量，测试时间可以显示测试检测的时间，计时符号闪动时表示当前处于计时状态；检测到的绝缘阻值可以通过模拟刻度盘读出测试的读数，也可以通过数字直接显示出检测的数值和单位，见图 1-3-3。

图 1-3-3　数字显示屏

表 1-3-1 所列为数字显示屏显示符号的意义。

表 1-3-1　数字显示屏显示符号的意义

符　号	定　义	说　明	符　号	定　义	说　明
BATT	电池状态	显示电池的使用量	**8888**	测试结果	测试匠阻值结果，无穷大显示为："— — —"

续表

符　号	定　义	说　明	符　号	定　义	说　明
	模拟数值刻度表	用来显示测试阻值的应用	μF TΩ GΩ VMΩ	测试单位	测试结果的单位
l.8888 V	高压电压值	输出高压值	Time1	时间提示	到时间提示
	高压警告	按下测试键后输出高压时，该符号点亮	Time2	时间提示	到时间提示并计算吸收比
88:88 min sec	测试时间	测试显示的时间	MEM	储存提示	当按储存键显示测试结果时，该符号点亮
	计时符号	当处于测试状态时,该符号闪动,正在测试计时	P1	极性提示	极性指数符号，当到 Time 计算完极性指数后，点亮该符号

二、常用兆欧表的技术数据（见表 1-3-2）

表 1-3-2　常用兆欧表的技术数据

型　号	准确度等级	额定电压（V）	测量范围（MΩ）
ZC－7	1.0	100	0～200
	1.0	250	0～500
	1.0	500	1～500
	1.0	1000	2～2000
	1.5	2500	5～5000
ZC11-1	1.0	100	0～500
ZC11-2	1.0	250	0～1000
ZC11-3	1.0	500	0～2000
ZC11-4	1.0	1000	0～5000
ZC11-5	1.5	2500	0～10000
ZC11-6	1.0	100	0～20
ZC11-7	1.0	250	0～50
ZC11-8	1.0	500	0～1000
ZC11-9	1.0	1000	0～2000
ZC11-10	1.5	2500	0～2500

型　号	准确度等级	额定电压（V）	测量范围（MΩ）
ZC25-1	1.0	100	0～100
ZC25-2	1.0	250	0～250
ZC25-3	1.0	500	0～500
ZC25-4	1.0	1000	0～1000
ZC40-1	1.0	50	0～100
ZC40-2	1.0	100	0～200
ZC40-3	1.0	250	0～1000
ZC40-4	1.0	500	0～1000
ZC40-5	1.0	1000	0～2000
ZC40-6	1.5	2500	0～5000
ZC30-1	1.5	2500	0～20000
ZC30-2	1.5	5000	0～50000
ZC44-1	1.5	50	0～50
ZC44-2	1.5	100	0～100
ZC44-3	1.5	250	0～200
ZC44-4	1.5	500	0～500

注：1. 表中准确度等级是以标度尺长度百分数表示的；
　　2. 表中 ZC30 和 ZC40 系列为晶体管兆欧表

三、兆欧表的使用及注意事项

1. 兆欧表的正确使用

以手摇式兆欧表为例，在检测室内供电电路的绝缘阻值之前，首先将 L 线路接线端子拧松，然后将红色测试线的 U 型接口接入连接端子（L）上，拧紧 L 线路接线端子；再将 E 接地端子拧松，并将黑测试线的 U 型接口接入连接端子，拧紧 E 接地端子，如图 1-3-4 所示。

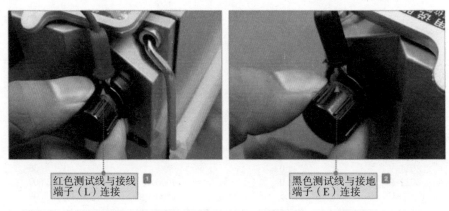

红色测试线与接线
端子（L）连接　1

黑色测试线与接地
端子（E）连接　2

图 1-3-4　将红黑测试夹的连接线与兆欧表接线端子进行连接

　　在使用手摇式兆欧表进行测量前，还需对手摇式兆欧表进行开路与短路测试，检查兆欧表是否正常，将红黑测试线分开，顺时针摇动摇杆，兆欧表指针应指示"无穷大"；再将红黑测试线短接，顺时针摇动摇杆，兆欧表指针应当指示"零"，说明该兆欧表正常，注意摇速不要过快，如图 1-3-5 所示。

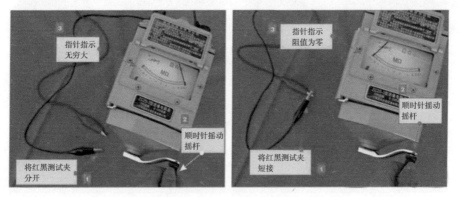

图 1-3-5　使用前检测兆欧表

　　将室内供电线路上的总断路器断开后，将红色测试线连接支路开关（照明支路）输出端的电线，黑色测试线连接在室内的地线或接地端（接地棒），如图 1-3-6 所示。然后顺时针摇动兆欧表的摇杆，检测室内供电线路与大地间的绝缘电阻，若测得阻值约为 500MΩ，则说明该线路绝缘性很好。

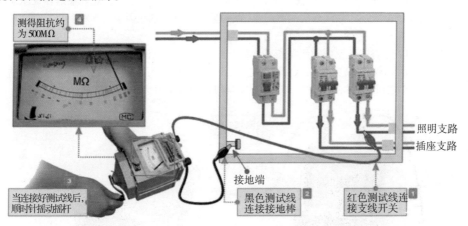

图 1-3-6　检测室内供电线路与接地端的绝缘电阻

重要提示：

　　在使用兆欧表进行测量时，需要手提兆欧表进行测试，应保证提着兆欧表的手保持稳定，防止兆欧表在摇动摇杆时晃动，并且应当在兆欧表水平放置时读取检测数值。在转动摇杆手柄时，应当由慢至快，若发现指针指向零时，应当立即停止摇动摇柄，以防兆欧表内部的线圈损坏。兆欧表在检测过程中，严禁用手触碰测试端，以防电击。在检测结束，进行拆线时，也不要触及引线的金属部分。

以数字兆欧表为例，介绍一下数字兆欧表检测带电变压器绝缘阻值的方法。

将数字式兆欧表的量程调整为 500V 挡，显示屏上会同时显示量程为 500V；将红表笔插入线路端"LINE"孔中，黑表笔插入接地端"EARTH"孔中，如图 1-3-7 所示。

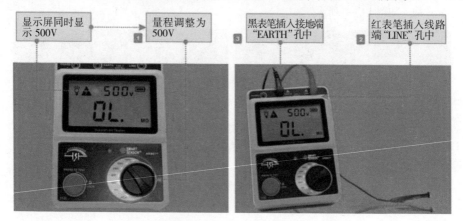

显示屏同时显示 500V ①

量程调整为 500V

黑表笔插入接地端"EARTH"孔中 ③

红表笔插入线路端"LINE"孔中 ②

图 1-3-7　调整数字式兆欧表的量程并连接表笔

图 1-3-8 为使用数字兆欧表检测变压器初级绕组阻值的操作。将数字式兆欧表的红表笔搭在变压器初级绕组的任意一根线芯上，黑表笔搭在变压器的金属外壳上，按下数字式兆欧表的测试按钮，此时显示屏显示绝缘阻值为 500MΩ。

将数字式兆欧表的红表笔搭在变压器次级绕组的任意一根线芯上，黑表笔搭在变压器的金属外壳上，按下数字式兆欧表的测试按钮，此时显示屏显示绝缘阻值为 500MΩ，如图 1-3-9 所示。

图 1-3-10 为测试变压器初级绕组和次级绕组之间绝缘阻值的操作。将数字式兆欧表的红表笔搭在变压器次级绕组的任意一根线芯上，黑表笔搭在变压器初级绕组的任意一根线芯上，按下数字式兆欧表的测试按钮，此时显示屏显示绝缘阻值为 500MΩ。

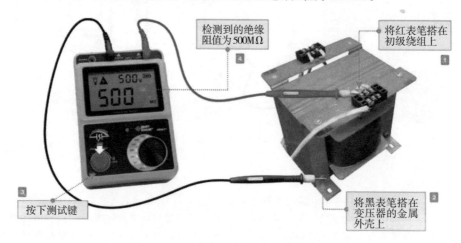

检测到的绝缘阻值为 500MΩ ④

将红表笔搭在初级绕组上 ①

按下测试键 ③

将黑表笔搭在变压器的金属外壳上 ②

图 1-3-8　测试变压器初级绕组的绝缘阻值

图 1-3-9　测试变压器次级绕组的绝缘阻值

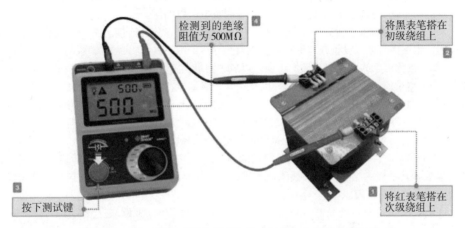

图 1-3-10　测试变压器初级绕组和次级绕组之间的绝缘阻值

2. 兆欧表的使用注意事项

（1）电压等级的选择：对于额定电压在 500V 以下的电气设备，应选用 500V 的兆欧表；对于额定电压在 500V 以上的电气设备，应选用 1000 ～ 2500V 的兆欧表。

（2）测量范围的选择：应注意不使兆欧表的测量范围过多地超出所需测量的绝缘电阻值，以减少误差的产生。对于刻度不是从零开始的兆欧表（例如从 1MΩ 或 2MΩ 开始的兆欧表）一般不宜用来测量低压电气设备的绝缘电阻。因为这种电气设备的绝缘电阻值较小，有可能小于 1MΩ，在仪表上得不到读数，容易误认为绝缘电阻值为零而得出错误的结论。

兆欧表的选择见表 1-3-3。

表 1-3-3　兆欧表的选择

被 测 对 象	被测设备额定电压（V）	兆欧表额定电压（V）
线圈的绝缘电阻	500 以下	500

续表

被 测 对 象	被测设备额定 电压（V）	兆欧表额定 电压（V）
线圈的绝缘电阻	500 以上	1000
发电机线圈的绝缘电阻	500 以下	1000
电力变压器、发电机、电动机线圈的绝缘电阻	500 以上	1000 ～ 2500
电气设备绝缘电阻	500 以下	500 ～ 1000
电气设备绝缘电阻	500 以上	2500
绝缘子母线刀闸绝缘电阻		2500 ～ 5000

（3）测量前，应切断被测设备的电源，并对被测设备进行充分的放电，保证被测设备不带电。用兆欧表测试过的电气设备，也要及时放电，以确保安全。

（4）兆欧表与被测设备间的连接线应用单根绝缘导线分开连接。两根连接线不可缠绕在一起，也不可与被测设备或地面接触，以避免因导线绝缘不良而引起的测量误差。

（5）被测对象的表面应清洁、干燥，以减小测量误差。

（6）测量前，先对兆欧表进行一次开路和短路试验，检查兆欧表是否良好。将两连接线开路时，摇动手柄，指针应指"∞"位置（有的兆欧表上有"∞"调节器，可调节指针在"∞"位置）；然后再将两连接线短路一下，指针应指"0"，否则说明兆欧表有故障，需要检修。另外，使用前兆欧表指针可停留在任意位置，这不影响最后的测量结果。

（7）测量时，摇动手柄的速度由慢逐渐加快，并保持 120r/min 左右的转速 1min 左右，这时读数才是准确的结果。如果被测设备短路，指针指"0"，应立即停止摇动手柄，以防表内线圈发热损坏仪表。

（8）用兆欧表测量绝缘电阻的正确接法如图 1-3-11 所示。兆欧表上分别标有接地"E"、线路"L"和屏蔽（或保护环）"G"的接线柱。

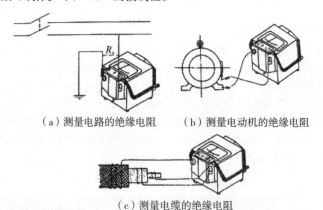

（a）测量电路的绝缘电阻　　（b）测量电动机的绝缘电阻

（c）测量电缆的绝缘电阻

图 1-3-11　用兆欧表测量绝缘电阻的正确接法

测量绝缘电阻时，将被测端接于"线路"的接线柱上，而以良好的接地线接于"接地"

的接线柱上，如图 1-3-11（a）所示。

测量电动机绝缘电阻时，将电动机绕组接于"线路"的接线柱上，机壳接于"接地"的接线柱上，如图 1-3-11（b）所示。

测量电缆的缆芯对缆壳的绝缘电阻时，除将缆芯和缆壳分别接于"线路"和"接地"接线柱外，还应将缆芯与缆壳之间的绝缘物接"保护环"，以消除因表面漏电而引起的误差，如图 1-3-11（c）所示。

（9）测量大电容电气设备的绝缘电阻（电容器、电缆等）时，在测定绝缘电阻后，应先将"线路"（L）连接线断开，再降速松开手柄，以免被测设备向兆欧表逆充电而损坏仪表。

（10）禁止在有雷电时或邻近高压设备时使用兆欧表，以免发生危险。

（11）测量完毕后，在手柄未完全停止转动和被测对象没有放电之前，切不可用手触及被测对象的测量部分和进行拆线，以免触电。

第四节　晶体管特性测试仪

晶体管特性测试仪是一种能在示波管屏幕上直接显示各种半导体器件的特性曲线的测量仪器。它可用于测量各种晶体二极管的伏安特性，三极管在共集、共基、共射状态下的输入、输出特性，场效应管的转移特性和极限特性等。

一、晶体管特性测试仪的基本组成

测试仪的外形图及基本组成如图 1-4-1 所示，主要由集电极扫描发生器、阶梯波信号发生器、测试转换开关及工作于 X-Y 方式的示波器等组成。

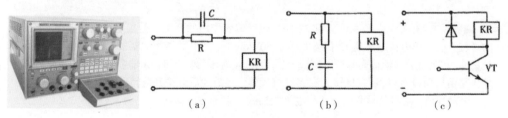

（a）　　　　　（b）　　　　　（c）

图 1-4-1　晶体管特性测试仪外形图以及基本组成

图 1-4-2 中，集电极扫描发生器用以产生频率为 100Hz 的正弦半波电压。它通常是由 50Hz 市电通过全波整流获得。正弦半波信号的极性及振幅可以改变，以满足各种测量的需要。

阶梯波发生器用以产生与正弦半波信号同步变化的阶梯信号，阶梯信号的形成过程如图 1-4-2 所示。

测试转换开关实际上是由一系列的控制开关组成的，它的主要作用有两个：一是改变扫描信号及阶梯信号与被测管各电极的连接；二是将待测量分别送至垂直放大器及水平放大器，以便在示波管屏幕上建立相应的直角坐标。例如，假设送往垂直放大器及水平放大器的物理

量分别为被测管的 I_C 及 V_{CE}，则屏幕上的 Y 轴将代表被测管的集电极电流，X 轴代表被测管的集—射电压，此时屏幕上所显示的曲线就是被测管的输出特性曲线。

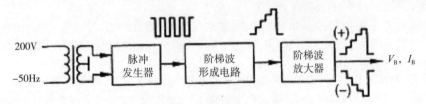

图 1-4-2　阶梯信号的形成过程

测试转换开关是测试仪的重要组成部分，也是使用者较难掌握的地方，只有正确理解测试仪的测试原理，设置好测试开关，才能达到预定的测量目的。

二、晶体管特性测试仪的使用

典型的晶体管特性测试仪面板上的开关、旋钮按功能可划分为六个部分，即示波管及显示电路、集电极电源、Y 轴部分、X 轴部分、校正及转换部分、阶梯信号部分。现将各部分的主要开关及旋钮的作用说明如下（以 HZ4832 型晶体管特性测试仪为参考）。

1. 电源及示波管控制部分

这一部分的使用与示波器完全相同，不作过多介绍。

2. Y 轴部分

电流／度开关。它是一种具有 25 挡、四种偏转作用的开关，是测量二极管反向漏电流及三极管集电极电流的量程开关。集电极电流共 20 挡（10μA/div ～ 0.5A/div），二极管漏电流共 5 挡（0.2 ～ 5μA/div）。当开关置于"基极电流或基极源电压"位置时，可使屏幕 Y 轴代表基极电流或电压；当开关置于"外接"时，Y 轴系统处于外接收状态，外接是由后面板插座直接输入到 Y 轴放大器，经放大后取得其偏转值。

Y 轴移位。它可使被测信号或集电极扫描线在 Y 轴方向移动。

3. X 轴调节

电压／度开关。它是一种具有 22 挡、四种偏转作用的开关，是集电极电压及基极电压的量程开关。集电极电压共 12 挡（0.05 ～ 50V/div）。当开关置于"基极电流或基极源电压"位置时，可使屏幕 X 轴代表基极电流或电压；当开关置于"外接"时，X 轴系统处于外接收状态，外接是由后面板 Q9 插座直接输入到 X 轴放大器，经放大后取得其偏转值。

X 轴移位。可以使被测信号或集电极扫描线在 X 轴方向移动。

4. 阶梯信号

级／簇。它是用来调节阶梯信号的级数，能在 1 ～ 10 级内任意选择。

调零。未测试前，应首先调整阶梯信号起始级为零电位。当荧光屏上可观察到基极阶梯信号后将零电压按钮置于"零电压"，观察光点或光迹在荧光屏上的位置，然后将其复位，调节"阶梯调零"电位器，使阶梯信号起始级与"零电压"时的位置重合，这样阶梯信号的"零电位"被正确校正。

串联电阻开关。当阶梯选择开关置于电压／级的位置时，串联电阻与半导体器件的输入回路串联，用于改变阶梯信号与被测管输入端之间所串接的电阻的大小。

电流—电压／级开关。它是一个 22 挡、具有两种作用的开关，即阶梯信号选择开关，用于确定每级阶梯的电压值或电流值。基极电流共 17 挡（0.5μA/ 级～ 100mA/ 级），其作用是通过改变开关的不同挡级的电阻值，使不同基极电流在被测半导体器件的输入回路中流过。基极电压源 0.05 ～ 1V/ 级，其作用是通过改变不同的分压电阻与反馈电阻，使相应输出 0.05 ～ 1V/ 级的电压。

重复、关、单次选择开关。选择重复时，阶梯信号会重复出现，作正常测试；选择关时，阶梯信号没有输出，处于待触发状态；选择单次时，使预先调整好的电压（电流）/ 级出现一次阶梯信号后回到等待触发位置。

极性。为满足不同类型半导体器件的需要而设置，它可用来选择阶梯信号的极性。

5. 集电极电源

熔断丝 1.5A。当集电极电源短路或过载时起保护作用。

容性平衡。由于集电极电流输出端的各种杂散电容的存在，都将形成容性电流降压在电流取样电阻上，造成测量上的误差，因此在测试前应调节，使之减到最小值。

辅助容性平衡。它是针对集电极变压器次级绕组对地电容的不对称，再次进行电容平衡调节而设置的。适当调节"容性平衡""辅助容性平衡"旋钮，使之当 Y 轴为较高电流灵敏度时容性电流最小，即屏幕上的水平线基本重叠为一条。一般情况下无须经常调节这两个旋钮。

功耗限制电阻开关。它是串联在被测管的集电极电路上，在测试击穿电压或二极管正向特性时，可作为电流限制电阻。测量被测管的正向特性时应置于低阻挡，测量反向特性时应置于高阻挡。

峰值电压。峰值控制旋钮可以在 0 ～ 5V、0 ～ 20V、0 ～ 100V、0 ～ 500V 之间连续选择，使集电极电源在确定的峰值电压范围内连续变化。面板上的值只能作近似值使用，精确的读数应由 X 轴偏转灵敏度读得。

极性。该开关可以转换集电极电源的正负极性，按需要选择。

峰值电压范围。通过集电极变压器的不同输出电压的选择而分为 5V（5A）、50V（1A）、500V（0.1A）、3000V（2mA）四挡，在测试半导体器件时，应由低挡改换到高挡，在换挡时必须将"峰值电压%"调到 0，慢慢增加，否则易击穿被测管。

3kV 高压测试按钮。为了 0 ～ 3kV 挡高压测试安全，特设此测试开关，不按时则无电压输出。

3kV 高压输出插座。

6. 测试控制器

B 测试插孔。在测试标准型管壳的半导体器件时，可用附件中的测试盒与之直接连接，当作其他特殊用途测试时，应采用橡胶插头与导线作为插孔与被测器件之间的连接。

A 测试插孔。作用同上。

测试选择开关。零电压按钮用来校正阶梯信号作电压源输出时其起始级的零电压，该钮按下时，被测管的栅极接地；零电流按钮按下时，被测管的基极开路。

A、B 选择开关。当 A 按下时，A 测试插孔被接通；当 B 按下时，B 测试插孔被接通；当 A 和 B 全部按下时，此时工作在双簇显示状态，A 测试插孔和 B 测试插孔交替接通，因此能同时显示 A 管和 B 管的特性曲线，这一功能便于管子的配对与比较。

7. 晶体管特性测试仪的应用

（1）二极管正向特性的测量

以硅整流二极管 1N4007 为例，说明二极管正向特性曲线的测量方法。

测量时，将屏幕上的光点移至左下角，测试仪面板上的有关开关、按钮置于如下位置。

峰值电压范围：0 ~ 5V，极性为正

功耗电阻：2.5Ω

X 轴：集电极电压 0.1V/div

Y 轴：集电极电流 0.1A/div

通过调节测试开关，即可实现对二极管正向特性的测量。在示波管上显示出一条反映该管 I_D-V_D 函数关系的伏安曲线，如图 1-4-3（a）所示。调节"峰值电压%"旋钮使峰值电压逐渐增大，则显示屏上将显示如图 1-4-3（b）所示的正向特性曲线。

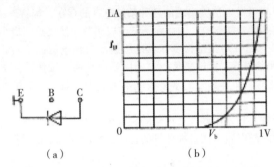

（a）　　　　　　　（b）

图 1-4-3　二极管的测试连接及其正向特性曲线

由于正弦半波信号的极性对于二极管来说是正向的，故显示屏上的这条曲线即为二极管的正向特性曲线。很显然，若改变集电极扫描发生器的输出极性（或将二极管的极性对调），则显示屏上所显示的将是该被测管的反向特性曲线。

（2）三极管的测量

以 NPN 型三极管 9011 为例，说明三极管的 I_C-V_{CE} 特性曲线的测量方法。

测量时，将屏幕上的光点移至左下角，测试仪面板上的有关开关、按钮置于如下位置。

峰值电压范围：0 ~ 20V，极性为正

功耗电阻：250Ω

X 轴：集电极电压 1V/div

Y 轴：集电极电流 1mA/div

阶梯信号：重复，极性为正

阶梯电流：$10\mu A/div$

通过转换测试开关，即可实现对三极管输出特性的测量。

先将"级/簇"旋至适中，调节"峰值电压%"旋钮使峰值电压逐渐增大，则显示屏上将显示出一簇输出特性曲线；再调节"级/簇"旋钮，使显示屏上在 I_C=10mA 附近存在曲线，如图 1-4-4 所示，就是三极管的 I_C-V_{CE} 特性曲线。

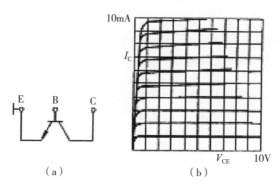

图 1-4-4 三极管的测试连接及其 I_C-V_{CE} 特性曲线

根据测试中的 I_B、I_C，可以很容易地计算出被测三极管的电流放大倍数 β 值，即

$$\beta = \frac{\Delta I_C}{\Delta I_B} = \frac{1 \times 1}{0.01 \times 1} = 100$$

第五节 信号发生器

信号发生器又称为信号源，它是在电子测量中提供符合一定技术要求的电信号的仪器。信号发生器可产生不同波形、频率和幅度的信号，为测试各种模拟系统和数字系统提供不同的信号源。在家电产品维修中，经常使用低频信号发生器、高频信号发生器、电视信号发生器。

一、低频信号发生器

1. 低频信号发生器的功能

低频信号发生器（图 1-5-1）主要用来产生频率范围为 1Hz～1MHz 的正弦波信号。实际上，许多低频信号发生器除了产生正弦波外，也产生脉冲波信号。低频信号发生器可用来测量收音机、组合音响设备、电子仪器、无线电接收机等电子设备的低频放大器的频率特性。

图 1-5-1 低频信号发生器

2. 低频信号发生器的使用方法

以 XD-2 型低频信号发生器为例，简单介绍其使用方法。XD-2 型低频信号发生器可以输出电压可调、频率为 1Hz ～ 1MHz 连续可调的低频信号。

（1）准备工作

① 将仪器插头插入交流电源插座。仪器的外壳必须接地，以免外壳带电。

② 开机前将输出细调旋钮置于最小处（逆时针旋转到底），以防止开机时电流过大，使输出电压幅度超过正常值，以致损坏表针。开机，指示灯亮，预热。

（2）操作步骤

① 频率调节。首先根据所需频率调节频率范围旋钮至某挡位，实现频率的粗调。然后再调节 3 个频率细调旋钮到所需频率上。

② 输出电压调节。电压表指示的是输出正弦信号的电压有效值。输出电压的大小可通过调节"输出衰减"（粗调）和"输出细调"旋钮共同完成。

实际输出电压值 U_0、电压表指示值 U 和衰减分贝值之间的关系：

$20\lg (U/U_0) = $ 分贝值（dB）。

如：0dB 表示 $U=U_0$，衰减倍数为 1，输出电压 U_0 在 0 ～ 5V；10dB 表示 $U=3.16U_0$，衰减倍数为 3.16，输出电压 U_0 在 0 ～ 1.58V；20dB 表示 $U=10U_0$，衰减倍数为 10，输出电压 U_0 在 0 ～ 0.5V；30dB 表示 $U=31.6U_0$，衰减倍数为 31.6，输出电压 U_0 在 0 ～ 158mV。

二、高频信号发生器

1. 高频信号发生器的作用及组成

高频信号发生器如图 1-5-2 所示，是一种向电子设备和电路提供等幅正弦波和调制波的高频信号源，其工作频率一般为 100Hz ～ 35MHz，主要用于各种接收机的灵敏度、选择性等参数的测量。高频信号发生器按调制类型不同可分为调幅和调频两种。

高频信号发生器主要包括主振级、内调制振荡级、调制级、输出级、监测级及电源几大部分。由主振级产生的高频正弦信号，经调制级进行幅度调制，送至输出级，由内部的衰减电路衰减后输出。

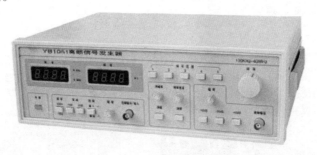

图 1-5-2　高频信号发生器

2. 高频信号发生器的使用方法

以 XFG-7 型高频信号发生器为例，介绍其使用方法。XFG-7 型高频信号发生器可输出电压可调、工作频率为 100Hz ～ 30MHz 的高频信号，并且可以实现调幅信号的输出。

（1）准备工作

① 使用前检查电源电压。检查仪器外壳是否接地，若未接地应在仪器底下垫上绝缘板。

② 将各开关和旋钮置于起始位置。"载波调节"和"调幅度调节"旋钮逆时针旋到底，"输出—微调"旋钮旋到最小，"输出—倍乘"开关置于"1"处。

③ "V""M%"表机械调零，使表的指针对准零位。

④ 接通电源，指示灯亮，两指示器的指针会偏转，但随即回到零。仪器预热5min。

⑤ 电压表电气调零。将"波段"开关置于任何两挡之间，这时主振荡器电路的电感没接通，振荡器不工作，无信号输出。然后再调节面板上"V"表的零点旋钮，使"V"表的指针对准零位。

（2）等幅波输出

① "调幅选择"开关置于"等幅"处。

② 将"波段"开关旋至所需波段，转动"频率调节"旋钮（带指针的）至所需频率，再利用游标旋钮精确地调准频率值。

③ 调节"载波调节"旋钮，使电压表指针指在红线1的位置。然后将带有分压器的电缆插入"0～0.1V"插孔中，并用铜盖盖在"0～1V"的插孔上，拧紧，以防止泄漏辐射。

④ 当需要输出1μV～0.1V电压时，从电缆"1"端输出，然后调节"输出—微调"旋钮和"输出—倍乘"开关，可得到所需电压。计算电压值时，用"输出—微调"旋钮的读数乘以"输出—倍乘"开关指示的数即可，单位为μV。若需要输出0.1μV～0.01V电压时，从电缆"0.1"端输出，输出电压值为用上述方法计算出的数值再乘以0.1。

⑤ 当需要输出大于0.1V的电压时，应将带有分压器的电缆插入"0～1V"插孔中，从电缆的"1"端输出，然后调节"输出—微调"旋钮，即可得到所需的电压。

（3）调幅波输出

调幅波输出分内调制和外调制两种方式。

在内调制输出方式时，可按照下列步骤进行操作。

① 将"调幅选择"开关置于400Hz或1000Hz处；"调幅度调节"旋钮逆时针旋到底，用前述方法对"V"表进行电气调零。

② 按选择等幅振荡频率的方法选择载波频率。

③ 先调节"载波调节"旋钮，使"V"表指针指在红线1处（否则"M%"表的指示是不正确的），再调节"M%零点"旋钮，使"M%"表的指针对准零位。

④ 调节"调幅度"旋钮，使"M%"表的指针指在所需的调幅度刻度线上。

⑤ 调节"输出—微调"旋钮和"输出—倍乘"开关得到所需电压。计算方法与等幅输出相同。

在外调制输出方式时，可按照下列步骤进行操作。

① 将"调幅选择"开关置于"等幅"处。按选择等幅振荡频率的方法选择载波频率。

② 选择适当的信号发生器作为外调制信号源，接通电源，将输出调到最小，然后把它接到"外调幅输入"接线柱上并逐渐加大信号幅度，一直到"M%"表指示的幅度满足要求为止。

③ 调节"输出—微调"旋钮和"输出—倍乘"开关得到所需电压。计算方法与等幅输出相同。

例如判断接收机的音频特性，可选择外部的音频信号源来调制，按上述方法进行操作。

三、电视信号发生器

彩色电视信号发生器是用来调试、检查、测试和维修电视机的信号源的，它除了能提供黑白棋盘格、方格、方格加圆、竖线条、横线条、电子圆、灰度阶梯、彩条和标准彩色测试卡等测试图案外，还能提供三基色单色光栅及1kHz伴声信号。

各图案的作用如下。

① 垂直条图像检查聚焦。如水平方向模糊，说明聚焦需要再调整。聚焦正确时，垂直条边沿应是清晰的。

② 方格图像检查线性。方格应等距离分布于整个屏幕上，否则应分别调整行与场线性。

③ 方格加圆复查线性。应保证画面的中心位置正确、大小合适；电子圆应处在画面正中，圆应当端正。

④ 方格图像可以直接观察枕形失真和彩色图像的会聚调整情况。

⑤ 红、绿、蓝三个单色画面用来检查和调整显像管的色纯。

⑥ 灰度图像用于调整灰度等级。

⑦ 四矢量图检查 PAL 开关。四矢量图是顺序为 –（B–Y）、–（R–Y）、+（R+Y）、+（B–Y）的四条色带图像，颜色顺序为黄、绿、红、蓝。若 PAL 开关有故障，中间两条（绿、红）就会出现不正常色彩；在屏幕上应能保持恒定的正确顺序。

⑧ 标准彩条信号用来检查和测试彩色电视机的彩色色调，以判断色通道的质量。

第六节　电子元器件介绍

每一台电子产品整机，都由具有一定功能的电路、部件和工艺结构所组成。其各项指标，包括电气性能、质量和可靠性等的优劣程度，不仅取决于电路原理设计、结构设计、工艺设计的水平，还取决于能否正确地选用电子元器件及各种原材料。并且，电子元器件和各种原材料是实现电路原理设计、结构设计、工艺设计的主要依据。电子行业的每一个从业人员都应该熟悉和掌握常用元器件的性能、特点及其使用范围。事实上，能否尽快熟悉、掌握、使用世界上最新出现的电子元器件，能否在更大范围内选择性能价格比最佳的元器件，把它们用于新产品的研制开发，往往是评价、衡量一个电子工程技术人员业务水平的主要标准。

电子元器件是在电路中具有独立电气功能的基本单元。元器件在各类电子产品中占有重要的地位，特别是通用电子元器件，如电阻器、电容器、电感器、晶体管、集成电路和开关、接插件等，更是电子设备中必不可少的基本材料。几十年来，电子工业的迅速发展，不断对元器件提出新的要求；而元器件制造厂商也在不断采用新的材料、新的工艺，不断推出新产品，为其他电子产品的发展开拓新的途径，并使电子设备的设计、制造经历了几次重大的变革。在早期的电子管时代，按照真空电子管及其相应电路元件的特点要求，设计整机结构和制造工艺最主要考虑大的电功率消耗以及因此而产生的散热问题，形成了一种体积较大、散热流畅的坚固结构。随后，因为半导体晶体管及其相应的小型元器件的问世，一种体积较小的分立元器件结构的制造工艺便形成了，才有可能出现称为"便携"机型的整机。特别是微电子技术的发展，使半导体器件和部分电路元件被集成化，并且集成度在以很快的速度不断提高，这就使得整机结构和制造工艺又发生了一次很大的变化，进入了一个崭新的阶段，才有可能出现称为"袖珍型""迷你式"的微型整机。例如，近五十年来电子计算机的发展历史证明，在这个过程中划分不同的阶段、形成"代机"的主要标志是，构成计算机的电子元器件的不断更新，使计算机的运算速度不断提高，而运算速度实际上主要取决于元器件的集成度。就拿人们熟悉的微型计算机的CPU来说，从286到586，从奔腾（Pentium）到迅驰（Centrino），这个推陈出新的过程，实际上是半导体集成电路的制造技术从SSI、MSI、LSI到VLSI、ULSI（小、中、大、超大、极大规模集成电路）的发展历史。又如，采用表面安装技术（SMT）的贴片式安装的集成电路和各种阻容元件、固体滤波器、接插件等微小型元器件被广泛应用在各种消费类电子产品和通信设备中，才有可能实现超小型、高性能、高质量、大批量的现代化生产。由此可见，电子技术和产品的水平，主要取决于元器件制造工业和材料科学的发展水平。电子元器件是电子产品中最革命、最活跃的因素。

通常，对电子元器件的主要要求是可靠性高、精确度高、体积微小、性能稳定、符合使用环境条件等。电子元器件总的发展趋向是集成化、微型化、提高性能、改进结构。

电子元器件可以分为有源元器件和无源元器件两大类。有源元器件在工作时，其输出不仅依靠输入信号，还要依靠电源，或者说，它在电路中起到能量转换的作用。例如，晶体管、集成电路等就是最常用的有源元器件。无源元器件一般又可以分为耗能元件、储能元件和结构元件三种。电阻器是典型的耗能元件，储存电能的电容器和储存磁能的电感器属于储能元件，接插件和开关等属于结构元件。这些元器件各有特点，在电路中起着不同的作用。通常，有源元器件称为"器件"，无源元器件称为"元件"。

一、电子元器件的主要参数

电子元器件的主要参数包括特性参数、规格参数和质量参数。这些参数从不同角度反映了一个电子元器件的电气性能及其完成功能的条件，它们是相互联系并相互制约的。

1. 电子元器件的特性参数

特性参数用于描述电子元器件在电路中的电气功能，通常可用该元器件的名称来表示，例如电阻特性、电容特性或二极管特性等。一般用伏安特性，即元器件两端所加的电压与通过其中的电流的关系来表达该元器件的特性参数。电子元器件的伏安特性大多是一条直线或曲线，在不同的测试条件下，伏安特性也可以是一条折线或一簇曲线。

图1-6-1画出了几种常用的电子元器件的伏安特性曲线。

在图1-6-1中，（a）图是线性电阻的伏安特性曲线。在一般情况下，线性电阻的阻值是一个常量，不随外加电压的大小而变化，符合欧姆定律$R=U/I$，常用的电阻大多数都属于这一类。（b）图是非线性电阻的伏安特性曲线。这类电阻的阻值不是常量，随外加电压或某些非电物理量的变化而变化，一般不符合欧姆定律。一些具有特殊性能的半导体电阻，如压敏电阻、热敏电阻、光敏电阻等，都属于非线性电阻。它们可用于检测电压或温度、光通量等非电物理量。（c）图是半导体二极管的伏安特性曲线。从中可以清楚地看出，二极管的单向导电性能和它在某一特定电压值下的反向击穿特性。（d）图是半导体三极管的伏安特性曲线，又称为输出特性曲线。这是一簇以基极电流I_b为参数的曲线，对应于不同的I_b数值，其U_{ce}-I_c关系是其中的一条曲线。从这簇曲线中，可以求出这只三极管的电流放大系数为

$$\beta = \frac{\Delta I_c}{\Delta I_b}$$

（e）图是线性电容器的伏安特性曲线。这是一对以时间t为参数的曲线，从中可以看出电容器的伏安特性满足关系式

$$i(t) = C\frac{du(t)}{dt} \text{ 或 } u(t) = \frac{1}{C}\int i(t)\,dt$$

需要注意的是，对于人们常说的线性元件，它的伏安特性并不一定是直线，而非线性元件的伏安特性也并不一定是曲线，这是两个不同的概念。例如，把某些放大器称为线性放大器，是指其输出信号 Y 与输入信号 X 满足函数关系

$$Y=KX$$

其放大倍数在一定工作条件下为一常量；又如，线性电容器是指其储存电荷的能力（电容量）是一个常数。所以，线性元件是指那些主要特性参数为一常量（或在一定条件、一定范围内是一个常量）的电子元器件。

不同种类的电子元器件具有不同的特性参数。并且，可以根据实际电路的需要，选用同一种类电子元器件的几种特性之一。例如，对于图 1-6-1（c）所描绘的二极管的伏安特性，既可以利用它的单向导电性能，用在电路中进行整流、检波、钳位；也可以利用它的反向击穿性能，制成稳压二极管。

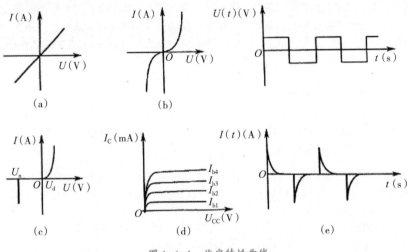

图 1-6-1　伏安特性曲线

2. 电子元器件的规格参数

描述电子元器件的特性参数的数量称为它们的规格参数。规格参数包括标称值、允许偏差值和额定值等。

（1）标称值

电子设备的社会需求量是巨大的，电子元器件的种类及年产量则更为繁多巨大。然而，电子元器件在生产过程中，其数值不可避免地具有离散化的特点；并且，实际电路对于元器件数值的要求也是多种多样的。为了便于大批量生产，并让使用者能够在一定范围内选用合适的电子元器件，规定出一系列的数值作为产品的标准值，称为标称值。

（2）允许偏差值和精度等级

实际生产出来的元器件，其数值不可能和标称值完全一样，总会有一定的偏差。用百分数表示的实际数值和标称数值的相对偏差，反映了元器件数值的精密程度。对于一定标称值的大量生产出来的元器件，其实际数值呈现正态分布，为这些实际数值规定了一个可以接受的范围，即为相对偏差规定了允许的最大范围，叫作数值的允许偏差（简称允差）。不同的允许偏差也叫作数值的精度等级（简称精度），并为精度等级规定了标准系列，用不同的字

母表示。例如，常用电阻器的允许偏差有 ±5%、±10%、±20% 三种，分别用字母 J、K、M 标志它们的精度等级（以前曾用Ⅰ、Ⅱ、Ⅲ表示）。精密电阻器的允许偏差有 ±2%、±1%、±0.5%，分别用 G、F、D 标志精度。常用元件数值的允许偏差符号见表 1-6-1。

表 1-6-1 常用元件数值的允许偏差符号

允许偏差（%）	±0.1	±0.25	±0.5	±1	±5	±10	±20	+20 −10	+30 −20	+50 −20	+80 −20	+100 0
符号	B	C	D	F	J	K	M			S	E	H
曾用符号				O	I	Ⅱ	Ⅲ	Ⅳ	V	Ⅵ		
分类	精密元件				一般元件				适用于部分电容器			

（3）额定值与极限值

电子元器件在工作时，要受到电压、电流的作用，要消耗功率。电压过高，会使元器件的绝缘材料被击穿；电流过大，会引起消耗功率过大而发热，导致元器件被烧毁。电子元器件所能承受的电压、电流及消耗功率还要受到环境条件（如温度、湿度及大气压力等因素）的影响。为此，规定了电子元器件的额定值，一般包括额定工作电压、额定工作电流、额定功率消耗及额定工作温度等。它们的定义是：电子元器件能够长期正常工作（完成其特定的电气功能）时的最大电压、电流、功率消耗及环境温度。

另外，还规定了电子元器件的工作极限值，一般为最大值的形式，分别表示元器件能够保证正常工作的最大限度。例如，最大工作电压、最大工作电流和最高环境温度等。

（4）其他规格参数

除了前面介绍的标称值、允许偏差值和额定值、极限值等以外，各种电子元器件还有其特定的规格参数。例如，半导体器件的特征频率 f_T 和截止频率 $f_α$、$f_β$，线性集成电路的开环放大倍数 K_0，数字集成电路的扇出系数 N_0，等等。

在选用电子元器件时，应该根据电路的需要考虑这些参数。

3. 电子元器件的质量参数

质量参数用于度量电子元器件的质量水平，通常描述了元器件的特性参数、规格参数随环境因素变化的规律，或者划定了它们不能完成功能的边界条件。

电子元器件共有的质量参数一般有温度系数、噪声电动势、高频特性及可靠性等，从整机制造工艺方面考虑，主要有力学强度和可焊性。

（1）温度系数

电子元器件的规格参数随环境温度的变化会略有改变。温度每变化 1℃，其数值产生的相对变化叫作温度系数，单位为 1/℃。温度系数描述了元器件在环境温度变化条件下的特性参数稳定性，温度系数越小，说明它的数值越稳定。温度系数还有正、负之分，分别表示当环境温度升高时，元器件数值变化的趋势是增加还是减少。电子元器件的温度系数（符号、大小）取决于它们的制造材料、结构和生产条件等因素。

在制作那些要求长期稳定工作或工作环境温度变化较大的电子产品时，应当尽可能选用温度系数较小的元器件，也可以根据工作条件考虑产品的通风、降温，或者采取相应的恒温措施。

（2）噪声电动势和噪声系数

电子设备的内部噪声主要是由各种电子元器件产生的。导体内的自由电子在一定温度下总是处于"无规则"的热运动状态之中，从而在导体内部形成了方向及大小随时间不断变化的"无规则"的电流，并在导体的等效电阻两端产生了噪声电动势。噪声电动势是随机变化的，在很宽的频率范围内都起作用。由于这种噪声是自由电子的热运动所产生的，通常又把它叫作热噪声。温度升高时，热噪声的影响也会加大。

除了热噪声以外，各种电子元器件由于制造材料、结构及工艺不同，还会产生其他类型的噪声。例如，碳膜电阻器因为碳粒之间的放电和表面效应而产生的噪声（这类噪声是金属膜电阻所没有的，所以金属膜电阻的噪声电动势比碳膜电阻的小一些），晶体管内部载流子产生的散粒噪声等。

通常，用"信噪比"来描述电阻、电容、电感一类无源元件的噪声指标，其定义为元件内部产生的噪声功率与其两端的外加信号功率之比。即

$$信噪比 = \frac{外加信号功率}{噪声功率}$$

对于晶体管或集成电路一类有源器件的噪声，则用噪声系数来衡量。其公式为

$$噪声系数 = \frac{输入端信噪比\ S_i/N_i}{输出端信噪比\ S_o/N_o}$$

在设计制作接收微弱信号的高增益放大器（如卫星电视接收机）时，应当尽量选用低噪声的电子元器件。使用专用仪器"噪声测试仪"可以方便地测量元器件的噪声指标。在各类电子元器件手册中，噪声指标也是一项重要的质量参数。

（3）高频特性

当工作频率不同时，电子元器件会表现出不同的电路响应，这是由在制造元器件时使用的材料及工艺结构所决定的。在对电路进行一般性分析时，通常是把电子元器件作为理想元器件来考虑的，但当它们处于高频状态下时，很多原来不突出的特点就会反映出来。例如，线绕电阻器工作在直流或低频电路中时，可以被看作是一个理想电阻，而当频率升高时，其电阻线绕组产生的电感就成为比较突出的问题，并且每两匝绕组之间的分布电容也开始出现。这时，线绕电阻器的高频等效电路如图1-6-2所示。当工作频率足够高时，其电抗值可能比电阻值大出很多倍，将会严重地影响电路的工作状态。又如，那些采用金属箔卷制的电容器（如电解电容器或金属化纸介电容器）就不适合工作在频率很高的电路中，因为卷绕的金属

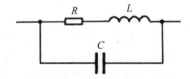

图1-6-2 线绕电阻器的高频等效电路

箔会呈现出电感的性质。再如，半导体器件的结电容在低、中频段的作用可以忽略，而在高频段对电路工作状态的影响就必须进行考虑。

事实上，一切电子元器件工作在高频状态下时，都将表征出电抗特性，甚至一段很短的导线，其电感、电容也会对电路的频率响应产生不可忽略的影响。这种性质，称为元器件的高频特性。在设计制作高频电路时，必须考虑元器件的频率响应，选择那些高频特性较好、自身分布电容、分布电感较小的元器件。

（4）力学强度及可焊性

电子元器件的力学强度是重要的质量参数之一。人们一般都希望电子设备工作在无振动、

无机械冲击的理想环境中，然而事实上，对设备的振动和冲击是无法避免的。如果设备选用的元器件的力学强度不高，就会在振动时发生断裂，造成损坏，使电子设备失效，这种例子是屡见不鲜的。电阻器的陶瓷骨架断裂、电阻体两端的金属帽脱落、电容本体开裂、各种元器件的引线折断、开焊等，都是经常可以见到的机械性故障。所以，在设计制作电子产品时，应该尽量选用力学强度高的元器件，并从整机结构方面采取抗振动、耐冲击的措施。

因为大部分电子元器件都是靠焊接实现电路连接的，所以元器件引线的可焊性也是它们的主要工艺质量参数之一。有经验的电子工程技术人员都知道，"虚焊"是引起整机失效最常见的原因。为了减少虚焊，不仅需要操作者经常练习，提高焊接的技术水平，积累发现虚焊点的经验，还应该尽量选用那些可焊性良好的元器件。如果元器件的可焊性不良，就必须在焊接前做好预处理——除锈镀锡，并使用适当的助焊剂。

（5）可靠性和失效率

同其他任何产品一样，电子元器件的可靠性是指它的有效工作寿命，即它能够正常完成某一特定电气功能的时间。电子元器件的工作寿命结束，叫作失效。其失效的过程通常是这样的：随着时间的推移或工作环境的变化，元器件的规格参数发生改变，例如电阻器的阻值变大或变小，电容器的容量减小等；当它们的规格参数变化到一定限度时，尽管外加工作条件没有改变，却也不能承受电路的要求而彻底损坏，使它们的特性参数消失，例如二极管被电压击穿而短路，电阻因阻值变小而超负荷烧断等。显然，这是一个"从量变到质变"的过程。

度量电子产品可靠性的基本参数是时间，即用有效工作寿命的长短来评价它们的可靠性。电子元器件的可靠性用失效率表示。利用统计学的手段，能够发现描述电子元器件的失效率的数学规律。即

$$失效率\ \lambda(t) = \frac{失效数}{运用总数\ \times\ 运用时间}$$

失效率的常用单位是"菲特"（Fit），$1Fit=10^{-9}/h$，即一百万个元器件运用一千小时，每发生一个失效，就叫作1Fit。失效率越低，说明元器件的可靠性越高。

以前，人们对可靠性的概念知之甚少，特别是由于失效率的数据难以获得，一般都忽略了对电子元器件可靠性的选择。近十几年来，随着可靠性研究的进步和市场商品竞争的要求，人们逐渐认识到，元器件的失效率决定了电子整机产品的可靠性。因此，凡是那些实行了科学管理的企业，都已经在整机产品设计之初就把元器件的失效率作为使用选择的重要依据之一。

（6）其他质量参数

各种不同的电子元器件还有一些特定的质量参数。例如，对于电容器来说，绝缘电阻的大小、由于漏电而引起的能量损耗（用损耗角正切表示）等都是重要的质量参数。又如，晶体三极管的反向饱和电流 I_{cbo}、穿透电流 I_{ceo} 和饱和压降 U_{ces} 等，都是三极管的质量参数。

电子元器件的这些特定的质量参数，都有相应的验收标准，应该根据实际电路的要求进行选用。

二、电子元器件的检验和筛选

为了保证电子产品能够稳定、可靠地长期工作，必须在装配前对所使用的电子元器件进行检验和筛选。在正规化的电子整机生产厂中，都设有专门的车间或工位，根据产品具体电路的要求，依照元器件的检验筛选工艺文件，对全部元器件进行严格的"使用筛选"。使用筛选包括外观质量检验、老化筛选和功能性筛选。

1. 外观质量检验

在电子整机产品的生产厂家中，对元器件外观质量检验的一般标准如下：

外形尺寸、电极引线的位置和直径应该符合产品标准外形图的规定；外观应该完好无损，其表面无凹陷、划痕、裂口、污垢和锈斑，外部涂层不能有起泡、脱落和擦伤现象；电极引出线应该镀层光洁，无压折或扭曲，没有影响焊接的氧化层、污垢和伤痕；各种型号、规格标志应该完整、清晰、牢固，特别是元器件参数的分挡标志、极性符号和集成电路的种类型号，其标志、字符不能模糊不清或脱落；对于电位器、可变电容或可调电感等元器件，在其调节范围内应该活动平顺、灵活，松紧适当，无机械杂音，开关类元件应该保证接触良好、动作迅速。

除上述共同点以外，往往还有特殊要求，应根据具体的应用条件区别对待。

在业余条件下制作电子产品时，对元器件外观质量的检验可以参照上述标准，但有些条款可以适当放宽。并且，有些元器件的毛病能够修复。例如，元器件引线上有锈斑或氧化层的，可以擦除后重新镀锡；可调元件或开关类元件的机械性能，可以经过细心调整改善；等等。但是，这绝不意味着业余制作时可以在装焊前放弃对电子元器件的检验。

2. 电气性能使用筛选

要使电子整机稳定可靠地工作，并能经受环境和其他一些不可预见的不利条件的考验，对元器件进行必要的老化筛选，是非常重要的一个环节。

每一台电子整机产品内都要用到很多元器件，在装配焊接之前把元器件全部逐一检验筛选，事实上也是困难的。所以，整机生产厂家在对元器件进行使用筛选时，通常是根据产品的使用环境要求和元器件在电路中的工作条件及其作用，按照国家标准和企业标准，分别选择确定某种元器件的筛选手段。在考虑产品的使用环境要求时，一般要区别该产品是否为军工产品、是否为精密产品、使用环境是否恶劣、产品损坏是否可能带来灾害性的后果等情况；在考虑元器件在电路中的工作条件及作用时，一般要分析该元器件是否为关键元器件、功率负荷是否较大、局部环境是否良好等因素，特别要认真研究元器件生产厂家提供的可靠性数据和质量认证报告。通常，对那些要求不是很高的低挡电子产品，一般采用随机抽样的方法检验筛选元器件；而对那些要求较高、工作环境严酷的产品，则必须采用更加严格的老化筛选方法来逐个检验元器件。

采用随机抽样并不意味着检验筛选是可有可无的，凡是科学管理的企业，即使是对于通过固定渠道进货、经过质量认证的元器件，也要长年、定期进行例行的检验。例行检验的目的，不仅在于验证供应厂商提供的质量数据，还要判断元器件是否符合具体电路的特殊要求。所以，例行试验的抽样比例、样本数量及其检验筛选的操作程序，都是非常严格的。

老化筛选的原理及作用是，给电子元器件施加热的、电的、机械的或者多种结合的外部应力，模拟恶劣的工作环境，使它们内部的潜在故障加速暴露出来，然后进行电气参数测量，筛选剔除那些失效或变值的元器件，尽可能把早期失效消灭在正常使用之前。

筛选的指导思想是，经过老化筛选，有缺陷的元器件会失效，而优质品能够通过。这里必须注意实验方法正确和外加应力适当，否则，可能对参加筛选的元器件造成不必要的损伤。

电子整机产品生产厂家，广泛使用的老化筛选项目有高温存储老化、高低温循环老化、高低温冲击老化和高温功率老化等，其中高温功率老化是目前使用最多的实验项目。高温功率老化是给元器件通电，模拟它们在实际电路中的工作条件，再加上 +80 ～ +180℃的高温进行几小时至几十小时的老化，这是一种对元器件的多种潜在故障都有筛选作用的有效方法。

老化筛选需要专门的设备，投入的人力、工时、能源成本也很高。随着生产水平的进步，电子元器件的质量已经明显提高，并且电子元器件生产企业普遍开展在权威机构监督下的质量认证，一般都能够向用户提供准确的技术资料和质量保证书，这无疑可以减少整机生产厂对筛选元器件的投入。所以，目前除了军工、航天电子产品等可靠性要求极高的企业还对元器件进行 100% 的严格筛选以外，一般都只对元器件进行抽样检验，并且根据抽样检验的结果决定该种、该批的元器件是否能够投入生产；如果抽样检验不合格，则应该向供货方退货。

对于电子技术爱好者和初学者来说，通常可以采用的方法有以下几个。

（1）自然老化。

对于电阻等多数元器件来说，在使用前经过一段时间（如一年以上）的储存，其内部也会产生化学反应及机械应力释放等变化，使它的性能参数趋于稳定，这种情况叫作自然老化。但要特别注意的是，电解电容器的储存时间一般不要超过一年，这是因为在长期搁置不用的过程中，电解液可能干涸，电容量将逐渐变小，甚至彻底损坏。存放时间超过一年的电解电容器，应该进行"电锻老化"恢复其性能；存储时间超过三年的，就应该认为已经失效。注意：电解液干涸或电容量减小的电解电容器，可能在使用中发热以致爆炸。

（2）简易电老化。

对于那些工作条件比较苛刻的关键元器件，可以按照图 1-6-3 所示的方法进行简易电老化。其中，应该采用输出电压可以调整并且未经过稳压的脉动直流电压源，使加在元器件两端的电压略高于额定（或实际）工作电压，调整限流电阻 R，使通过元器件的电流达到 1.5 倍额定功率的要求，通电 5min，利用元器件自身的功耗发热升温（注意不能超过允许温度的极限值），来完成简易功率老化。还可以利用图 1-6-3 的电路对存放时间超过一年的电解电容器进行电锻老化：先加 1/3 的额定直流工作电压 0.5h，再升到 2/3 的额定直流工作电压 1h，然后加额定直流工作电压 2h。

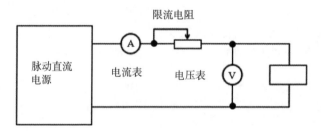

图 1-6-3 简易电老化电路

（3）参数性能测试。

经过外观检验及老化的元器件，应该进行电气参数测量。要根据元器件的质量标准或实际使用的要求，选用合适的专用仪表或通用仪表，并选择正确的测量方法和恰当的仪表量程。测量结果应该符合该元器件的有关指标，并在标称值允许的偏差范围内。具体的测试方法，这里不再详述，但以下两点是必须注意的。

第一，绝不能因为元器件是购买的"正品"而忽略测试。很多初学者由于缺乏经验，把未经测试检验的元器件直接装配焊接到电路上。假如电路不能正常工作，就很难判断原因，结果使整机调试陷入困境，即使后来查出了失效的元器件，也因为已经做过焊接，售货单位不予退换。

第二，要学会正确使用测量仪器仪表的方法，一定要避免由于测量方法不当而引起的错误或不良后果。

第二章 电阻器

第一节 电阻器的基本知识

一、电阻器的基本概念

物质对电流通过的阻碍作用称为电阻。电阻是反映物质限制电流通过的一种性质。利用这种阻碍作用做成的元件称为电阻器，简称电阻。若在电阻（以 R 表示）的两端加上 1 伏（V）的电压（以 U 表示），当通过该电阻的电流强度（以 I 表示）为 1 安（A）时，则称该电阻的阻值为 1 欧（Ω）。其关系式为

$$R=\frac{U}{I} \ \text{或} \ I=\frac{U}{R}$$

这就是欧姆定律的两种不同表达形式。

在实际使用中，比欧更大的单位有千欧（kΩ）和兆欧（MΩ），$1\text{M}\Omega=1000\text{k}\Omega$，$1\text{k}\Omega=1000\Omega$。

在各种电路中，电阻器一般有以下用途。

（1）限制流过发光二极管、晶体管等电子元件上的电流大小

（2）用作分压器，如图 2-1-1 所示

图 2-1-1 中，R_1 和 R_2 字符右边是电阻器的符号，R_1 和 R_2 串联，则插座 J_1 对地的电压值等于 IR_2，其中 I 可表示为

$$I=10 / (R_3+R_2)=2（\text{mA}）$$

故 J_1 对地的电压值 $IR_2=2 \times 2=4$（V）。

（3）可与电容相结合，用以控制电容器充放电的时间

电阻器在电子电路中应用最为广泛，其质量的优劣对电路的稳定性影响极大。

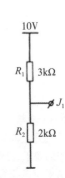

图 2-1-1 用电阻分压

二、电阻器的分类及命名方法

1. 电阻器的分类

常用电阻器一般分两大类，阻值固定的电阻器称为固定电阻器，阻值连续可变的电阻器称为可变电阻器（包括微调电阻器和电位器）。它们的外形和图形符号如图 2-1-2 所示。由于制作的材料不同，电阻器也可分为碳膜电阻器、金属膜电阻器或线绕电阻器等。按用途不同，

有精密电阻器、高频电阻器、功率型电阻器和敏感型电阻器等。

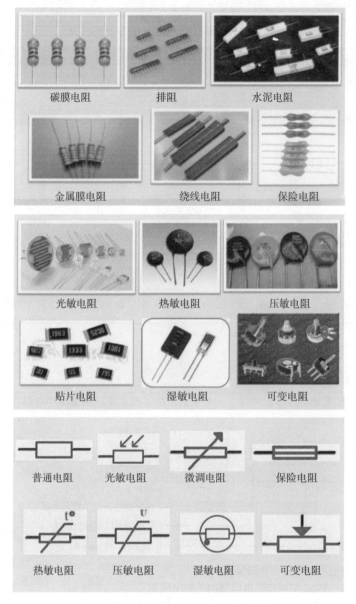

图 2-1-2　部分电阻的外形和图形符号

2. 电阻器的命名

根据我国有关标准的规定，我国电阻器的型号命名方法由以下几部分组成。

第一部分：用字母表示产品的主称。

第二部分：用字母表示产品的材料。

第三部分：一般用数字表示分类，个别类型的也有用字母表示。

第四部分：用数字表示序号。

主称、材料和分类部分的符号及意义如表 2-1-1 所示。

表 2-1-1　电阻器和电位器型号中的符号及意义

第一部分：主称		第二部分：材料		第三部分：分类		
符号	意义	符号	意义	符号	意义	
					电阻器	电位器
R	电阻器	T	碳膜	1	普通	普通
		J	金属膜	2	普通	普通
		Y	氧化膜	3	超高频	–
		H	合成膜	4	高阻	–
		S	有机实芯	5	高阻	–
RP	电位器	N	无机实芯	6	–	–
		I	玻璃釉膜	7	精密	精密
		X	线绕	8	高压	特种函数
				9	特殊	特殊
				G	高功率	–
				T	可调	微调
				W		微调
				D		多圈

三、电阻器的参数

1. 标称电阻值

标称电阻值是指标注于电阻体上的电阻值。为了便于工厂批量生产电阻，国标应用示例见下。RJ71

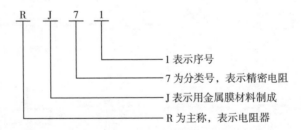

故 RJ71 型电阻器为精密金属膜电阻器。

GB/T 2471—1995 中规定了电阻器的系列电阻值。

电阻器的标称阻值应符合表 2-1-2 所列数值，或表列数值再乘以 10^n。其中，n 为正整数或负整数。

表 2-1-2 电阻器的标称阻值系列

E24 允许偏差 ±5%	E12 允许偏差 ±10%	E6 允许偏差 ±20%	E3 允许偏差 ±20%	E24 允许偏差 ±5%	E12 允许偏差 ±10%	E6 允许偏差 ±20%	E3 允许偏差 ±20%
1.0	1.0	1.0	1.0	3.3	3.3	3.3	
1.1				3.6			
1.2	1.2			3.9	3.9		
1.3				4.3			
1.5	1.5	1.5		4.7	4.7	4.7	4.7
1.6				5.1			
1.8	1.8			5.6	5.6		
2.0				6.2			
2.2	2.2	2.2	2.2	6.8	6.8	6.8	
2.4				7.5			
2.7	2.7			8.2	8.2		
3.0				9.1			

2. 允许偏差

因为批量生产工艺的原因，所以每个电阻器的实际电阻值不一定正好等于其标称值，允许有一定的偏差，称该偏差为允许偏差 δ。即

$$\delta = \frac{R - R_m}{R_m} \times 100\%$$

式中：R 为实际阻值，R_m 为标称阻值。

固定电阻器的允许偏差及文字符号见表 2-1-3。

表 2-1-3 固定电阻器的允许偏差及文字符号

允许偏差	文字符号	允许偏差	文字符号
±0.001%	Y	±0.01%	B
±0.002%	X	±0.25%	C
±0.005%	E	±0.5%	D
±0.01%	L	±1%	F
±0.02%	P	±2%	G
±0.05%	W	±5%	J
±20%	M	±10%	K
		±30%	N

3. 标称功率

电阻体内有电流流过时会发热，温度太高容易被烧毁。根据电阻器的材料和尺寸对电阻器的功率损耗要有一定的限制，保证其安全工作的功率值是电阻器的标称功率。工业上大量电阻器，为了达到既能满足使用者对规格的各种要求，又能使规格品种简化到最低的程度，除了少数特殊的电阻器之外，一般都是按标准化的额定功率系列生产的。电阻器的功率系列见表 2-1-4。

表 2-1-4　电阻器的功率系列

名　称	额定功率（W）					
实芯电阻器	0.25	0.5	1	2	5	
线绕电阻器	0.5、1	2、6	10、15	25、35	50、75	100、150
薄膜电阻器	0.025、0.05	0.125、0.25	0.5、1	2、5	10、25	50、100

对于同一类电阻器，其额定功率的大小取决于它的几何尺寸和表面积。常见几种电阻器的额定功率与几何尺寸关系见表 2-1-5。

表 2-1-5　电阻器的额定功率与几何尺寸关系

额定功率（W）＼几何尺寸（mm）	金属膜电阻		氧化膜电阻		碳膜电阻		沉积膜电阻	
	长	直径	长	直径	长	直径	长	直径
0.625					8	2.5		
0.125	7	2.2	7	2.2	12	2.5	8	2.6
0.25	8	2.6	8	2.6	15	4.5	10.8	4.2
0.5	10.8	4.2	10.8	4.2	25	4.5		
1	13	6.6	13	6.6	28	6		
2	18.5	8.6	18.5	8.6	46	8		

4. 最大工作电压

电阻器在不发生电击穿、放电等有害现象时，其两端所允许加的最大电压，称为最大工作电压 U_m。由标称功率和标称阻值可计算出一个电阻器在达到标称功率时，它两端所加的电压 U_p。但因为电阻器的结构、材料、尺寸等因素决定了它的抗电强度，所以即使工作电压低于 U_p，但若超过 U_m，电阻也将会被击穿，使电阻变值或损坏。对于高阻值非线绕电阻器，更要特别注意该项指标。

5. 温度系数

温度的变化会引起电阻值的改变，温度系数是温度每变化 1℃ 引起电阻值的变化量与标准温度下（一般指 25℃）的电阻值（R_{25}）之比，单位为 1/℃，或写成 ppm/℃。ppm 为百万分之一，即 10^{-6}。温度系数 α 表达式为

$$\alpha = (\Delta R / \Delta T)/R25$$

式中：ΔT 为温度的变化量；ΔR 为对应温度变化的阻值变化量。

温度系数有正（PTC）、有负（NTC）；有的是线性的，也有的是非线性的。

精密电阻的温度系数较小，用文字符号表示为 S（$\pm 5 \times 10^{-6}$/℃），R（$\pm 10 \times 10^{-6}$/℃），Q（$\pm 15 \times 10^{-6}$/℃），N（$\pm 25 \times 10^{-6}$/℃），M（$\pm 50 \times 10^{-6}$/℃）。

6. 噪声

电阻器的噪声是产生于电阻器中的一种不规则的电压起伏。它主要包括导体中电子的不规则热运动引起的热噪声和流过电阻器电流的起伏所引起的电流噪声。

由于电流噪声基本上与测试电压成正比，因而可以用两者之比来表示一个电阻器在噪声方面的质量指标，单位为 μV/V。在声学和电子学方面，通常用分贝（dB）数来表示一个噪声的大小更为方便。电流噪声指标 I_n 的定义为

$$I_n = 20lg\frac{E_i}{U_T}(\text{dB})$$

式中：E_i 是在 10 倍频程通带中的电流噪声电势的均方根值（μV），通带的几何中心频率为 1000Hz；U_T 是加在被测电阻器上的直流测试电压（V）。

四、电阻器的标识方法

电阻器的标识方法有直标法、文字符号标识法、数码标识法和色环标识法等四种。

1. 直标法

直标法是指用阿拉伯数字和单位符在电阻的表面直接标出阻值、功率，用百分数表示允许误差。优点是直观易读，见图 2-1-3。

图 2-1-3　直标法识别电阻阻值

2. 文字符号标识法

文字符号标识法是指用阿拉伯数字和字母符号按一定的组合规律来表示阻值，允许误差也用文字符号表示，其优点是读识方便。文字符号法规定，字母符号 Ω（R），K，M，G，T 之前的数字表示阻值的整数数值，其后的数字表示阻值的小数数值，中间的字母符号表示阻值的倍率。例如：0.8Ω 标为 Ω8，6.8Ω 标为 6Ω8，6.8kΩ 标为 6K8，6.8MΩ 标为 6M8 等。符号的意义如表 2-1-6 所示。阻值允许偏差用文字符号表示，如表 2-1-7 所示。

表 2-1-6　文字符号法标称阻值系列表

标称阻值	文字符号表示法	标称阻值	文字符号表示法	标称阻值	文字符号表示法
0.1Ω	R1	1MΩ	1M0	33000 MΩ	33G
0.33Ω	R33	3.3MΩ	3M3	59000 MΩ	59G
0.59Ω	R59	5.9MΩ	5M9	10^5 MΩ	100G
3.3Ω	3R3	10MΩ	10M	3.3×10^5 MΩ	330G
5.9Ω	5R9	1000MΩ	1G	5.9×10^5 MΩ	590G
3.3Ω	3K3	3300MΩ	3G3	10^6 MΩ	1T
5.9kΩ	5K9	5900MΩ	5G9	3.3×10^6 MΩ	3T3
10kΩ	10K	10000MΩ	10G	5.9×10^6 MΩ	5T9

表2-1-7　阻值允许偏差的文字符号表示法

允许偏差/%	标志符号	允许偏差/%	标志符号	允许偏差/%	标志符号	允许偏差/%	标志符号
± 0.001	E	± 0.02	U	± 0.5	D		
± 0.002	X	± 0.05	W	± 1	F	± 10	K
± 0.005	Y	± 0.1	B	± 2	G	± 20	M
± 0.01	H	± 0.2	C	± 5	J	± 30	N

3. 数码标识法

用三位数码标识电阻的阻值。其中前两位表示两位有效数字，第三位数字 N 表示应乘以的倍率，即把前两位数乘以 10 的 N 次方，阻值小于 100Ω 时直接用两位数标识。读出单位都是 Ω，≥ 1000Ω 时应化为 kΩ，≥ 1000kΩ 时应化为 MΩ。如：56 表示 56Ω；101 表示 10 乘以 10 的 1 次方等于 100Ω；223 表示 22 乘以 10 的 3 次方，即 22kΩ；105 不是 105Ω 而是 1MΩ 等。见图 2-1-4。

图 2-1-4　数码标识法识别电阻阻值

4. 色环标识法

用色环、色点或色带在电阻表面标出阻值和允许误差，它具有标识清晰、从多角度都能看到的特点。多数小功率的电阻都用色环表示，特别是 0.5W 以下的碳膜和金属膜电阻。在色环标识中电阻值的单位一律采用（Ω），见图 2-1-5。

四环电阻（红红黑金）22 ± 5% 计算方法：22 × ± 5%=22Ω ± 5%。

五环电阻（黄紫黑橙棕）470 ± 1% 计算方法：470 × ± 1%=470kΩ ± 1%。

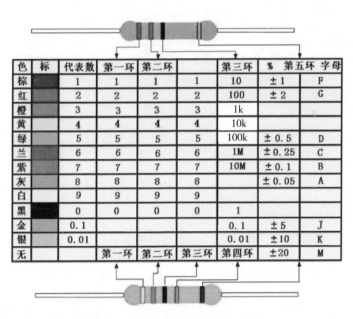

色标	代表数	第一环	第二环		第三环	%	第五环 字母
棕	1	1	1	1	10	±1	F
红	2	2	2	2	100	±2	G
橙	3	3	3	3	1k		
黄	4	4	4	4	10k		
绿	5	5	5	5	100k	±0.5	D
兰	6	6	6	6	1M	±0.25	C
紫	7	7	7	7	10M	±0.1	B
灰	8	8	8	8		±0.05	A
白	9	9	9	9			
黑	0	0	0	0	1		
金	0.1				0.1	±5	J
银	0.01				0.01	±10	K
无		第一环	第二环	第三环	第四环	±20	M

图 2-1-5 色环标识法识别电阻阻值

五、常用电阻器介绍

1. 固定电阻器

固定电阻器分为碳膜电阻器、金属膜电阻器、金属氧化膜电阻器、合成碳膜电阻器、实芯电阻器以及线绕电阻器等多种，图 2-1-6 是常用固定电阻器外形图。

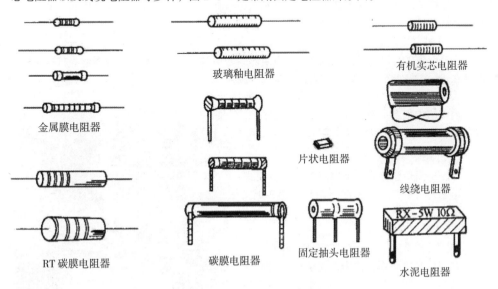

玻璃釉电阻器

有机实芯电阻器

金属膜电阻器

片状电阻器

线绕电阻器

RT 碳膜电阻器

碳膜电阻器

固定抽头电阻器

水泥电阻器

图 2-1-6 常用固定电阻器外形图

（1）碳膜电阻器

碳膜电阻器是采用碳膜作为导电层，属于膜式电阻器的一种。它是将经过真空高温热分解出的结晶碳沉积在柱形或管形陶瓷骨架上制成的。通过改变碳膜的厚度和使用刻槽的方法，可以变更碳膜的长度，从而制成不同阻值的碳膜电阻器。它又分为普通碳膜电阻器、高频碳膜电阻器以及精密碳膜电阻器等多种。

（2）金属膜电阻器

金属膜电阻器是采用金属膜作为导电层，也属于膜式电阻器。它是用高真空加热蒸发（或高温分解、化学沉积、烧渗等方法）技术将合金材料蒸镀在陶瓷骨架上制成的。通过刻槽或改变金属膜的厚度，可以制成不同阻值的金属膜电阻器。它又分为普通金属膜电阻器、半精密金属膜电阻器、高精密金属膜电阻器、高压金属膜电阻器等多种。与碳膜电阻器相比，金属膜电阻器具有噪声低、稳定性好等优点。

（3）金属氧化膜电阻器

金属氧化膜电阻器是用锑和锡等金属盐溶液喷雾到炽热（约550℃）的陶瓷骨架表面上沉积后制成的。与金属膜电阻器相比，金属氧化膜电阻器具有阻燃、导电膜层均匀、膜与骨架基体结合牢固、抗氧化能力强等优点；其缺点是阻值范围较小，通常在200kΩ以下。

（4）合成碳膜电阻器

合成碳膜电阻器是将碳黑、石墨、填充料与有机黏合剂配成悬浮液，将其涂覆于绝缘骨架上，再经加热聚合后制成的。它可分为高阻合成碳膜电阻器、高压合成碳膜电阻器和真空兆欧合成碳膜电阻器等多种。

（5）实芯电阻器

实芯电阻器可分为有机实芯电阻器和无机实芯电阻器。有机实芯电阻器是由颗粒状导体（如碳黑、石墨）、填充料（如云母粉、石英粉、玻璃粉、二氧化钛等）和有机黏合剂（如酚醛树脂等）等材料混合并热压成型后制成的，具有较强的抗负荷能力；无机实芯电阻器是由导电物质（如碳黑、石墨等）、填充料与无机黏合剂（如玻璃釉等）混合压制成型后再经高温烧结而成的，其温度系数较大，但阻值范围较小。

（6）线绕电阻器

线绕电阻器是用高阻值的合金线（电阻丝，采用镍铬丝、康铜丝、锰铜丝等材料制成）缠绕在绝缘基棒上制成的，具有阻值范围大、噪声小、耐高温、承载功率大等优点，缺点是体积大、高频特性较差。常用的线绕电阻器有被釉型线绕电阻器、涂漆线绕电阻器、水泥线绕电阻器、瓷壳线绕电阻器等多种。

2. 可变电阻器

可变电阻器也称为可调电阻器，分为膜式可变电阻器和线绕可变电阻器两种，图2-1-7是常用可变电阻器外形图。

（1）膜式可变电阻器

膜式可变电阻器采用旋转式调节方式，一般用在小信号电路中，作为偏置电压、偏置电流和信号电压等调整用。它一般由电阻体（如合成碳膜）、活动触片（活动金属簧片或碳质触点）、调节部分和三个引脚（或焊片）等组成。

图2-1-7　常用可变电阻器外形图

其中两个固定引脚接电阻体两端，另一个引脚（中心抽头）接活动触片。用小螺丝刀（改锥）旋动调整部件，通过改变活动触点与电阻体的接触位置，即可改变中心抽头与两个固定引脚之间的电阻值。

膜式可变电阻器有全密封式、半密封式和非密封式三种封装结构，按外形结构又可分为立式和卧式两种形式。

（2）线绕可变电阻器

线绕可变电阻器属于功率型可调电阻器，具有耐高温、承载电流大等特点，主要用于各种低频电路中作电压调整或电流调整用。大功率线绕可变电阻器有轴向瓷管型和瓷盘式两种，均为非密封式结构；小功率线绕可变电阻器有圆形立式、圆形卧式和方形，均为密封式结构。

3. 敏感电阻器

敏感电阻器是指对光或电压、磁场、温度、空气湿度、气体浓度、外力等反应敏感的电阻器，如热敏电阻器、压敏电阻器、光敏电阻器、气敏电阻器、湿敏电阻器、磁敏电阻器以及力敏电阻器等，如图 2-1-8 所示，本书只介绍最常用的热敏电阻器和压敏电阻器。

热敏电阻器

光敏电阻器

压敏电阻器

湿敏电阻器

气敏电阻器

图 2-1-8　部分敏感电阻器外形图

（1）热敏电阻器

热敏电阻器是一种对温度反应较敏感、阻值会随着温度的变化而变化的非线性电阻器，它在电路中用文字符号"RT"或"R"表示。

热敏电阻器按外形结构可分为圆片形（片状）热敏电阻器、圆柱形（柱状）热敏电阻器、圆圈形（垫圈状）热敏电阻器等多种，按温度变化特性可分为正温度系数热敏电阻器和负温度系数热敏电阻器两种类型。

正温度系数热敏电阻器也称为 PTC 热敏电阻器，广泛应用于彩色电视机的消磁电路中。其主要特性是电阻值与温度变化成正比例关系（即当温度升高时，电阻值也随之增大）。在常温下，PTC 热敏电阻器的电阻值较小，仅有几欧姆至几十欧姆。当通过电流超过额定值时，其电阻值能在几秒钟内迅速增大至数百欧姆至数千欧姆以上。

负温度系数热敏电阻器也称为 NTC 热敏电阻器，在音、视频电路及各种电器设备中作温度检测、温度补偿、温度控制或稳压控制用。其主要特性是电阻值随温度变化成反比例关系（即当温度升高时，电阻值随之减小）。

（2）压敏电阻器

压敏电阻器简称 VSR，是一种对电压敏感的非线性过压保护元件。它在电路中用文字符号"RV"或"R"表示。

压敏电阻器的电压与电流呈特殊的非线性关系。当其两端所加电压低于标称额定值时，压敏电阻器的电阻值接近无穷大，其内部几乎无电流流过；当其两端电压略高于标称额定电压时，压敏电阻器将迅速击穿导通，并由高阻状态变为低阻状态，工作电流也急剧增大；当其两端电压再低于标称额定电压时，压敏电阻器又能恢复为高阻状态；若其两端电压超过其最大限制电压时，则压敏电阻器将完全击穿损坏，无法再自行修复。

压敏电阻器可分为氧化锌压敏电阻器、碳化硅压敏电阻器、金属氧化物压敏电阻器、锗（硅）压敏电阻器和钛酸钡压敏电阻器等多种。

4. 熔断电阻器与集成电阻器

熔断电阻器也称为保险电阻器，是一种具有电阻器和熔断器双重作用的特殊元件，分为可恢复式熔断电阻器和一次性熔断电阻器两种。它在电路中的文字符号用字母"RF"或"R"表示。

集成电阻器也称为排阻或厚膜电阻器，是将多只电阻器按一定规律排列连接后集成封装在一起构成的电阻器网络。它分为单列式（SIP）和双列直插式（DIP）两种外形结构，内部电阻器的排列也有多种形式。它具有体积小、安装方便等优点，广泛应用于各种电子电路中，与大规模集成电路（如 CPU 等）配合使用。

六、常用电阻器技术数据

1. 碳膜电阻器

常用碳膜电阻器技术数据见表 2-1-8 和表 2-1-9。

表 2-1-8 RT 型碳膜电阻器技术数据

型号	额定功率（W）	标称阻值范围（Ω）	最大工作电压(V)		环境温度范围（℃）	外形尺寸（mm）			
			直流或交流有效值	脉冲		L_{max}	D_{max}	I	d
RT-0.125	0.125	5.1 ～ 2M	100	100	-55 ～ +100				
RT-0.25	0.25	10 ～ 5.1M	350	750	-55 ～ +100	18.5	5.5	25	0.8
RT-0.5	0.5	10 ～ 10M	500	1000	-55 ～ +100	28.0	5.5	25	0.8
RT-1	1	27 ～ 10M	700	1500	-55 ～ +100	30.5	7.2	27	0.8
RT-2	2	27 ～ 10M	1000	2000	-55 ～ +100	48.5	9.5		
RT-5	5	47 ～ 10M	1500	5000	-55 ～ +100				
RT-10	10	47 ～ 10M	3000	10000	-55 ～ +100				

表 2-1-9　小型碳膜电阻器的技术数据

型号	标准功率（W）	标称阻值范围（Ω）	最大工作电压（V）	额定温度（℃）	环境温度变化范围（℃）	允许偏差	外形尺寸（mm）			
							L	D	I	d
RT13	0.125	1～1M	150	70	−55～+125	G、J、K	3.5	1.7		0.5
RT14	0.25	1～5.6M	250	70	−55～+125	G、J、K	6.4	2.3	28	0.6
RT15	0.5	1～1M	350	70	−55～+125	G、J、K	9.5	3.5		0.6
RTX	0.125	1～5.6M	100	40	−55～+125	G、J、K		2.5		0.6
RT106	0.16	4.7～1M	150	70	−55～+125	G、J、K	3.5	1.7		0.5

2. 金属膜电阻器

常用金属膜电阻器技术数据见表 2-1-10～表 2-1-13。

表 2-1-10　普通金属膜电阻器的技术数据

型号	额定功率（W）	标称阻值范围（Ω）	最大工作电压（V）		允许偏差	外形尺寸（mm）		温度系数（1/℃ %）	环境温度变化范围（℃）
			交流有效值或直流	脉冲		L_{max}	D_{max}		
RJ-125	0.125	30～510K	150	350	J、K	7.0	2.2	0.01～0.06	−55～+125
RJ-0.5	0.25	1～1M	250	500	J、K	7.0	2.8	0.01～0.06	
RJ-1	0.5	1～5.1M	350	750	J、K	10.8	4.2	0.01～0.06	−55～+125
FJ-2	1	1～10M	500	1000	J、K	13.0	6.6	0.01～0.06	
RJ-3	2	3.9～10M	750	1200	J、K	18.5	8.6	0.01～0.06	−55～+125
RJ-5	3	10K～10M	1000	1500	J、K			0.01～0.06	
RJ-10	5	10K～20M	1500	3000	J、K			0.01～0.06	−55～+125
	10	10K～30M	2000	4000	J、K			0.01～0.06	−55～+125

表 2-1-11　金属膜固定电阻器技术数据

型号	额定功率（W）	外形尺寸（mm）				阻值范围（Ω）	允许偏差（%）	温度系数（×10⁻⁶/℃ %）	最大工作电压（V）（交直流）
		L	D	H	d				
RJ13	0.167	3.5	1.7		0.5±0.05	10～510	±1 ±5		150
RJ14	0.25	6.5	2.3		0.6±0.05	4.7～2.2M		±100	250
RJ15	0.5	9.5	3.5	28±2	0.7±0.05	10～3.3M 10～10M	±1 ±2 ±5		350
RJ16	1	12.0	3.9		0.8±0.05			±250	500
RJ17	2	15.0	5.5						750
RJ18	3	18.5	8.6		0.8±0.05	1～100	±1 ±5		500
RJ19	5	25.0							

表 2-1-12　功率型金属膜电阻器技术数据

型号	额定功率（W）	外形尺寸（mm）				阻值范围（Ω）	允许偏差（%）	温度系数（×10⁻⁶/℃%）	最大工作电压（V）（交直流）
		L	D	H	D				
RJ20–1W	1	12.0	3.9	28 ± 2	0.7 ± 0.05	1 ～ 100k	± 2、5	± 250	350
RJ20–2W	2	15.0	5.5		0.8 ± 0.05				
RJ20–3W	3	25.0	8.6						500
RJ20–3W	2	18.5	8.6						
RJ20–5W	5	25.0		23 ± 2	0.8 ± 0.05				700
RJ20–8W	8	36.0							

表 2-1-13　精密金属膜和片状电阻器技术数据

型号名称及标准号	功率（W）		阻值范围（Ω）	阻值系列	阻值允许偏差 ±（%）	温度系数（×10⁻⁶/℃%）	阻体尺寸（mm）		引线（mm）	
							ψD_{max}	L_{max}	$\psi d ± 0.05$	$1 ± 3$
RJJ–6 型 RUO.467.001JT	0.25		1k ～ 1M	E_{192}	0.1、0.2	25、50	4.8	10.5	0.8	25
	0.25		100 ～ 1M		0.5	50、100				
				E_{192}	1、2	100				
RJJ–7 型 RUO.467.003JT	0.125		1K ～ 750K		0.1、0.2	25、50	2.8	8.2	0.6	25
	0.5		100 ～ 750K		0.5	50				
				E_{24} ～ E_{192}	1、2	100				
RJ14 型 RUO.467.86	0.25		4.7 ～ 2.2M		1、2、5	100	2.5	7	0.6	28
			51 ～ 1M		1、2、5	100				
RJ24 型 RUO.467.028JT			51 ～ 1M		0.5、1、2	50				
			100 ～ 510K		0.5、1	25				
RJ15 型 GB7275–87	0.5		10 ～ 3.3M	E_{24} ～ E_{192}	1、2、5	100	3.9	10.5	0.7	28
			10 ～ 3.3M		1、2、5	100				
RJ25 型 RUO.467.028JT			51 ～ 2.3M		0.5、1、2	50				
			100 ～ 1M		0.5、1	25				
RJ71 型 RUO.467.009JT	4	0.125	1 ～ 750K	E_{96}	0.5	50 100 200	2.8	8.2	0.6	25
		0.25			1、2					
	3	0.25	1 ～ 1M		0.5		4.2	10.5	0.8	25
		0.5			1、2					

续表

型号名称及标准号	功率（W）	阻值范围（Ω）	阻值系列	阻值允许偏差±（%）	温度系数（$\times10^{-6}$/℃ %）	Ψ D_{max}	L_{max}	Ψ $d\pm0.05$	1 ± 3
RJ71型 RUO.467.009JT　2	0.5	1M		0.5, 1, 2		6.6	13	0.8	30
1	1	1～5.1M		0.5, 1, 2		8.6	18.5	0.8	30
RJ71A型 RUO.467.015JT	0.5	1M～10M	E_{96}	0.5	50	4.2	10.5	0.8	25
	1	1M～20M		1	100	6.6	13	0.8	30
	2	5.1M～30.1M		2	200	8.6	18.5	0.8	30
RJ77型 RUO.467.024JT	0.25	10～612	E_{192}	0.5	50	28	7.6±0.6	0.6	25
				1, 2	100				
		619～612K		0.1, 0.2	20, 50				
				0.5	50				
		619K～6.19M		1	100				
				0.5	50				
RJ710型（片状） RUO.467.006JT	0.05	10～20K	E_{96}	1	100				
		10～200K		2	200				
	0.125	11～51.1K		0.1, 0.2	25, 50				
		11～301K		0.5, 1, 2	50, 100, 200	5.5×8		0.4	25
	0.25	11～68.1K		0.1, 0.2	25, 100	7.5×11.5		0.5	25
		11～51K		0.5, 1, 2	50, 100, 200	10.5×14		0.6	25

精密金属膜和层状电阻器外形尺寸见图2-1-9。

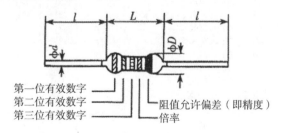

第一位有效数字
第二位有效数字
第三位有效数字
倍率
阻值允许偏差（即精度）

图2-1-9　精密金属膜和层状电阻器外形尺寸图

3. 金属氧化膜电阻器

常用产品技术数据见表2-1-14。

表 2-1-14　RY 型金属氧化膜电阻器技术数据

型号	额定功率（W）	标称阻值范围（Ω）	交流有效值或直流	脉冲	温度系数（1/℃ %）	L_{max}	D_{max}	I	d
			最大工作电压（V）			外形尺寸（mm）			
RY-0.125	0.125	1～1K	100	350	0.07～0.12	6.5	2.0	25	0.6
RY-0.25	0.25	1～51K	250	500	0.07～0.12	8.0	2.5	25	0.6
RY-0.5	0.5	1～200K	350	1000	0.07～0.12	10	3.6	25	0.8
RY-1	1	1～200K	500	1200	0.07～0.12	13.0	6.2	28	0.8
RY-2	2	1～200K	750	1500	0.07～0.12	18.0	8.2	28	1.0
RY-3	3	1～0.1K	1000	3000	0.07～0.12	25.0	8.5	28	1.0
RY-5	5	1～0.1K	150	4000	0.07～0.12				
RY-10	10	1～0.1K	2000	350*	0.07～0.12				
RY14-0.25	0.25	0.47～5.1K	250	500*	0.07～0.12	6.4	2.5		0.65
RY15-0.5	0.5	0.2～4.7K	350	500*		10.5	4.0	30	0.85
RY16-1	1	0.2～100K	350	500*					
RY17-2	2	0.2～100K	350	750*					
RY18-3	3	0.2～100K	350						

4. 线绕电阻器

普通线绕电阻器技术数据见表 2-1-15 ～表 2-1-18。

表 2-1-15　普通线绕电阻器技术数据

型号		额定功率（W）	标称阻值范围（Ω）	环境温度系数（℃）	阻值允许偏差（%）	L_{max} A_{max}	D_{max} B_{max}	说明
被釉线绕电阻器	RX20-2.5	2.7	5.1～430			26	13	
	7.5	7.5	5.1～3.3K			35	14	
	8	8				35	14	
	10	10	5.1～10K			41	14	1. 耐潮
	16	16	5.1～15K			45	17	2. 额定温度为 40℃
	25	25	5.1～20K			51	17	3. 阻值范围需向厂家查询
	25	25	10～24K	-55～+315	J、K	51	21	
	30	30	10～30K			71	21	
	40	40	20～51K			87	21	
	50	50	20～51K			91	29	
	75	75	24～56K			140	29	
	100	100	24～56K			170	29	
	150	150	20～480K			215	29	
普通线绕电阻器	RX21-1	1	1～1K					
	2	2	0.15			13	2.5	可直接安装在印制电路板上
	4	4	5.1K	-55～+125	G、J	16	6	
	8	8	10K			29	9	
	12	12	33K			34	10	
			33K					

续表

型号	额定功率（W）	标称阻值范围（Ω）	环境温度系数（℃）	阻值允许偏差（%）	外形尺寸（mm）L_{max} A_{max}	D_{max} B_{max}	说明
被漆线绕电阻器（插入式）	3 5 6 7 8	0.22～380 0.51～1K 0.51～1K 0.51～2.7K 0.51～2.7		（精度）±2% ±5% ±10%	25	8.5	
RX26-10	10	3.3	−4～+275	±5% ±10%			耐压 1000V
轴瓷向壳线绕电阻器 RX27-1-2	2 3 5 7 10 15 20	0.1～100 0.1～300 0.1～330 0.1～1.5K 0.1～1K 0.1～2.7K 0.51～3.6K	−55～+275	±5%（J）±10%（K）	17.5 22 22 35 48 48	6.5 8 9.5 9.5 9.5 12.5	1. 适用于彩色电视机和其他电子设备做功率电阻 2. 旧型号 WRC-P
立式瓷壳线绕电阻器 RX27-1V-7	7 10 15 20	0.39～1.5K 0.39～2.2K 0.51～2.7K 0.51～3.6K	−55～+275	±5%（J）±10%（K）	49 62	11 11	1. 用途同上 2. 旧型号 WRC-V
短插入式线绕电阻器 RJ27-3A-3	3 5 7 10 15 20	0.20～390 0.10～820 0.10～1.5K 0.10～2.2K 0.10～2.7K 0.10～3.6K	−55～+275	±5%（J）±10%（K）	24 27 35 48 48 63.5	14.5 14.5 14.5 14.5 20 20	1. 用途同上 2. 旧型号 WRC-V
长插入式线绕电阻器 RX-3B-3	3 5 7 10 15 20	0.20～390 0.22～320 0.39～1.5K 0.39～2.2K 0.51～2.7K 0.51～3.6K	−55～+275	±5%（J）±10%（K）	24 72 35 48 48 63.5	14.5 14.5 14.5 14.5 20 20	1. 用途同上 2. 旧型号 WRC-M 3. 温度系数为0.025%（I/℃）
人式瓷壳线绕电阻器 RX27-4-	10 15 20 25 30 40	0.1～1.5K 0.1～2.4K 0.1～2.4K 0.62～3K 0.62～3K 0.62～3K	−55～+275	±5%（J）±10%（K）	48.0 48.0 63.5 63.3 75 90	6 7.5 7.5 12 10 10	1. 用途同上 2. 旧型号 WRC-LUG 3. 温度系数为0.025%（I/℃）
带支架瓷壳线绕电阻器 RX27-4H-10	10 15 20 25 30 40		−55～+75	±5%（J）±10%（K）	48 48 63.5 63.5 75 90	9.5 12.5 12.5 16 16 19	1. 用途同上 2. 温度系数为0.025%（I/℃）

续表

型号		额定功率（W）	标称阻值范围（Ω）	环境温度系数（℃）	阻值允许偏差（%）	外形尺寸（mm）		说明
						L_{max} A_{max}	D_{max} B_{max}	
直立瓷壳线绕电阻器	RX-27-2 3 5	2 3 5				20.5 25 25.5	11 12 13	温度系数为0.025%（I/℃）
直立不倒被漆线绕电阻器	RX29-1 2 3 6 8	1 2 3 6 8				13 18 25 31 43	6 9 9 10 10	温度系数为0.025%（I/℃）

表2-1-16　精密线绕电阻器技术数据

型号		额定功率（W）	标称阻值范围（Ω）	环境温度系数（℃）	阻值允许偏差（%）	外形尺寸（mm）		说明
						L_{max} A_{max}	D_{max} B_{max}	
小型化精密线绕电阻器	RX12-2 3	0.25 0.125	10～200k 500～40k	-55～+125	0.05%、0.1%、0.2%、0.5%、1%	12 10	7.5 3.2	适用于小型化电子仪器和仪表
精密线绕电阻器	RX70-0.25 0.5 0.75 1 2 3	0.25 0.5 0.75 1 2 3	1～500k 1～1M 1～2M 1～4M 1～5M 1～10M	-55～+125	B、C D、F	15.5 21 27 27.5 38 56	8 12 12 15 18 24	1.玻璃钢外壳 2.温度系数为0.002%～0.005%（I/℃）
铝外壳线绕电阻器	RX71-0.25 0.5 1	0.25 0.5 1	1～100K 1～300 1～1M			12 15 23	5 7.5 10	温度系数为0.002%～0.005%（I/℃）
小体积线绕电阻器	RX75-2-0.125 RX75-2-0.25 RX75-3-0.125	0.125 0.25 0.125	10～32K 10～200K 5～50K			7 12 10	7 7.5 3.2	温度系数为0.002%～0.005%（I/℃）
玻璃钢壳线绕电阻器	RX78-1 RX78-2	1 2	1M～10M 1M～20M			23 39	11.5 11.5	温度系数为0.002%～0.005%（I/℃）
	RXJ	0.5 1 2	1～150k 1～560k 20k～1M		±1%（F）	18 26 32	16 18 26.5	温度系数为±250（10⁻⁶/℃）

续表

型号		额定功率（W）	标称阻值范围（Ω）	环境温度系数（℃）	阻值允许偏差（%）	外形尺寸（mm）		说明
						L_{max} A_{max}	D_{max} B_{max}	
玻璃钢壳线绕电阻器	RXJ1	0.5 1 2	1～150k 1～300k 20～1M		≥100Ω ±5%（D） ≥100Ω ±1%（F）	15 22 32	15 15.5 19	温度系数为±200（10⁻⁶/℃）
	RXJ3	0.125 0.25 0.5	1～51.1k 0.1～150k 0.1～500k		<100Ω ±1% ≥100Ω ±5% ±1% ≥1K ±0.01% ±0.02% ±0.05% ±1%	7.7 9.5 13	3.9 5 7	温度系数为<100Ω±100（10⁻⁶/℃） ≥100Ω ±20 ±10 ±100（10⁻⁶/℃）

注：L（A）为电阻器主体长度，D（B）为主体宽度

表 2-1-17　电视机用线绕电阻器技术数据（四川 893 厂）

型号	功率（W）	标称阻值（Ω）	允许偏差点	电阻温度系数（10⁻⁶/℃）	耐电压（V）	绝缘电阻（MΩ）	过载
RX25（RXG24）	3 6	1～100	≤10Ω，±10 >10Ω，±5	±250			10·P_R 5S
RX26（RXG7）	10	3.3	≤±10	±500	1000	1000	10·P_R 5S
RX27（RXG5）	2	1.2，33	±5，±10	±250	1000	1000	10·P_R 5S
RX28	0.5	0.15，1	±10		500	20	10·P_R 5S
RX29-1，2（RXG6）	10 5	6.2～6.8 180	±5	±500	1000	1000	10·P_R 5S

表 2-1-18　功率型线绕电阻器主要技术数据（四川 893 厂）

型号	功率（W）	外形尺寸（mm）			标称阻值（Ω）	允许偏差（%）	阻值系列	电阻温度系数（10⁻⁶/℃）
		D	L	d				
RX710	1	4	10.9	0.8	0.1～1.4K	≥51Ω，±0.2（C） ≥10Ω，±0.5（C） ≥1Ω，±1（F）	E96（C，D） E48（F）	≥100Ω±100
	2	4	13	0.8	0.1～1.69K			
	3	5.5	16	0.8	0.1～4.02K			
	5	8.5	23	1.0	0.1～12.4K			

续表

型号	功率（W）	外形尺寸（mm）			标称阻值（Ω）	允许偏差（%）	阻值系列	电阻温度系数（10⁻⁶/℃）
		D	*L*	*d*				
RX 711	1	2.7	7.1	0.5	0.1～649	≥1Ω ±0.5D ±1（F）	E48（D） E24（F）	≥100Ω ±50<100Ω
	2	3	11	0.5	0.1～1.21K			
	3	5.5	15.5	0.8	0.1～3.65K	≥1Ω ±1（F）		≥100Ω
RX 711A	2	3	11	0.5	4	±0.5D	过负荷 3A，>1.2S	±260
RX 24	5	8.5	15.5	8.5	0.511～3.32K	≥10Ω ±1（F） ±2（G） ±5（J） <100Ω E24	≥100Ω E48 <100Ω E24	≥100Ω ±100
	10	10	19	10	0.511～4.42K			
	20	14	27	14	0.511～8.66K			
	50	16	50	16	0.511～26.1K			

七、电位器（可调电阻器）

电位器是一种可调电阻器，对外有三个引出端，其中两个为固定端，另一个是滑动端（也称为中心抽头）。滑动端可以在固定端之间的电阻体上做机械运动，使其与固定端之间的电阻发生变化。在电路中，常用电位器来调节电阻值或电位。

电位器的种类很多，可从不同的角度进行分类，介绍电位器的手册也往往是各厂家根据生产的品种而编排的，规格、型号的命名及代号也有所不同。因此，在产品设计中必须根据电路特点及要求，查阅产品手册，了解性能，合理选用。

1. 电位器类别

电位器的种类繁多、用途各异，可按用途、材料、结构特点、阻值变化规律、驱动机构的运动方式等因素对电位器进行分类。常见的电位器分类见表2-1-19。

表2-1-19　接触式电位器分类

分类形式			举例
材料	合金型	线绕	线绕电位器（WX）
		金属铂	金属箔电位器（WB）
	薄膜型		金属膜电位器（WJ），金属氧化膜电位器（WY），复合膜电位器（WH），碳膜电位器（WT）
	合成型	有机	有机实芯电位器，金属玻璃釉电位器（WI）
		无机	无机实芯电位器，金属玻璃釉电位器（WI）
	导电塑料		直滑式（LP），旋转式（CP）（非部标）
	用途		普通、精密、微调、功率、高频、高压、耐热
阻值变化规律	线性		线性电位器（X）
	非线性		对数式（D），指数式（Z），正余弦式

续表

分类形式	举例
结构特点	单圈，多圈，单联，多联，有止挡，无止挡，带推拉开关，带旋转开关，锁紧式
调节方式	旋转式，直滑式

虽然部颁标准规定了电位器的命名符号，但市场上常见的电位器的标号并不完全一致。在电位器壳体上标明的参数也不尽相同，但一般都要注明材料、标称阻值、额定功率、阻值变化特征等，个别电位器同时标出轴端形式尺寸、电阻材料符号等，参见表 2-1-2。

2. 电位器的主要技术指标

描述电位器技术指标的参数很多，但一般来说，最主要的几项基本指标有标称阻值、额定功率、滑动噪声、极限电压、分辨力、阻值变化规律、起动力矩与转动力矩、电位器的轴长与轴端结构等。

（1）标称阻值

标在产品上的名义阻值，其系列与电阻器的阻值标称系列相同。根据不同的精度等级，实际阻值与标称阻值的允许偏差范围为 ±20%、±10%、±5%、±2%、±1%，精密电位器的精度可达到 ±0.1%。

（2）额定功率

电位器的额定功率是指两个固定端之间允许耗散的最大功率。一般电位器的额定功率系列为 0.063W、0.125W、0.25W、0.5W、0.75W、1W、2W、3W；线绕电位器的额定功率比较大，有 0.5W、0.75W、1W、1.6W、3W、5W、10W、16W、25W、40W、63W、100W。应该特别注意，滑动端与固定端之间所承受的功率要小于电位器的额定功率。

（3）滑动噪声

当电刷在电阻体上滑动时，电位器中心端与固定端之间的电压出现无规则的起伏，这种现象称为电位器的滑动噪声。它是由材料电阻率分布的不均匀性和电刷滑动时接触电阻的无规律变化引起的。

（4）分辨力

对输出量可实现的最精密的调节能力，称为电位器的分辨力。线绕电位器的分辨力较差。

（5）阻值变化规律

调整电位器的滑动端，其电阻值按照一定规律变化，如图 2-1-10 所示。常见电位器的阻值变化规律有线性变化（X 型）、指数变化（Z 型）和对数变化（D 型）。根据不同需要，还可制成按照其他函数（如正弦、余弦）规律变化的电位器。

（6）起动力矩与转动力矩

起动力矩是指转轴在旋转范围内起动时所需要的最小力矩，转动力矩是指转轴维持匀速旋转时所需要的力矩，这两者相差越小越好。在自控装置中伺服电动机配合使用的电位器，要求起动力矩小，转动灵活；而用于电路调节的电位器，则其起动力矩和转动力矩都不应该太小。

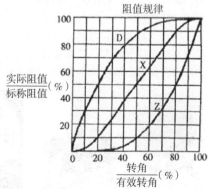

图 2-1-10　阻值变化规律

（7）电位器的轴长与轴端结构

电位器的轴长是指从安装基准面到轴端的尺寸，如图 2-1-11 所示。轴长的尺寸系列有 6mm、10mm、12.5mm、16mm、25mm、30mm、40mm、50mm、63mm、80mm，轴的直径有 2mm、3mm、4mm、6mm、8mm、10mm。

常用电位器的轴端结构如图 2-1-12 所示。

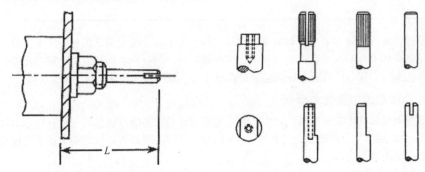

图 2-1-11　电位器的轴长　　　　　　图 2-1-12　电位器的轴端结构

3. 几种常用电位器

（1）线绕电位器（型号：WX）（图 2-1-13）

结构：用合金电阻线在绝缘骨架上绕制成电阻体，中心抽头的簧片在电阻丝上滑动，如图 2-1-13 所示。可制成精度达 ±0.1% 的精密线绕电位器和额定功率达 100W 以上的大功率线绕电位器。线绕电位器有单圈、多圈、多联等几种结构。

特点：根据用途，可制成普通型、精密型、微调型线绕电位器；根据阻值变化规律，有线性、非线性（例如对数或指数函数）的两种。线性电位器的精度易于控制，稳定性好，电阻的温度系数小，噪声小，耐压高，但阻值范围较窄，一般在几欧到几十千欧之间。

（2）合成碳膜电位器（型号：WTH）（图 2-1-14）

结构：在绝缘基体上涂覆一层合成碳膜，经加温聚合后形成碳膜片，再与其他零件组合而成，如图 2-1-14 所示。阻值变化规律有线性和非线性的两种，轴端结构分为带锁紧与不带锁紧的两种。

特点：这类电位器的阻值变化连续，分辨力高，阻值范围宽（100Ω ～ 5MΩ）；对温度和湿度的适应性较差，使用寿命较短。但由于其成本低，因而广泛用于收音机、电视机等家用电器产品中。额定功率有 0.125W、0.5W、1W、2W 等，精度一般为 ±20%。

图 2-1-13　线绕电位器　　　　图 2-1-14　合成碳膜电位器　　　图 2-1-15　有机实芯电位器

（3）有机实芯电位器（型号：WS）（图 2-1-15）

结构：由导电材料与有机填料、热固性树脂配制成电阻粉，经过热压，在基座上形成实芯电阻体,如图 2-1-15 所示。轴端尺寸与形状分为多种规格,有带锁紧和不带锁紧的两种。

特点:这类电位器的优点是结构简单、耐高温、体积小、寿命长、可靠性高;缺点是耐压稍低、噪声较大、转动力矩大。有机实芯电位器多用于对可靠性要求较高的电子仪器中。阻值范围是 $47\Omega \sim 4.7M\Omega$,功率多在 $0.25 \sim 2W$,精度有 $\pm5\%$、$\pm10\%$、$\pm20\%$ 几种。

（4）多圈电位器

多圈电位器属于精密电位器,调整阻值需使转轴旋转多圈(可多达40圈),因而精度高。当阻值需要在大范围内进行微量调整时,可选用多圈电位器。多圈电位器的种类也很多,有线绕型、块金属膜型、有机实芯型等;调节方式也可分成螺旋(指针)式、螺杆式等不同形式。

（5）导电塑料电位器

导电塑料电位器的电阻体由碳黑、石墨、超细金属粉与磷苯二甲酸、二烯丙酯塑料和胶黏剂塑压而成;这种电位器的耐磨性好,接触可靠,分辨力强,其寿命可达线绕电位器的 100 倍,但耐潮性较差。

除了上述各种接触式电位器以外,还有非接触式(如光敏、磁敏)电位器。非接触式电位器没有电刷与电阻体之间的机械接触,因此克服了接触电阻不稳定、滑动噪声及断线等缺陷。

4. 电位器的合理选用及质量判别

（1）电位器的合理选用

电位器的规格品种很多,在选用时,不仅要根据具体电路的使用条件(电阻值及功率要求)来确定,还要考虑调节、操作和成本方面的要求。下面是针对不同用途推荐的电位器选用类型,参见表 2-1-20。

表 2-1-20 各类电位器性能比较

性能	线绕	块金属膜	合成实芯	合成碳膜	金属玻璃釉	导电塑料	金属膜
阻值范围	$4.7\Omega \sim 5.6k\Omega$	$2\Omega \sim 5k\Omega$	$100\Omega \sim 4.7M\Omega$	$470\Omega \sim 4.7M\Omega$	$100\Omega \sim 100M\Omega$	$50\Omega \sim 100M\Omega$	$100\Omega \sim 100M\Omega$
线性精度（±%）	>0.1			>0.2	<10	>0.05	
额定功率（W）	$50 \sim 100$	0.5	$0.25 \sim 2$	$0.25 \sim 2$	$0.25 \sim 2$	$0.25 \sim 2$	
分辨力	中~良	极优	良	优	优	极性	优
滑动噪声			中	低~中	中	低	中
零位电阻	低	低	中	中	中	中	中
耐潮性	良	良	差	差	优	差	优
耐磨寿命	良	良	优	良	优	优	良
负荷寿命	优良	优良	良	良	优良	良	优

① 普通电子仪器:合成碳膜或有机实芯电位器。

② 大功率低频电路、高温情况:线绕或金属玻璃釉电位器。

③ 高精度:线绕、导电塑料或精密合成碳膜电位器。

④ 高分辨力:各类非线绕电位器或多圈式微调电位器。

⑤ 高频、高稳定性：薄膜电位器。

⑥ 调节后不需再动：轴端锁紧式电位器。

⑦ 几个电路同步调节：多联电位器。

⑧ 精密、微量调节：带慢轴调节机构的微调电位器。

⑨ 要求电压均匀变化：直线式电位器。

⑩ 音量控制电位器：指数式电位器。

（2）电位器的质量判别

① 用万用表欧姆挡测量电位器的两个固定端的电阻，并与标称值核对阻值。如果万用表指示的阻值比标称值大得多，表明电位器已坏；如指示的数值跳动，表明电位器内部接触不好。

② 测量滑动端与固定端的阻值变化情况。移动滑动端，如阻值从最小到最大之间连续变化，而且最小值越小，最大值越接近标称值，说明电位器质量较好；如阻值间断或不连续，说明电位器滑动端接触不良，则不能选用。

③ 用"电位器动态噪声测量仪"判别质量好坏。

5. 电位器的检测

（1）标称阻值的检测

测量时，选用万用表电阻挡的适当量程，将两表笔分别接在电位器两个固定引脚焊片之间，先测量电位器的总阻值是否与标称阻值相同。若测得的阻值为无穷大或较标称阻值大，则说明该电位器已开路或变值损坏。然后再将两表笔分别接电位器中心与两个固定端中的任一端，慢慢转动电位器手柄，使其从一个极端位置旋转至另一个极端位置，正常的电位器，万用表表针指标的电阻值应从标称阻值（或0Ω）连续变化至0Ω（或标称阻值）。整个放置过程中，表针应平衡变化，而不应有任何跳动现象。若在调节电阻值的过程中，表针有跳动现象，则说明该电位器存在接触不良的故障。

直滑式电位器的检测方法与此相同。

对于带开关的电位器，除应按以上方法检测电位器的标称阻值及接触情况外，还应检测其开关是否正常。先旋动电位器轴柄，检查开关是否灵活，接通、断开时是否有清脆"喀哒"声。用万用表R×1Ω挡，两表笔分别接在电位器开关的两个外接焊片上，旋转电位器轴柄，使开关接通，万用表上指示的电阻值应由无穷大（∞）变为0Ω。再断开开关，万用表指针应从0Ω返回到"∞"处。测量时应反复接通、断开电位器开关，观察开关每次动作的反应。若开关在"开"的位置阻值不为0Ω，在"关"的位置阻值不为无穷大，则说明该电位器的开关已损坏。

（2）双连同轴电位器的检测

用万用表电阻挡的适当量程，分别测量双连同轴电位器上两组电位器的电阻值（即A、C之间的电阻值和A′、C′之间的电阻值)是否相同且是否与标称阻值相符。再用导线分别将电位器A、C′及电位器A′、C短接，然后用万用表测中心头B、B′之间的电阻值。在理想情况下，无论电位器的转轴转到什么位置，B、B′两点之间的电阻值均应等于A、C或A′、C′两点之间的电阻值（即万用表指针应始终保持在A、C或A′、C′阻值的刻度上不动）。若万用表指针有偏转，则说明该电位器的同步性能不良，见图2-1-16。

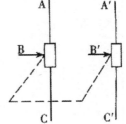

图2-1-16 双连同轴电位器的电路图形符号

6. 安装使用电位器的注意事项

（1）焊接前要对焊点做好镀锡处理，去除焊点上的漆皮与污垢；焊接时间要适宜，不得加热过长时间，避免引线周围的壳体软化变形。

（2）有些电位器的端面上备有防止壳体转动的定位柱，安装时要注意检查定位柱是否正确装入安装面板上的定位孔里，避免壳体变形；用螺钉固定的矩形微调电位器，螺钉不得压得过紧，避免破坏电位器的内部结构。

（3）安装在电位器轴端的旋钮不要过大，应与电位器的尺寸相匹配，避免调节转动力矩过大而破坏电位器内部的止挡。

（4）插针式引线的电位器，为防止引线折断，不得用力弯曲或扭动引线。

第二节　电阻器的选用、代换与检测

一、电阻器的选用与代换

1. 电阻器的选用

（1）固定电阻器的选用

固定电阻器有多种类型，选择哪一种材料和结构的电阻器，应根据应用电路的具体要求而定。

高频电路应选用分布电感和分布电容小的非线绕电阻器，例如碳膜电阻器、金属膜电阻器和金属氧化膜电阻器等。高增益小信号放大电路应选用低噪声电阻器，例如金属膜电阻器、碳膜电阻器和线绕电阻器，而不能使用噪声较大的合成碳膜电阻器和有机实芯电阻器。

线绕电阻器的功率较大，电流噪声小，耐高温，但体积较大，普通线绕电阻器常用于低频电路或电源电路中作限流电阻器、分压电阻器、泄放电阻器或大功率管的偏压电阻器。精度较高的线绕电阻器多用于固定衰减器、电阻箱、计算机及各种精密电子仪器，所选电阻器的电阻值应接近应用电路中计算值的一个标称值，应优先选用标准系列的电阻值。

一般电路使用的电阻器允许误差为 ±5%～±10%，精密仪器及特殊电路中使用的电阻器应选用精密电阻器。

所选电阻器的额定功率，要符合应用电路中对电阻器功率容量的要求，一般不应随意加大或减小电阻器的功率，若电路要求是功率型电阻器，则其额定功率可高于实际应用电路要求功率的 1～2 倍。

（2）熔断电阻器的选用

熔断电阻器是具有保护功能的电阻器。选用时应考虑其双重性能，根据电路的具体要求选择其阻值和功率等参数。既要保证它在过负荷时能快速熔断，又要保证它在正常条件下能长期稳定地工作。电阻值过大或功率过大，均不能起到保护作用。

（3）热敏电阻器的选用

热敏电阻器的种类和型号较多，选用哪一种热敏电阻器，应根据电路的具体要求而定。

正温度系数热敏电阻器（PTC）一般用于电冰箱压缩机起动电路、彩色显像管消磁电路、电动机过电流过热保护电路、限流电路及恒温电加热电路。

压缩机起动电路中常用的热敏电阻器有 MZ-01-MZ-04 系列、MZ81 系列、MZ91 系列、IZ92 系列和 MZ93 系列等，可以根据不同类型压缩机来选用适合它启动的热敏电阻器，以达到最好的启动效果。

彩色电视机、电脑显示器上使用的消磁热敏电阻器有 MZ71 ～ MZ75 系列。可根据电视机、显示器的工作电压（220V 或 110V）、工作电流及消磁线圈的规格等，选用标称阻值、最大起始电流、最大工作电压等参数均符合要求的消磁热敏电阻器。

限流用小功率 PTC 热敏电阻器有 MZ2A ～ MZ2D 系列、MZ21 系列，电动机过热保护用 PTC 热敏电阻器有 MZ61 系列，应选用标称阻值、开关温度、工作电流及耗散功率等参数符合应用电路要求的型号。

负温度系数热敏电阻器（NTC）一般用于各种电子产品中作微波功率测量、温度检测、温度补偿、温度控制及稳压，选用时应根据应用电路的需要选择合适的类型及型号。

常用的温度检测用 NTC 热敏电阻器有 MF53 系列和 MF57 系列，每个系列又有多种型号（同一类型、不同型号的 NTC 热敏电阻器，标准阻值也不相同）可供选择。

常用的稳压用 NTC 热敏电阻器有 MF21 系列、RR827 系列等，可根据应用电路设计的基准电压值来选用热敏电阻器稳压值及工作电流。

常用的温度补偿、温度控制用 NTC 热敏电阻器有 MF11 ～ MF17 系列。常用的测温及温度控制用 NTC 热敏电阻器有 MF51 系列、MF52 系列、MF54 系列、MF55 系列、MF61 系列、MF91 ～ MF96 系列、MF111 系列等多种。MF52 系列、MF111 系列的 NTC 热敏电阻器适用于 −80℃ ～ +200℃ 温度范围内的测温与控温电路。MF51 系列、MF91 ～ MF96 系列的 NTC 热敏电阻器适用于 300℃ 以下的测温与控温电路。MF54 系列、MF55 系列的 NTC 热敏电阻器适用于 125℃ 以下的测温与控温电路。选用温度控制热敏电阻器时，应注意 NTC 热敏电阻器的温度控制范围是否符合应用电路的要求。

（4）压敏电阻器的选用

压敏电阻器主要应用于各种电子产品的过电压保护电路中，它有多种型号和规格。所选压敏电阻器的主要参数（包括标称电压、最大连续工作电压、最大限制电压、通流容量等）必须符合应用电路的要求，尤其是标称电压要准确。标称电压过高，则压敏电阻器起不到过电压保护作用；标称电压过低，则压敏电阻器容易误动作或被击穿。

2. 电阻器的代换

（1）固定电阻器的代换

普通固定电阻器损坏后，可以用额定功率、额定阻值均相同的碳膜电阻器或金属膜电阻器代换。

碳膜电阻器损坏后，可以用额定功率及额定阻值相同的金属膜电阻器代换。

若手中没有同规格的电阻器更换，也可以用电阻器串联或并联的方法作应急处理。利用电阻串联公式（$R_\Sigma = R_1 + R_2 + R_3 + \cdots + R_n$）将低阻值电阻器变成所需的高阻值电阻器，利用电阻并联公式（$1/R_\Sigma = 1/R_1 + 1/R_2 + 1/R_3 + \cdots + 1/R_n$）将高阻值电阻器变成所需的低阻值电阻器。

（2）热敏电阻器的代换

热敏电阻器损坏后，若无同型号的产品更换，则可选用与其类型及性能参数相同或相近的其他型号敏感电阻器代换。

消磁用 PTC 热敏电阻器可以用与其额定电压值相同、阻值相近的同类热敏电阻器代用。例如，20Ω 的消磁用 PTC 热敏电阻器损坏后，可以用 18Ω 或 27Ω 的消磁用 PTC 热敏电阻器直接代换。

压缩机起动用 PTC 热敏电阻器损坏后，应使用同型号热敏电阻器更换或与其额定阻值、额定功率、起动电流、动作时间及耐压值均相同的其他型号热敏电阻器代换，以免损坏压缩机。

温度检测、温度控制用 NTC 热敏电阻器及过电流保护用 PTC 热敏电阻器损坏后，只能使用与其性能参数相同的同类热敏电阻器更换，否则也会造成应用电路不工作或损坏。

（3）压敏电阻器的代换

压敏电阻器损坏后，应更换与其型号相同的压敏电阻器或用与其参数相同的其他型号压敏电阻器来代换。代换时，不能任意改变压敏电阻器的标称电压及通流容量，否则会失去保护作用，甚至会被烧毁。

（4）熔断电阻器的代换

熔断电阻器损坏后，若无同型号熔断电阻器更换，也可以用与其主要参数相同的其他型号熔断电阻器代换或用电阻器与熔断器串联后代用。

用电阻器与熔断器串联来代换熔断电阻器时，电阻器的阻值应与损坏熔断电阻器的阻值和功率相同，而熔断器的额定电流可根据以下的公式计算得出：

$$I = \sqrt{0.6P/R}$$

式中：P 为原熔断电阻器的额定功率，R 为原熔断电阻器的电阻值。

对电阻值较小的熔断电阻器，也可以用熔断器直接代用。熔断器的额定电流值也可根据上述的计算公式计算出。

二、电阻器的检测

1. 固定电阻器与熔断电阻器的检测

检测固定电阻器和熔断电阻器，主要是测量电阻器的实际电阻值。测量时，可将万用表置于电阻挡的适当量程（例如，50Ω 以下的电阻器，应使用 R×1 挡；50Ω ～ 1kΩ 的电阻器，应使用 R×10 挡和 R×100 挡；1 ～ 200kΩ 的电阻器，应使用 R×1k 挡；大于 200kΩ 的电阻器，应使用 R×10k 挡），两表笔分别接在电阻器的两个引脚 E 上，然后读出电阻值。

若测出的电阻值与标称电阻值不符，则说明该电阻器的误差较大或已变值。若测得电阻器的电阻值为无穷大，则说明该电阻器已开路损坏。

2. 敏感电阻器的检测

（1）NTC 热敏电阻器的检测

用万用表电阻挡测量 NTC 热敏电阻器电阻值的同时，用手指捏住电阻器使其温度升高，或利用电烙铁、电吹风等工具对电阻器加热。若电阻器的阻值能随着温度的升高而变小，则说明该电阻器性能良好；若电阻器不随温度变化而变化，则说明该电阻器已损坏或性能不良。

（2）PTC 热敏电阻器的检测

PTC 热敏电阻器的电阻值在常温下较小，可用万用表 R×1k 挡测量。若测得其电阻值为 0 或为无穷大，则说明该电阻器已短路或已开路。在测量 PTC 电阻器电阻值的同时，用电烙铁对其加热，若其阻值能迅速变大，则说明该电阻器正常。

对于消磁用 PTC 热敏电阻器，也可以将其与 1 只 60W/220V 的灯泡串联后，接入市电。若通电后灯泡亮一会儿即慢慢熄灭，断电 30s 左右再通电，灯泡又重复上述现象，则说明该电阻器性能良好。

（3）压敏电阻器的检测

用万用表 R×1k 或 R×10k 挡，测量压敏电阻器的电阻值，正常时应为无穷大。若测得其电阻值接近 0 或有一定的电阻值，则说明该电阻器已击穿损坏或已漏电损坏。

第三章 电容器

第一节 电容器的基本知识

一、电容器的基本概念

最简单的电容器是由两块平行并且彼此绝缘的金属板组成的，由于两块平行并且彼此绝缘的金属板具有存储电荷的能力，因此电容器是一种可存储电荷的元件。电容器的符号见图 3-1-1，它形象地表达出电容器是由两块平行并且彼此绝缘的金属板组成的。图 3-1-1 中从左到右依次表示的是定值电容器、可变电容器、微调电容器。

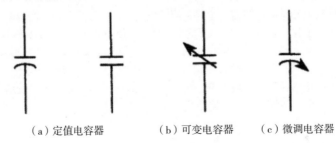

（a）定值电容器　　　（b）可变电容器　　　（c）微调电容器

图 3-1-1　电容器的符号

电容量标明电容器存储电荷的能力，它是电容器的基本参数，电容量由下式确定：

$$C = \frac{Q}{U}$$

式中：C 为电容量，单位是 F（法）；Q 为一个电极板上的电荷量，单位是 C（库）；U 为两极板之间的电位差，单位是 V（伏）。

如果一个极板上所带的电荷量为 1C，两个极板之间的电位差为 1V，这时电容器的电容量为 1F。由于 F（法）这个单位在使用时太大，工程上常用它的导出单位。导出单位和符号如下：

1 法（F）=10^3 毫法（mF）=10^6 微法（μF）=10^9 纳法（nF）=10^{12} 皮法（pF）

二、电容器的用途

电容器具有隔直流和通交流的能力，它在电子工程中占有非常重要的地位。

利用电容器的充电放电特性，可以组成定时电路、锯齿波产生电路、微分和积分电路以及滤波电路等。

在交流电路中，电容器的容抗 X_c 与电容量的大小 C 和频率 f 成反比，即

$$X_c = \frac{1}{2\pi fC}$$

式中：X_c 为容抗，单位是 Ω；f 为交流电路中的频率，单位是 Hz；C 为电容量，单位是 F；π 为常数，一般取为 3.14。

可以说容抗 X_c 是交流电路中的一种特殊阻力。利用容抗的这一特性，电容器在谐振回路、耦合电路、退耦网络以及频率补偿等电路中得到了极为广泛的应用。

一般而言，电容器在电路中有以下一些主要功能。

（1）用于稳定电压（滤波电容）。

（2）用于交流通路（耦合电容）。

（3）用于隔离直流（隔直电容）。

（4）与电阻或电感形成谐振（时间常数电容）。

（5）用于定时（时间常数电容）。

除上述用途外，电容器还具有存储电荷的能力，可以将电能逐渐积累起来，也可在很短的时间内将电能向外路输送出去，从而获得较大功率的瞬间脉冲。

三、电容器型号的命名

表 3-1-1　国产电容器型号的命名

第一部分		第二部分		第三部分		第四部分
用字母表示主称		用字母表示材料		用数字或字母表示特征		
符号	意义	符号	意义	符号	意义	
C	电容器	C	瓷介	T	铁电	用数字表示品种、尺寸代号、温度特性、直流工作电压、标称值、允许误差、标准代号
		I	玻璃釉	W	微调	
		O	玻璃膜	J	金属化	
		Y	云母	X	小型	
		V	云母纸	S	独石	
		Z	纸介	D	低压	
		J	金属化纸	M	密封	
		B	聚苯乙烯	Y	高压	
		F	聚四氟乙烯	C	穿心式	
		L	涤纶（聚酯）			
		S	聚碳酸酯			
		Q	漆膜			

第一部分		第二部分		第三部分	第四部分
C	电容器	H	纸膜复合		
		D	铝电解		
		A	钽电解		
		G	金属电源		
		N	铌电解		
		T	钛电解		
		M	压敏		
		E	其他材料电解		

国产电容器型号的命名如表 3-1-1 所示。

例如：CJX-250-0.33-±10% 电容器，其中 C 表示电容器，J 表示材料是金属化纸介，X 表示特征为小型，其余数字表示额定工作电压是 250V，标称电容量为 0.33μF，允许误差为 ±10%。

许多时候，人们根据需要仅列出电容器型号的主要部分。例如 CC203 表示电容量为 20000pF 的瓷片电容，CD10μF、耐压值为 50V 的电解电容器。这时候对电容器的其他指标一般不作要求。

四、电容器的主要参数

1. 电容量

电容量是指电容器存储电荷的能力。常用的单位有法（F）、微法（μF）、纳法（nF）和皮法（pF），皮法以前也称微微法。

有些电容器上全部用数字来标示容量，这时最后一位数字是倍率，即表示附加零的个数，前面的几个数字是电容器的有效数字，其单位一般是 pF。如有电容器标出 332，则表示该电容器的电容量为 3300pF。

许多电容器会直接标注出容量，这时是采用实用单位或辅助单位。习惯上把 4.7pF 标注为 4p7；把 1000pF、4700pF、0.01μF、0.022μF、0.1μF、0.56μF 分别标注为 1n、4n7、10n、22n、100n 和 560n；把 4.7μF 标注为 4μ7。

小容量电容器以 pF 为单位时可以省略其单位，例如把 47pF、470pF 分别记作 47、470；大容量电解电容器以 μF 为单位时也可以省略其单位，因为大容量的电容器一般是电解电容器，所以在电解电容器的图形旁边标注 47，1000 是把 47μF 和 1000μF。由于电解电容器和一般电容器很容易区分，所以此时不标注电容器符号旁标注出 1p 或 1μ。

对于有工作电压要求的电容器，文字标注一般采取分数的形式：横线上面按上述格式表示电容量，横线下面用数字标出电容量所要求的额定工作电压。

2. 允许误差

允许误差是实际电容量对于标称电容量的最大允许偏差范围。

$$\delta= \frac{C-C_R}{C_R}\times100\%$$

式中：δ 为允许误差，C 为电容器的实际容量，C_R 为电容器的标称容量。

固定电容器的允许误差如表 3-1-2 所示，括号内为中国标准级别。

表 3-1-2　电容器允许误差级别

级别	F（01）	G（02）	J（I）	K（II）	M（III）	（IV）	Z	S（V）	R（VI）
误差 /%	±1	±2	±5	±10	±20	-30～+20	-20～+80	-20～+50	-10～+100

3. 额定工作电压

额定工作电压是电容器在规定的工作温度范围内，长期、可靠地工作所能承受的最高电压。常用固定式的电容器的直流工作电压系列为 6.3V、10V、16V、25V、40V、63V、100V、160V、250V 和 400V。

4. 绝缘电阻

绝缘电阻是指加在电容器上的直流电压与通过它的漏电流的比值。绝缘电阻一般应在 5000MΩ 以上，优质电容器可达 TΩ（$10^{12}\Omega$，称为太欧）级。

5. 介质损耗

理想的电容器应没有能量损耗。但实际上电容器在电场的作用下，总有一部分电能转换成为热能而导致能量损耗，所损耗的能量称为电容器的损耗，它包括金属极板的损耗和介质损耗两部分。小功率电容主要是介质损耗。所谓介质损耗，是反映介质缓慢极化和介质电导所引起的损耗。通常用损耗功率和电容器的无功功率之比，即损耗角的正切值来表示。

$$\tan\delta= \frac{损耗功率}{无功功率}$$

在同容量、同工作条件下，损耗角越大，电容器的损耗也越大。损耗角大的电容器不适于在高频情况下工作。

6. 电容器的频率特性

电容器在交流电路（特别是高频电路）中工作时，其电容量将随频率而变化，此时电容器的等效电路为 R、L、C 串联电路，电容器都有一个固有谐振频率。在交流电路中，电容器的工作频率应远低于其固有谐振频率。表 3-1-3 列出了几种电容器的极限工作频率。

表 3-1-3　几种电容器的极限工作频率

电容器类型	大型纸介电容器	小型纸介电容器	小型无感纸介电容器	中型云母电容器	小型云母电容器	中型管式瓷介电容器	小型管式瓷介电容器	中型圆片式瓷介电容器	小型圆片式瓷介电容器
等效电感 /$10^{-3}\mu$H	50～100	30～60	6～11	15～25	4～6	20～30	3～10	2～4	1～1.5
极限工作频率 /MHz	1～1.5	5～8	50～80	75～100	150～250	50～70	150～200	200～300	2000～3000

7. 电容器的使用环境温度和湿度

电容器的浸渍材料熔点都很低，因此，一般电容器的使用温度不能高于 +80℃。在严寒条件下，电解电容器的电解质可能结冰。根据使用环境温度，中国的电解电容器分为 4 组，见表 3-1-4。

表 3-1-4　电容器使用的环境温度

组别	T	G	N	B
使用环境温度 /℃	−60 ～ +60	−50 ～ +60	−40 ～ +60	−10 ～ +60

一般电容器使用环境的相对湿度不应超过 80%。

五、常用电容器介绍

电容器可以根据其结构及电容量是否可调整、介质材料、作用及用途、封装外形等方面的不同，分为多种类型。

按其结构及电容量是否能调整，可分为固定电容器和可变电容器（包括微调电容器）；按其使用介质材料，可分为有机介质电容器（包括漆膜电容器、混合介质电容器、纸介电容器、有机薄膜介质电容器、纸膜复合介质电容器等）、无机介质电容器（包括陶瓷电容器、云母电容器、玻璃膜电容器、玻璃釉电容器等）、电解电容器（包括铝电解电容器、钽电解电容器、铌电解电容器、钛电解电容器及合金电解电容器等）和气体介质电容器（包括空气电容器、真空电容器和充气电容器等）；按其作用及用途的不同，可分为高频电容器、低频电容器、高压电容器、低压电容器、耦合电容器、旁路电容器、滤波电容器、中和电容器、调谐电容器；按其封装外形的不同，可分为圆柱形电容器、圆片形电容器、管形电容器、叠片形电容器、长方形电容器、珠状电容器、方块状电容器和异形电容器等多种。图 3-1-2 是常用电容器外形图。

图 3-1-2　常见电容器外形

1. 可变电容器

可变电容器是一种电容量可以在一定范围内调节的电容器，通常应用于无线电接收电路中作调谐电容器。按其介质可分为空气介质可变电容器和固体介质可变电容器。

（1）空气介质可变电容器

空气介质可变电容器的电极由两组金属片组成。两组电极中固定不变的一组为定片，能转动的一组为动片，动片与定片之间的空气作为介质。当转动空气介质可变电容器的动片使之全部旋进定片间时，其电容量为最大；反之，将动片全部旋出定片间时，电容量为最小。

空气介质可变电容器分为空气单联可变电容器（简称空气单联）和空气双联可变电容器（简称空气双联，它由两组动片、定片组成，可以同轴同步旋转）。图 3-1-3 是空气介质可变电容器的外形图。

图 3-1-3　空气介质可变电容器外形

（2）固体介质可变电容器

固体介质可变电容器是在其动片与定片（动片、定片均为不规则的半圆形金属片）之间加上云母片或塑料（聚苯乙烯等材料）薄膜作为介质，外壳为透明或半透明塑料。其优点是体积小、重量轻，缺点是杂音大、易磨损。

固体介质可变电容器分为密封单联可变电容器（简称密封单联）、密封双联可变电容器（简称密封双联，它由两组动片、定片及介质组成，可同轴同步旋转）和密封四联可变电容器（简称密封四联，它由四组动片、定片及介质组成）。密封单联可变电容器主要用于简易收音机或电子仪器中，密封双联可变电容器用在晶体管收音机和有关电子仪器、电子设备中。密封四联可变电容器常用在 AM ／ FM 多波段收音机中。图 3-1-4 是固体介质可变电容器的外形图与电路图形符号。

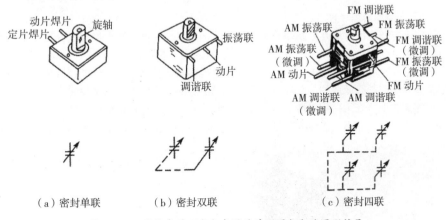

（a）密封单联　　　　（b）密封双联　　　　（c）密封四联

图 3-1-4　固体介质可变电容器的外形图与电路图形符号

2. 有机介质电容器

有机介质电容器包括纸介电容器、有机薄膜介质电容器（也称塑料薄膜电容器，它是用有机塑料薄膜作介质，用铝箔或金属化薄膜作为电极，再按一定工艺及方法卷绕制成的。它按使用的介质材料可分为聚苯乙烯电容器、涤纶电容器、聚丙烯电容器、漆膜电容器、聚四氟乙烯电容器等多种）、纸膜复合介质电容器、混合介质电容器等多种。

（1）纸介电容器（图3-1-5）

纸介电容器是以较薄的电容器专用纸为介质，用铝箔或铅箔作电极，经卷绕成形、浸渍后封装而成。按其封装结构可分为密封式纸介电容器和半密封式纸介电容器；按其外形及外壳封装材料可分为瓷管密封纸介电容器、金属壳方块形高压密封纸介电容器和透明塑料外壳管形纸介电容器等多种。按其卷绕方法可分为有感式纸介电容器和无感式纸介电容器（有感式纸介电容器两个电极的金属箔为完全平齐的，绕成的电容器芯子类似带状电感线圈，其电感量较大，不能用于高频电路中。无感式纸介电容器两个电极的金属箔是错开的，电感量很小，可应用在高频电路中）。

（2）金属化纸介电容器（图3-1-6）

金属化纸介电容器是采用真空蒸发技术在涂有漆膜的纸上再蒸镀一层金属膜作为电极，它与普通纸介电容器相比具有体积小、容量大，击穿后自愈能力强等优点。

图3-1-5 纸介电容器

图3-1-6 金属化纸介电容器

（3）涤纶电容器（图3-1-7）

涤纶电容器是用有极性聚酯薄膜为介质制成的一只正温度系数无极性电容器（即温度升高时，电容量变大）。它具有耐高温、耐高压、耐潮湿、价格低等优点，一般应用于各种中、低频电路中。它有箔式涤纶电容器和金属化涤纶电容器之分。箔式涤纶电容器是用聚酯薄膜和铝箔叠在一起卷绕而成的，其导电电极为铝箔。金属化涤纶电容器是预先用真空蒸发的方法在聚酯薄膜上蒸发了一层极薄的金属膜（一般为铝膜），再用此薄膜卷绕成电容器，其导电电极为蒸发的金属膜。这种电容器的绝缘性能好、电感量小，具有击穿后能自愈的特性。

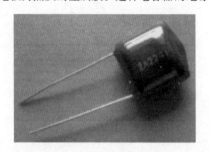

图3-1-7 涤纶电容器

图3-1-8 聚苯乙烯电容器

（4）聚苯乙烯电容器（图3-1-8）

聚苯乙烯电容器是用无极性聚苯乙烯薄膜为介质制成的一种负温度系数无极性电容器，也有箔式和金属化两种类型。箔式聚苯乙烯电容器具有绝缘电阻大、介质损耗小、容量稳定、精度高等优点，可以在中、高频电路中使用。其缺点是体积大、耐热性较差。金属化聚苯乙烯电容器的防潮性和稳定性较箔式聚苯乙烯电容器好，且击穿后能自愈，但其绝缘电阻相对偏低，高频特性差。

（5）聚丙烯电容器（图3-1-9）

聚丙烯电容器也称CBB电容器，是用无极性聚丙烯薄膜为介质制成的一种负温度系数的无极性电容器（即温度升高时，其容量变小），有箔式聚丙烯电容器和金属化聚丙烯电容器之分。其外形有方块形、矩形、管形等多种。

图3-1-9　聚丙烯电容器

3. 固体无机介质电容器

固体无机介质电容器包括瓷介电容器、云母电容器和玻璃釉电容器等。

（1）瓷介电容器（图3-1-10）

瓷介电容器也称陶瓷电容器，是以陶瓷材料为介质，在陶瓷的表面涂覆金属（通常为银材料）薄膜，再经高温烧结后作为电极。它按介质材料可分为高介电常数介质材料电容器和低介电常数介质材料电容器；按性能等级可分为Ⅰ类电介质（NPO、GG）瓷介电容器、Ⅱ类电介质（XTR、2X1）瓷介电容器和Ⅲ类电介质（Y5V、2F4）瓷介电容器；按外形结构可分为管形、圆片形、筒形、叠片形、矩形、珠状、异形等；按频率特性可分为高频瓷介电容器和低频瓷介电容器；按工作电压可分为高压瓷介电容器和低压瓷介电容器。

图3-1-10　瓷介电容器

Ⅰ类瓷介电容器采用具有温度补偿特性的复合型陶瓷材料，具有温度系数小、稳定性高（其电气性能不随温度、电压、时间的变化而改变）、损耗低、耐高压等优点，主要应用于高频、特高频、甚高频等电路中，最大容量不超过1000pF。Ⅱ类、Ⅲ类瓷介电容器也称铁电陶瓷电容器，它们的特点是材料的介电系数高、电容器的容量大（最大容量可达47000pF）、体积小，损耗和绝缘性能较Ⅰ类瓷介电容器差，广泛应用于各种中、低频电路中作隔直电容器、耦合电容器、旁路电容器和滤波电容器等使用。

独石电容器是用以钛酸钡为主的陶瓷材料烧结制成的多层叠片状超小型电容器，它具有性能稳定可靠、耐高温、容量大（容量范围为10pF ～ 1μF）、漏电流小等优点，广泛应用于各种电子产品中作谐振、旁路、耦合、滤波等电容器使用。

（2）云母电容器（图3-1-11）

云母电容器是早期使用的高性能电容器，它采用云母作为介质，在云母表面喷上一层金属膜（通常为银）或用金属箔作为电极，按需要的容量叠片后经浸渍压塑在胶木板（或金属外壳、陶瓷外壳、塑料外壳）内构成的，具有稳定性好、分布电感小、精度高、损耗小、绝缘电阻大、温度特性及频率特性好等优点，其容量范围为5 ～ 51000pF，工作电压为50V ～ 7kV，一般

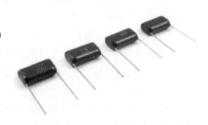

图3-1-11　云母电容器

应用于高频电路中作信号耦合、旁路、调谐等电容器使用。

（3）玻璃釉电容器（图 3-1-12）

玻璃釉电容器是采用玻璃釉粉压制的薄片作为介质，电极为金属膜。它具有介质材料介电系数大、体积小、损耗低、稳定性好、漏电流小、电感量低和温度特性好等优点，其性能可以与云母电容器和瓷介电容器相比，主要应用于高频电路中。

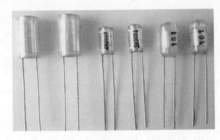

图 3-1-12 玻璃釉电容器

4. 电解电容器

电解电容器的介质材料是一层附在金属极板上的氧化膜，有极性的电解电容器，正极为粘有氧化膜的金属极板，负极通过金属极板与电解质（固体或非固体）相连接。无极性（双极性）电解电容器采用双氧化膜结构，类似于两只有极性的电解电容器将两个负极相连接后构成，其两个电极分别与两个金属极板（均粘有氧化膜）相连，两组氧化膜中间为电解质。有极性电解电容器通常在电源电路或中频、低频电路中作电源滤波、退耦、信号耦合、时间常数设定和隔直流等用，一般不能用于交流电源电路。在直流电源电路中作滤波电容使用时，其阳极（正极）应与电源电压的正极端相连接，阴极（负极）与电源电压的负极端相连接，不能接反，否则会损坏电容器。无极性电解电容器通常用于音箱分频器电路、电视机 S 校正电路及单相电动机启动电路。

电解电容器按其金属极板的使用材料又可分为铝电解电容器、钽电解电容器、铌电解电容器及合金电解电容器等多种。

（1）铝电解电容器（图 3-1-13）

铝电解电容器是将附有氧化膜的铝箔（正极）和浸有电解液的衬垫纸，与阴极（负极）箔叠片一起卷绕而成的，它分为有极性和无极性两种结构，其外形封装有管式和立式；电极引出方式有轴向型、同向型（单向）和螺栓式；外壳有纸壳、铝壳和塑料壳（铝壳电解电容器外面还套有蓝色或黑色、灰色的塑料套，上面标注型号、电容量、耐压值及允许误差等）。

铝电解电容器广泛应用于家用电器和各种电子产品中，其容量范围较大，一般为 $1 \sim 10000 \mu F$，额定工作电压范围为 $6.3 \sim 450V$。其缺点是介质损耗、容量误差较大（最大允许偏差为 +100%、–20%），耐高温性较差，存放时间长易失效。

图 3-1-13 铝电解电容器

（2）钽电解电容器（图 3-1-14）

钽电解电容器有无极性钽电解电容器和有极性钽电解电容器之分。有极性钽电解电容器的阳极（正极）材料采用金属钽材料，与铝电解电容器相比，其介质损耗小、频率特性好、耐高温、漏电流小，但生产成本高、耐压值低，

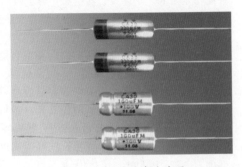

图 3-1-14 钽电解电容器

它广泛应用于通信、航天、军工及家用电器上各种中、低频电路和时间常数电路中。

根据钽电解电容器阳极结构的不同，又可分为箔式钽电解电容器和钽粉烧结式钽电解电容器两种。箔式钽电解电容器也称液体钽电解电容器，内部采用卷绕芯子，阴极（负极）为液体电解质，介质为氧化钽，较铝电解电容器的氧化膜介质稳定性高、寿命长。箔式钽电解电容器通常采用银外壳，封装形式为管式轴向型或立式柱型。

第二节　电容器的选用、代换与检测

一、电容器的选用与代换

1. 电容器的选用

（1）根据应用电路的具体要求选择电容器

电容器有多种类型，选用哪种类型的电容器，应根据应用电路的具体要求而定。

通常，高频和超高频电路中使用的电容器，应选用云母电容器、玻璃釉电容器或高频（Ⅰ类）瓷介电容器。而纸介电容器、金属化纸介电容器，有机薄膜电容器、低频（Ⅱ类、Ⅲ类）瓷介电容器、电解电容器等，一般用于中、低频电路中。在调谐电路中，可选用固体介质密封可变电容器、空气介质电容器和微调电容器。

所选电容器的主要参数（包括标称容量、允许偏差、额定工作电压、绝缘电阻等）及外形尺寸等也要符合应用电路的要求。

（2）电解电容器的选用

电解电容器主要在电源电路或中、低频电路中作电源滤波（$10 \sim 10000\mu F$）、退耦（$27 \sim 220\mu F$）、低频电路级间耦合（$1 \sim 22\mu F$）、低频旁路、时间常数设定、隔直流等电容器中使用。

一般电源电路及中、低频电路中，可以选用铝电解电容器。音箱用分频电容、电视机 S 校正电容及电动机电容等，可选用无极性铝电解电容器。通信设备及各种高精密电子设备的电路中，可以使用非固体钽电解电容器或铌电解电容器。

选用电解电容器时，应注意其外表面要光滑，无凹陷或残缺，塑料封套应完好，标志要清楚，引脚不能松动，引脚根部处不能有电解液泄漏。

（3）固体有机介质电容器的选用

在固体有机介质电容器中，使用最多的是有机薄膜介质电容器，例如涤纶电容器（CL系列）、聚苯乙烯电容器（CB 系列）和聚丙烯电容器（CBB 系列）。

涤纶电容器可在收录机、电视机等电子设备的中、低频电路中作退耦、旁路、隔直流电容器用。

聚苯乙烯电容器可用于音箱电路和高压脉冲电路中，不能用于高频电路。

聚丙烯电容器的高频特性比涤纶电容器和聚苯乙烯电容器好，除能用于电视机、音箱及其他电子设备的直流电路、高频脉冲电路外，还可作为交流电动机的起动运转电容器。

（4）固体无机介质电容器的选用

在固体无机介质电容器中，使用最多的是瓷介电容器，尤其是瓷片电容器、独石电容器和无引线瓷介电容器。

高频电容与超高频电路应选用Ⅰ类瓷介电容器，中、低频电路选用Ⅱ类瓷介电容器。Ⅲ类瓷介电容器只能用于低频电路，而不能用于中、高频电路。

高频电路中的耦合电容器、旁路电容器及调谐电路中的固定电容器，均可以选用玻璃釉电容器或云母电容器。

（5）可变电容器的选用

可变电容器主要用于调谐电路。空气介质可变电容器早期用于电子管收音机及通信设备等，现在的电子设备中已很少使用；而固体介质可变电容器仍被广泛使用。

调幅收音机一般可选用密封双联可变电容器，AM/FM收音机和收录机可选用密封四联可变电容器（密封四联可变电容器外壳上通常还带有薄膜式半可变电容器）。

2. 电容器的代换

电容器损坏后，原则上应使用与其类型相同、主要参数相同、外形尺寸相近的电容器来更换。但若找不到同类型电容器，也可用其他类型的电容器代换。

纸介电容器损坏后，可用与其主要参数相同但性能更优的有机薄膜电容器或低频瓷介电容器代换。

玻璃釉电容器或云母电容器损坏后，也可用与其主要参数相同的瓷介电容器代换。

用于信号耦合、旁路的铝电解电容器损坏后，也可用其参数相同但性能更优的钽电解电容器代换。

电源滤波电容器和退耦电容器损坏后，可以用较其容量略大、耐压值与其相同（或高于原电容器耐压值）的同类型电容器更换。

可以用耐压值较高的电容器代换容量相同但耐压值低的电容器。

二、电容器的检测

1. 电解电容器的检测

（1）正、负极性的判别

有极性铝电解电容器外壳上的塑料封套上，通常都标有"+"（正极）或"–"（负极）。未剪脚的电解电容器，长引脚为正极，短引脚为负极。

对于标识不清的电解电容器，可以根据电解电容器反向漏电流比正向漏电流大这一特性，通过用万用表的 R×10k 挡测量电容器两端的正、反向电阻值来判别。当表针稳定时，比较两次所测电阻值读数的大小。在阻值较大的一次测量中，黑表笔所接的是电容器的正极，红表笔所接的是电容器的负极。

（2）电容量和漏电电阻的测量

电容器最好使用电感电容表或具有电容测量功能的数字万用表测量。若无此类仪表，也可用指针式万用表来估测其电容量。用万用表测量电解电容器时，应根据被测电容器的电容量选择适当的量程。通常，1μF 与 2.2μF 的电解电容器用 R×10k 挡，4.7 ~ 22μF 的电解电容器用 R×1k 挡，47 ~ 220μF 的电解电容器用 R×100 挡，470 ~ 4700μF 的电解电容器用 R×10 挡，大于 4700μF 的电解电容器用 R×1 挡。利用万用表内部电池给电容器进行正、反向充电，通过观察万用表指针向右摆动幅度的大小，即可估测出电容器的容量。

将万用表置于适当的量程。将其两表笔短接后调零。黑表笔接电解电容器的正极、红表笔接其负极时，电容器开始充电，所以万用表指针缓慢向右摆动，摆动至某一角度后（充电结束后）又会慢慢向左返回（表针通常不能返回"∞"的位置）。漏电较小的电解电容器，指针向左返回后所指示的漏电电阻会大于 500kΩ。若漏电电阻值小于 1000kΩ，则说明该电容器已漏电，不能继续使用。

再将两表笔对调（黑表笔接电解电容器负极，红表笔接电容器正极）测量，正常时表针应快速向右摆动（摆动幅度应超过第一次测量时表针的摆动幅度）后返回，且反向漏电电阻应大于正向漏电电阻。

若测量电解电容时表针不动或第二次测量时表针的摆动幅度不超过第一次测量时表针的摆动幅度，则说明该电容器已失效或充放电能力变差。

若测量电解电容器的正、反向电阻值均接近 0，则说明该电解电容器已击穿损坏。

表 3-2-1 是用万用表实测的各种规格电解电容器的电容量与万用表指针摆动位置的对应电阻值。

表 3-2-1　电解电容器实测数据

电容量 /μF	MF47 型万用表		MF500 型万用表		MF50 型万用表	
	电阻挡挡位	指针向右摆动位置	电阻挡挡位	指针向右摆动位置	电阻挡挡位	指针向右摆动位置
1	R×10k	700kΩ	R×1k	220kΩ	R×1k	200kΩ
2.2	R×10k	320kΩ	R×1k	100kΩ	R×1k	110kΩ
3.3	R×1k	120kΩ	R×1k	58kΩ	R×1k	60kΩ
4.7	R×1k	100kΩ	R×1k	50kΩ	R×1k	55kΩ
6.8	R×1k	75kΩ	R×1k	35kΩ	R×1k	40kΩ
10	R×1k	50kΩ	R×1k	20kΩ	R×1k	25kΩ
22	R×1k	20kΩ	R×1k	8kΩ	R×1k	10kΩ
33	R×1k	15kΩ	R×1k	5kΩ	R×1k	5.5kΩ
47	R×100	10kΩ	R×100	3.5kΩ	R×1k	4kΩ
100	R×100	5kΩ	R×100	2.2kΩ	R×1k	2kΩ
220	R×100	2.5kΩ	R×100	750Ω	R×1k	1kΩ
330	R×100	1.8kΩ	R×100	500Ω	R×100	550Ω
470	R×10	1kΩ	R×10	120Ω	R×100	130Ω
1000	R×10	500Ω	R×10	230Ω	R×100	250Ω
2200	R×10	200Ω	R×10	90Ω	R×10	150Ω
3300	R×10	180Ω	R×10	75Ω	R×10	100Ω
4700	R×10	120Ω	R×10	25Ω	R×10	75Ω

从电路中拆下的电解电容器，应将其两引脚短路放电后，再用万用表测量。对于大容量

电解电容器的高压电容器，可以用 1 只 60 ～ 100W、220V 的白炽灯泡对其放电。其方法是：将灯泡装在灯头上，从灯头上引出两条线，分别接到电解电容器的两个引脚上。若此时灯泡瞬间亮一下，则说明电容器已放电完毕。

2. 小容量固体电容器的检测

小容量固体电容器（包括有机介质电容器和无机介质电容器）的电容量一般为 $1\mu F$ 以下，因为容量太小，所以用万用表一般无法估量出其电容量，而只能检查其是否漏电或击穿损坏。

正常时，用万用表 $R \times 10k$ 挡测量其两端的电阻值应为无穷大。若测出一定的电阻值或阻值接近 0，则说明该电容器已漏电或击穿损坏。

也可以自制如图 3-2-1 所示的放大电路来配合测量。测量时，将电路的黑、红两端分别接万用表的黑表笔和红表笔。对于 2000pF 以下的电容器，可并接在电路的 1 端与 2 端之间；大于 2000pF 的电容器，可并接在电路的 2 端与 3 端之间。通过观察正、反向测量时表针向右摆动的幅度，即可判断出该电容器是否失效（与测量电解电容器时的判断方法类似）。

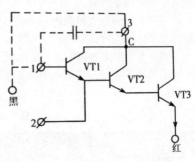

图 3-2-1　小容量电容器的检测电路

3. 可变电容器的检测

空气介质可变电容器可以在转动其转轴的同时，直观检查其动片与定片之间是否有碰片情况。检测薄膜介质可变电容器时，可以用万用表 $R \times 1k$ 挡和 $R \times 10k$ 挡，在测量其定片与各组动片之间的电阻值的同时，转动其转轴，正常的阻值应为无穷大。若转动到某一处时，万用表能测出一定的阻值或阻值变为 0，则说明该可变电容器存在漏电或短路故障。

第四章 电感器和变压器

第一节 电感器

一、电感的基本知识

凡能产生电感作用的元件都称为电感器，简称为电感。通常电感器都是由线圈构成的，故也称为电感线圈。电感线圈是由导线一圈靠一圈地绕在绝缘管上，导线彼此互相绝缘，而绝缘管可以是空芯的，也可以包含铁芯或磁粉芯。它是一种存储磁能的元件，具有阻碍交流电通过的特性，其作用是扼流滤波和滤除高频杂波。电感在电路中用字母£表示，单位有H（亨利）、mH（毫亨）、μH（微亨），其关系为 $1H=10^3mH=10^6\mu H$。

二、电感的分类

按电感形式可分为固定电感、可变电感，按导磁体性质可分为空芯线圈、铁氧体线圈、铁芯线圈、铜芯线圈，按工作性质可分为天线线圈、振荡线圈、扼流线圈、陷波线圈、偏转线圈，按绕线结构可分为单层线圈、多层线圈、蜂房式线圈。图 4-1-1 所示为常见电感线圈的外形。

空芯电感   铁芯（或磁芯）电感   可变电感器

图 4-1-1　常见电感线圈的外形

三、电感器的命名

国产电感器的标称名由 4 部分组成，在表 4-1-1 中只介绍第一部分主称的表示。

表 4-1-1　电解电容器实测数据

字母	L	LZ	DB	CB	RB	GB	HB
主称	线圈	阻流圈	电源变压器	音频输出变压器	音频输入变压器	高压变压器	灯线变压器

四、线圈

线圈是根据自感原理制成的。在任何通以电流的电路周围，都有磁场存在。当电路内电流强度变化时，电路周围的磁场也随着变化，磁通的变化又将在电路的导体内引起感应的电动势，这种现象称为自感。电感可以用来表示自感应特性，它等于某一回路通过一定电流时所建立的自感应磁通量与该电流的比值，即

$$L=\frac{\varphi_L}{I}$$

式中：L 为电感，φ_L 为自感磁通量，I 为电流。

1H（亨）电感就是在 1s 内电流平均变化为 1A 时，在电路内感应出 1V 自感电动势的电感量值。有的线圈电感量很小，故采用 μH 和 mH 来表示。

线圈的用途很广，例如 LC 滤波器、调谐放大器或振荡器中的谐振回路、均衡电路、去耦电路等都会使用到线圈。

线圈的种类和形式各种各样，许多线圈还要由使用者根据实际需要而自行制作。它们的符号表示见图 4-1-2。

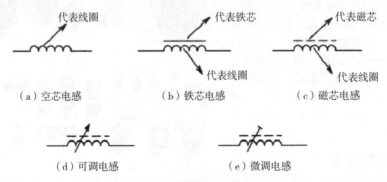

（a）空芯电感　　　　　　（b）铁芯电感　　　　　　（c）磁芯电感

（d）可调电感　　　　　　　　　（e）微调电感

图 4-1-2　常用的电感符号

五、线圈的基本参数

1. 电感量及精度

线圈电感量的大小，主要决定于线圈直径、线圈匝数及有无磁芯等。线圈的用途不同，所需的电感量也不同。例如，在高频电路中，线圈的电感量一般为 0.01 ～ 100mH；而在电源整流滤波中，线圈的电感量可达 1 ～ 30H。

电感量的精度（即实际电感量和要求电感量的误差）视用途而定，对振荡线圈要求较高，精度为 0.2% ～ 0.5%；对耦合线圈和高频扼流线圈要求较低，一般为 10% ～ 15%。

2. 线圈的品质因数 Q

品质因数是表示线圈质量的一个量。它等于线圈在某一频率的交流电压下工作时，线圈所呈现的感抗和线圈直流电阻的比值，用公式表示为

$$Q = \frac{2\pi fL}{R} = \frac{\omega L}{R}$$

式中：ω 为工作角频率，等于 $2\pi f$；L 为线圈的电感；R 为线圈的总损耗电阻。

线圈的品质因数 Q 根据使用的要求而确定。高频电感线圈的 Q 值一般为 $50\sim300$。在调谐回路中，Q 值要求较高，以减少回路的损耗；对于耦合线圈则要求较低；对于高频扼流线圈和低频扼流线圈则不作要求。Q 值的提高，往往受到一些因素的限制，如导线的直流电阻、骨架的介质损耗，以及铁芯和屏蔽引起的损耗、在高频工作时的集肤效应等。因此实际上线圈的 Q 值不可能达到很高，通常为几十到一百，最高至四五百。

3. 分布电容

线圈的匝和匝之间，线圈与地、线圈与屏蔽盒之间，以及线圈的层和层之间都存在着电容。这些电容统称为线圈的分布电容，它和线圈一起可以等效为一个由 L、R 和 C 组成的并联谐振电路，其谐振频率为

$$f_o = \frac{1}{2\pi\sqrt{LC_o}}$$

f_o 称为线圈的固有频率。为了保证线圈的稳定性，使用电感线圈时，应使其工作频率远低于线圈的固有频率。分布电容的存在，不仅降低了线圈的稳定性，也降低了线圈的品质因数，因此一般总希望线圈的分布电容尽可能小一些。

4. 线圈的稳定性

线圈电感量相对于温度的稳定性，用电感的温度系数表示，即

$$\alpha_L = \frac{L_2 - L_1}{L_1(t_2 - t_1)} \ (1/℃)$$

式中：L_1 为 t_1 温度下的电感量，L_2 为 t_2 温度下的电感量。

温度对电感量的影响，主要表现为导线受热膨胀使线圈产生几何变形。减少这一影响可以采用热绕法，以保证线圈不再变形。

湿度增大时，线圈的分布电容和漏电损耗增大，也会降低线圈的稳定性。有时采用防潮物质对线圈进行浸渍和密封，但由于浸渍材料的介电常数比空气大，会使线圈的分布电容增大，将会影响品质因数。

5. 额定电流

额定电流主要是对高频扼流线圈和大功率谐振线圈而言的。对于在电源滤波电路中的低频扼流线圈，额定电流也是一个重要参数。

六、线圈的串联和并联

线圈的串联或并联要考虑到各个线圈之间的相互影响，这种影响一般可以用互感系数来反映。在线圈相互之间有影响时，线圈的串联或并联计算比较复杂。

在不考虑线圈相互之间影响的情况下，线圈的串联或并联与电阻阻值的串、并联计算类似。不考虑互感，线圈串联会使等效电感量增加，其串联后的等效电感量等于各个电感器电

感量之和。用公式表示为

$$L=\sum_{i=1}^{n} L_i$$

线圈并联会使等效电感量减小。在不考虑互感的情况下，并联后的等效电感量的倒数等于各个电感器电感量的倒数之和。用公式表示为

$$\frac{1}{L}=\sum_{i=1}^{n} \frac{1}{L_i}$$

七、常用电感器介绍

1. 固定电感器

固定电感器通常是用漆包线在磁芯上直接绕制而成的，主要用在滤波、振荡、陷波、延迟等电路中。它有密封式和非密封式两种封装形式，两种形式又都有立式和卧式之分，如图 4-1-3 所示。

立式密封固定电感器采用同向型引脚，国产有 LG1 和 LG2 等系列电感器，其电感量范围为 0.1～22000μH（直接标在外壳上），额定工作电流为 0.05～1.6A，

图 4-1-3 小型固定电感器的外形图

误差范围为 ±5%～ ±10%。进口有 TDK 系列色码电感器，其电感量用色点标在电感器表面。卧式密封固定电感器采用轴向型引脚，国产有 LG1、LGA、LGX 等系列。

2. 可调电感器

常用的可调电感器有半导体收音机用振荡线圈，电视机用行振荡线圈、行线性线圈、中频陷波线圈、音响用频率补偿线圈、阻波线圈等，如图 4-1-4 所示。

（1）收音机用振荡线圈

此振荡线圈在收音机中与可变电容器等组成本机振荡电路，用来产生一个比输入调谐电路接收的电台信号高出 465kHz 的本振信号。其外壳为金属屏蔽罩，内部由尼龙衬架、"工"字形磁芯、磁帽及引脚座等构成，在"工"字形磁芯上有用高强度漆包线绕制的绕组。磁帽装在屏蔽罩内的尼龙架上，可以上下旋动，通过改变它与线圈的距离来改变线圈的电感量。电视机中频陷波线圈的内部结构与振荡线圈相似，只是磁帽为可调磁芯。

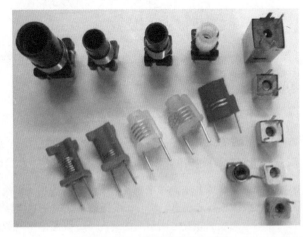

图 4-1-4 可调电感器外形图

（2）电视机用行振荡线圈

行振荡线圈用于黑白电视机中，它与外围的阻容元件及行振荡三极管等组成自激振荡电路（三点式振荡器或间歇振荡器、多谐振荡器），用来产生频率为 15625Hz 的矩形脉冲电压信号。该线圈的磁芯中心有方孔，行同步调节旋钮直接插入方孔内，旋动行同步调节旋钮，即可改变磁芯与线圈之间的相对距离，从而改变线圈的电感量，使行振荡频率保持为 15625Hz，与自动频率控制电路（AFC）送入的行同步脉冲产生同步振荡。

（3）行线性线圈

行线性线圈是一种非线性磁饱和电感线圈，其电感量随着电流的增大而减小。它一般串联在行偏转线圈回路中，利用其磁饱和来补偿图像的线性畸变。它是用漆包线在"工"字形铁氧体高频磁芯或铁氧体磁棒上绕制而成的，线圈的旁边装有可调节的永久磁铁。通过改变永久磁铁与线圈的相对位置，来改变线圈电感量的大小，从而达到线性补偿的目的。

3. 偏转线圈

偏转线圈是电视机显像管的附属部件，它包括行偏转线圈和场偏转线圈，它们均套在显像管的管颈（锥体部位）上，用来控制电子束的扫描运动方向，行偏转线圈控制电子束作水平方向的扫描，场偏转线圈控制电子束作垂直方向的扫描。图 4-1-5 是偏转线圈的外形及结构图。

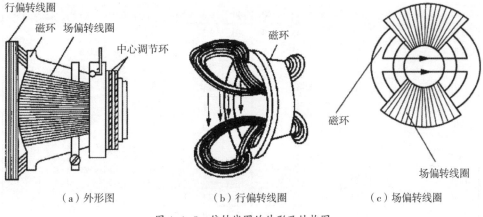

（a）外形图　　　　　（b）行偏转线圈　　　　　（c）场偏转线圈

图 4-1-5　偏转线圈的外形及结构图

4. 阻流电感器

阻流电感器是指在电路中用以阻塞交流电流通路的电感线圈，它分为高频阻流圈和低频阻流圈。

高频阻流线圈也称高频扼流线圈，用来阻止高频交流电流通过。它工作在高频电路中，多采用空芯或铁氧体高频磁芯，骨架用陶瓷材料或塑料制成，线圈采用蜂房式分段绕制或多层平绕分段绕制。

低频阻流线圈也称低频扼流圈，它应用于电源电路、音频电路或场输出等电路，其作用是阻止低频交流电流通过。通常，将用在音频电路中的低频阻流线圈称为音频阻流圈，将用在场输出电路中的低频阻流线圈称为场阻流圈，将用在电流滤波电路中的低频阻流圈称为滤波阻流圈。低频阻流线圈一般采用"E"型硅钢片铁芯（俗称矽钢片铁芯）、坡莫合金铁芯或铁氧体磁芯。

八、电感器技术数据

1. 固定电感器

其技术数据见表 4-1-2 ～表 4-1-4。

表 4-1-2　金杯牌 LG1、LG2 型固定电感器技术数据

标称电感（μH）	公差	测试频率	Q 不小于					直流电阻（Ω）					温度系数
			A	B	C	D	E	A	B	C	D	E	
47			60	55	50	40	40	4.2	3.0	3.0	3.0	0.23	
56		1.5 MHz	60	55	50	40	40	4.8	3.0	3.0	3.0	0.23	
68			60	55	50	40	40	5.2	3.2	3.2	3.2	0.23	
82			60	55	50	40	40	5.7	3.5	3.5	3.5	0.23	
100	±10%		55	55	45	40	40	6.0	4.0	4.0	4.0	0.23	
120		760 kHz	55	55	45	40	40	6.5	4.2	4.2	4.2	0.25	
150			55	55	45	40	40	7.0	4.4	4.4	4.4	0.30	
180			55	55	45	40	40	8.0	4.6	4.6	4.6	0.5	
220			55	55	45	40	40	9.0	4.8	4.8	4.8	0.5	
270			55	55	45	40	40	9.5	5.0	5.0	5.0	0.5	
330			55	55	45	40	40	9.5	5.2	5.2	5.2	0.6	
390	±10%		55	55	45	40	40	10.5	5.4	5.4	5.4	0.6	$800 \times 10^{-6}/℃$
470		400 kHz	55	55	45	40	40	12	5.6	5.6	5.6	0.6	
560			55	55	45	40	40	13	5.8	5.8	5.8	0.6	
680			55	55	45			14	6.0	6.0			
820			55	55	45			16	6.2	6.2			
1000			55	55	45			17	7.8	7.8			
1200			55	55				18	9.0				
1500			55	55				21	10.0				
1800		240 kHz	55	55				23	11.4				
2200			55	55				26	13				
2700			55	55				28	13.5				
3300			55	55				30	15				
3900			40	40				36	16				
4700	±5%		40	40				43	17.5				$800 \times 10^{-6}/℃$
5600	±10%	150 kHz	40	40				48	18.5				
6800			40	40				54	19.5				
8200			40	40				60	22				
10000			40	40				65	27.5				
12000			40					65	27.5				
15000		76 kHz	40					65	27.5				
18000			40										
22000			40										

续表

标称电感（μH）	公差	测试频率	Q 不小于					直流电阻（Ω）					温度系数
			A	B	C	D	E	A	B	C	D	E	
0.1		40 MHz	80	80	80	80	80	1	1	1	1	0.03	
0.12			80	80	80	80	80	1	1	1	1	0.03	
0.15			80	80	80	80	80	1	1	1	1	0.03	
0.18		24 MHz	80	80	80	80	80	1	1	1	1	0.03	
0.22			80	80	80	80	80	1	1	1	1	0.03	
0.27	±10% ±20%		80	80	80	80	80	1	1	1	1	0.03	800×10⁻⁶/℃
0.33			80	80	80	80	80	1	1	1	1	0.05	
0.39			80	80	80	80	80	1	1	1	1	0.05	
047			80	80	80	80	80	1	1	1	1	0.05	
0.56			80	80	80	80	80	1	1	1	1	0.05	
0.68			80	80	80	80	80	1	1	1	1	0.06	
0.82			80	80	80	80	80	1	1	1	1	0.06	
1.0		7.6 MHz	60	50	50	50	50	1	1	1	1	0.07	
1.2	±10%		60	50	50	50	50	1	1	1	1	0.07	
1.5			60	50	50	50	50	1	1	1	1	0.08	
1.8			60	50	50	50	50	1	1	1	1	0.10	
2.2		7.6 MHz	60	50	50	50	50	1	1	1	1	0.10	
2.7			60	50	50	50	50	1	1	1	1	0.15	
3.3			60	50	50	50	50	1	1	1	1	0.15	
3.9			60	50	50	50	50	1	1	1	1	0.15	
4.7			60	50	50	40	30	1	1	1	1	0.15	
5.6			60	50	50	40	30	2.0	0.9	0.9	0.9	0.15	
6.8		5 MHz	60	50	50	40	30	2.0	1.0	1.0	1.0	0.15	
8.2			60	50	50	40	30	2.0	1.2	1.2	1.2	0.18	
10	±10%		60	50	50	40	30	2.0	1.2	1.2	1.2	0.18	800×10⁻⁶/℃
12		2.4 MHz	60	55	50	40	30	2.0	1.3	1.3	1.3	0.18	
15			60	55	50	40	30	2.5	1.5	1.5	1.5	0.18	
18			60	55	50	40	30	2.5	2.0	2.0	2.0	0.20	
22			60	55	50	40	30	2.5	2.0	2.0	2.0	0.20	
27			60	55	50	40	30	3.5	2.2	2.2	2.2	0.20	
33			60	55	50	40	40	3.7	2.5	2.5	2.5	0.20	
39			60	55	50	40	40	4.0	2.8	2.8	2.8	0.23	

表 4-1-3　三九牌 LG1、LG2 型固定电感器外形尺寸与技术数据

型号	尺寸（mm）	最大直流工作电流（mA）									
		A（50）		B（150）		C（300）		D（700）		E（1600）	
		L（μH）	Q_{min}	L（μH）	Q_{min}	L（μH）	Q_{min}	L（μH）	Q_{min}	L（μH）	Q_{min}
LG1 卧式	Φ5×12	0.1~820	55~88	0.1~8.2	50~80	0.1~8.2	50~80	0.1~8.2	50~80	0.1~8.2	50~80
	Φ6×14	–	–	10~330	50~55	10~82	50	1~8.2	40	1~8.2	30~50
	Φ8×18	100~1000	40~50	390~3300	55	100~1000	45	10~82	40	–	–
	Φ10×22	12000~22000	40	3900~10000	40	–	–	100~560	40	10~27	30
	Φ15×32	–	–	–	–	–	–	–	–	33~560	40
LG2 立式胶木壳	Φ6.5×10	1~5600	40~60	1~560	50~55	1~82	50	1~8.2	40~50	1~8.2	30~50
	Φ8×12	6800~22000	40	680~5600	40~55	100~1000	45	10~82	40	10~27	30
	Φ10×14	–	–	6800~10000	40	–	–	100~560	40	33~82	40
	Φ12×18	–	–	–	–	–	–	–	–	100~560	40
LG2-E 立式环氧包封	Φ8×10	1~1000	30	1~18	30	–	–	–	–	–	–
	Φ10×10	1200~2200	30	–	–	–	–	–	–	–	–
	Φ12×12	2700~10000	30	–	–	–	–	–	–	–	–
LG2-F 立式酚醛包封 LG2-S 立式热缩管套	Φ5.5×8.5	–	–	100~820	40	–	–	10	40	1~3.2	40
	Φ7.5×10.5	–	–	1000~4700	40	100~820	40	33~82	40	10~27	40
	Φ10×12	5600~22000	40	5600~10000	40	1000~2200	40	100~560	40	33~82	40
LG2-P 立式圆饼状	Φ8×6	100~820	40	10~82	40	–	–	–	–	–	–
	Φ10×6	–	–	–	–	1082	40	–	–	–	–
LG2-G 胶木壳	Φ10.8×5.5×6	120	40	1.0~10	40	0.33~0.82	40	–	–	–	–

注：电感器标称值按 E12 系列分类。

表 4-1-4　美通牌 LG4 型电感器主要技术数据及外形尺寸

型号	电感量（μH）	Q_{min}	直流电阻（Ω）	额定工作电流（mA）	外形尺寸					
					D_{max}	H_{max}	d	L	F	h_{min}
LG400	1~82000	–	–	–	13	15	0.91	14±2	7.5	7
LG402	10~820	–	–	–	9	6	0.60	25	5	7
LG404	10~390	–	–	–	7.5	8	0.60	10±2	5	7
LG406	1.0~10	–	–	–	5.5	7.5	0.5	25	2.5	3
LG408	1.0~39	40~40	0.08~0.24	50	6	8	0.6	28	5	5
LG410	1.0~330	40~50	0.201~7.5	50	6.5	9.5	0.6	25	5	5
LG412	10~5600	40~50	0.55~24.5	50~300	7.5	11	0.6	25	5	5
LG414	10~820	40~60	0.56~6.3	50	10	7.5	0.6	25	5	5
LG416	10~820	40~60	0.36~4.8	100	11	8	0.6	25	5	5

注：生产厂家为上海无线电二十八厂。

2. 阻流圈

阻流圈又名扼流圈，其作用是阻止某些频率的交流电通过。阻流圈技术数据见表 4-1-5。

表 4-1-5　阻流圈技术数据

商标	型号	名称	电感量	Q_0	测试频率	绕制数据	直流电阻（Ω）	生产厂家
元三	TW1015F	行阻流圈	12μH	90	2.52			天津无线电元件三厂
	AZ9004Y	阻流圈	95μH±5%	45	2.52			
	TRF9229	阻流圈	1.3μH±5%	100	7.95			
	TRF9202C	阻流圈	1.8μH±5%	49	7.95			
	TRF1019	阻流圈	605μH±5	100	25.2			
七星	LS3800	行阻流圈	56~80μH				≤0.1	北京广播电视组件七厂
	ZL-1201	帧阻流圈	≥320μH			Φ0.31绕920匝铁芯：XE8；X18（气隙0.05电话纸一层）		无锡无线电变压器厂
双灯	ZL-126	帧阻流圈	≥0.27H				≤15	上海无线电二十七厂
	ZL-120	帧阻流圈	≥0.35H				≤12	

3. 行线性线圈

电视机行扫描电路的行线性线圈与偏转线圈串联，用以补偿行扫描的非纯属畸变。行线性线圈分固定式和可调式两种，以固定式的应用较为普遍。行线性线圈由"工"字形磁芯线圈和恒磁块组成，通过改变恒磁块的磁场强度以选择正向的饱和点，从而达到补偿的目的。行线性线圈的技术数据见表 4-1-6。

表 4-1-6　行线性线圈的技术数据

商标	型号	电感量（μH）	使用频率（kHz）	直流电阻（Ω）	允许电流（A）	绕线数据	用途	形式	生产厂家
圆六	LHS11（A399）	20~40	16	≤0.15	1.5			固定	南通市无线电元件厂
	LHS15	24±20%							
丹东	KLN-1	5~6.5	2.52MHz				电视机水平线性校正	固定	丹东无线电十六厂
	KLN-2	6.5~10							
	LSR-1	40~80				41匝		可调	
	LSR-2	50~95				45匝			
	LSR-10	40~80				41匝			
	LSR-20	45~95				45匝			
	LSR-30	25~60				36匝			
三九	LSR-10	79~87；≤25				QZΦ0.51，39匝×11135×3.5×10	电视机水平线性校正	可调	常州无线电元件六厂
	LSR-30	62~69；≤20				-R400			
		65~72；≤18				H10Φ11×6			
	LSR30A	75~85；≤40				QZΦ0.51，34匝（磁芯同上）			
	LSR-65	85~93；≤25				QZΦ0.51，34匝（磁芯同上）			
七星	LS3003	5.5~10.3				QZΦ0.51，38（磁芯同上）		固定	北京广播电视配件厂
	LS3004	13~26				QZΦ0.51，40（磁芯同上）			
	LS3005	14~28							
	LS3006	14~24							
	LS3008	10~16							

4. 行振荡线圈

其技术数据见表 4-1-7。

5. 偏转线圈

显像管中荧光屏上图像的再现，是通过电子束的扫描完成的。光栅的形成有赖于水平和垂直方向作用于电子束的偏转力。电视机中的偏转普遍采用磁偏转，其执行元件是偏转线圈。部分集团线圈的技术数据见表 4-1-8 ～表 4-1-10。

表 4-1-7　行振荡线圈技术数据

商标	型号	形式	电感量(μH)	电感可调范围(mH)	线制数据	生产厂家
三九	LHV–10	立式		L3、6 ≥ 7	QA–1Φ0.12 L3–1 540T，L1–6 230T M6 × 0.75 × 12–R400	
	LHH–22	卧式		L2、3 ≤ 1.8 L2、3 ≤ 2.5	L1–2300T L2–342T（导线、磁芯同上）	
	LHH–B	同上		L2、3 ≤ 1.95 L2、3 ≤ 2.7	L1–2230T L2–3445T（同上）	
	LHH–C	同上		L2、3 ≤ 1.6 L2、3 ≤ 2.3	L1–2230T L2–3445T（同上）	
七星	LS4100	立式	≥ 6		L1–2230T L2–3445T（同上）	
	LS4150	卧式	≥ 6		QQ0.12 3–4 300T，4–6 425T MX40φ6	
	LS4151 *	卧式	10.5	4 ～ 10.5	QQ0.12 2–3 380T，1–4 380T MX40φ6	

注：* 是指其 Q 值 ≥ 40。

表 4-1-8　部分偏转线圈技术数据

参数	型号		QPH2090–121SA	QPH20–90–N4B	QPH20–90–N20A
电感量	行（μH）		350 ± 5%	380 ± 4%	355 ± 4%
	帧（mH）		≤ 1	1	5 ± 8%
直流电阻	行（Ω）		3.3 ± 10%	45	≤ 1
	帧（Ω）		≤ 4.1		≤ 3
灵敏度	行（mHA²）		≤ 3.4		
	帧（ΩA²）				
几何失真度	桶形 枕形	%	≤ 3	≤ 2.5	
	梯形 平行四边形	%		1.4	
暗角余量（mm）			≥ 2		
中心调节范围（mm）	φ_{max}				
	φ_{min}				
绝缘电阻	帧—行				
	帧—磁				
耐压	帧—行				
	帧—磁				

参数 \ 型号	QPH2090–121SA	QPH20–90–N4B	QPH20–90–N20A
配套适用范围	35cm 黑白电视机	31cm 黑白电视机	35cm 黑白电视机
外形尺寸	该型偏转线圈	该型偏转线圈	$L \times H = 59 \times 61$
生产厂家	苏州电视机组件厂	上海无线电十七厂	上海无线电二十七厂

表 4-1-9　部分偏转线圈技术数据

参数 \ 型号			QPH20–90–N3112W	QPH20–90–N3501kW	QPH20–90–N4405W
电感量	行（μH）				
	帧（mH）				
直流电阻	行（Ω）				
	帧（Ω）				
灵敏度	行（mHA²）		SH ≤ 3.6	SH ≤ 4.10	SH ≤ 4.10
	帧（ΩA²）		SZ ≤ 3.40	SZ ≤ 3.60	SZ ≤ 3.60
几何失真度	桶形 枕形	%	≤ 1.4	≤ 1.4	≤ 1.4
	梯形 平行四边形	%			
暗角余量（mm）					
中心调节范围（mm）	φ_{max}				
	φ_{min}				
绝缘电阻	帧—行				
	帧—磁				
耐压	帧—行				
	帧—磁				
图像重现率%					
配套适用范围			黑白电视机		
外形尺寸					

参数 \ 型号		QPH–3503A	QPH20–3505	QPH20–3112
电感量	行（μH）	380	340	410
	帧（mH）	6	70	8
直流电阻	行（Ω）	≤ 1	≤ 1	1.1
	帧（Ω）	≤ 3.5	40	5.6
灵敏度	行（mHA²）			
	帧（ΩA²）			

续表

参数	型号		QPH-3503A	QPH20-3505	QPH20-3112
几何失真度	桶形 枕形	%	≤ 3	≤ 2.5	
	梯形 平行四边形	%		1.4	
暗角余量（mm）			≥ 2		
中心调节范围 （mm）	φ_{max}				
	φ_{min}				
绝缘电阻	帧—行				
	帧—磁				
耐压	帧—行				
	帧—磁				
配套适用范围			配 36SX7B 北京显像管厂显像管	配 36SX4B 天津显像管厂显像管	配日本 NEC 显像管

注：生产厂家为北京广播电视机配件三厂。

表4-1-10　正定电子元件厂所产偏转线圈技术数据

参数	型号		QPH-20-90-A N2 B	QPH-20-90-A N3 B
电感量	行（μH）		L=380 ± 5%	L=380 ± 5%
	帧（mH）		B 型，$L \geq 70$ A 型，$L = 6$	B 型，$L \geq 70$ A 型，$L = 6$
直流电阻	行（Ω）		$R \leq 1\Omega$	$R \leq 1\Omega$
	帧（Ω）		A 型，3.3 B 型，≤ 45	A 型，3.3 B 型，≤ 45
灵敏度	行（mHA^2）			
	帧（ΩA^2）			
几何失真度	桶形 枕形	%	≤ 2.5	≤ 2.5
	梯形 平行四边形	%	≤ 1.5	≤ 1.5
暗角余量（mm）			≥ 2	≥ 2
中心调节范围（mm）	φ_{max}		≥ 25	≥ 25
	φ_{min}		≤ 8	≤ 8
绝缘电阻	帧—行		≥ 100MΩ（250V）	≥ 100MΩ（250V）
	帧—磁		5MΩ（250V）	5MΩ（250V）
耐压	帧—行		500V（10s）	500V（10s）
	帧—磁		100V（10s）	100V（10s）

第二节　变压器

变压器是根据电磁感应原理制成的传输交流电能并可改变交流电压的静止电器。它广泛地应用于电力、电信和自动控制系统中。变压器种类繁多，分类方法有多种：按用途，可分为输电、配电用变压器，电压、电流互感器，调压变压器，试验变压器，电焊机变压器，电炉变压器，整流变压器，电源变压器，控制变压器，静电除尘变压器，串联和并联电抗器，消弧线圈和接地变压器等；按相数，可分为单相、三相和多相变压器；按冷却方式，可分为干式、油浸和充气全密封式变压器，其中油浸变压器又分为油浸自冷、强油水冷、强油风冷等多种。

一、变压器的基本原理

变压器主要由磁路系统、电路系统和冷却系统构成。变压器内的部件称为器身，其中包括构成磁路的铁芯、构成电路的绕组和附属的绝缘系统。对于干式变压器，其冷却系统由空气和外罩构成；对于油浸变压器，其冷却系统由变压器油、油箱、联管、散热器或冷却器构成，并需附有由联管、储油柜、气体继电器等组件构成的呼吸系统和安全释压装置。铁芯由彼此绝缘的硅钢片叠积（或卷绕）后装上拉板或拉螺杆、夹件等附件制成。铁芯的截面一般有单级矩形截面、多级外接圆形截面、多级椭圆形截面三种形式，绕组一般由酚醛纸板或绝缘纸板筒、撑条、垫块、端绝缘和绝缘导线制成。

在一个由彼此绝缘的硅钢片叠成的闭合铁芯上套上两个彼此绝缘的绕组，就构成了最简单的单相双绕组变压器，如图4-2-1所示。

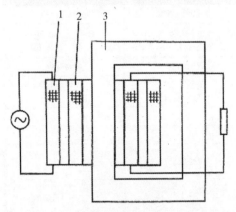

图4-2-1　单相双绕组变压器的装置原理
1——次绕组；2—二次绕组；3—铁芯。

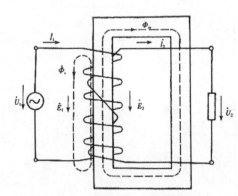

图4-2-2　单相变压器的原理图

如果在某一绕组的两端施加某一交流电压，那么在该绕组中将流过交流电流。根据电磁感应原理可知，这一交流电流将在铁芯中激励一个交变磁通，这个交变磁通将在所有两个绕组中感应出交流电压，叫作感应电压。此时如果另一绕组两端通过负载而闭合，则在该绕组与负载所构成的回路中将有交流电流流过，这就实现了由电源向负载传输交流电能并改变交流电压的目的。通常把接电源的绕组叫作一次绕组（又称初级绕组），把接负载的绕组叫作二次绕组（又称次级绕组）。

从现代电力系统的发展来看，电力变压器主要制成单相和三相的，并且以三相变压器居多。理论分析可针对单相变压器进行，因为它不仅简单，而且具有代表性，其理论分析结果，可以推广到三相和多相变压器上。为便于观察，我们可用图 4-2-2 来代替图 4-2-1。

根据电磁感应定律可得：

一次绕组感应电压 $E_1 = 4.44 f W_1 \varphi_{\mathrm{m}}$（V）

二次绕组感应电压 $E_2 = 4.44 f W_2 \varphi_{\mathrm{m}}$（V）

式中：f 为电源频率，W_1 为一次绕组匝数，W_2 为二次绕组匝数，φ 为铁芯磁密峰值。

将上面两式相除，得

$$\frac{E_1}{E_2} = \frac{W_1}{W_2}$$

即一、二次绕组感应电压与其匝数成正比。由于绕组本身有阻抗压降，实际上一次侧电压 U_1 略大于 E_1，二次绕组感应电压 E_2 略大于二次绕组端电压 U_2。如果忽略阻抗压降，则 $U_1 \approx E_1$，$U_2 \approx E_2$，于是可得

$$\frac{U_1}{U_2} \approx \frac{E_1}{E_2} = \frac{W_1}{W_2}$$

即一、二次电压近似地与一、二次绕组的匝数成正比。

变压器通过电磁耦合将一次侧的电能传到二次侧。假设两个绕组没有漏磁，且功率传输过程中无损耗，那么根据能量守恒原理可知

$$U_2 I_2 = U_1 I_1$$

或

$$\frac{I_1}{I_2} \approx \frac{U_2}{U_1} = \frac{W_2}{W_1}$$

即一、二次侧电流近似地与一、二次绕组的匝数成反比。以上这些式子就是变压器计算的基本关系式。其中电压、电流均指电压、电流的有效值。

二、变压器的主要技术参数

描述变压器整体性能的是其技术参数，它们是变压器生产和使用的主要依据，一般都标在铭牌上。按照国家标准，铭牌上需标出变压器的产品型号字母、性能水平代号、特殊用途或特殊结构代号、额定容量、电压等级及特殊使用环境代号。

电力变压器产品型号组成形式如下。

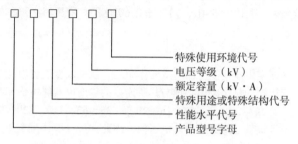

特殊使用环境代号
电压等级（kV）
额定容量（kV·A）
特殊用途或特殊结构代号
性能水平代号
产品型号字母

表 4-2-1 列出了三相油浸式电力变压器性能水平代号，表 4-2-2 列出了 S9-30 ～ 1600/6、10 配电变压器产品性能参数。

表 4-2-1 三相油浸式电力变压器性能水平代号

性能水平代号	电压等级（kV）	性能参数	
		空载损耗	负载损耗
7	6，10	符合 GB/T 6451 组 Ⅱ	符合 GB/T 6451
	≥ 35	符合 GB/T 6451	
8	6，10	符合 GB/T 6451 组 Ⅰ	
	≥ 35	比 GB/T 6451 平均下降 10%	
9	6，10	配电变压器符合表 4-2-2	比 GB/T 6451 平均下降 10%
	6，10	电力变压器比 GB/T6451 组 Ⅰ 平均下降 10%	
	≥ 35	比 GB/T 6451 平均下降 20%	
10	6，10	比 GB/T6451 组 Ⅰ 平均下降 20%	比 GB/T 6451 平均下降 15%
	≥ 35	比 GB/T 6451 平均下降 30%	
11	6，10	比 GB/T6451 组 Ⅰ 平均下降 30%	
	≥ 35	比 GB/T 6451 平均下降 40%	

表 4-2-2 S9-30 ~ 1600 / 6，10 配电变压器产品性能参数

额定容量（kV-A）	空载损耗（W）	负载损耗（W）	额定容量（kV-A）	空载损耗（W）	负载损耗（W）
30	130	600	315	670	3650
50	170	870	400	800	4800
63	200	1040	500	960	5100
80	250	1250	630	1200	6200
100	290	1500	800	1400	7500
125	340	1800	1000	1700	10800
160	400	2200	1250	1950	12800
200	480	2600	1600	2400	14500
250	560	3050			

1. 相数和额定频率

变压器以三相居多，小型变压器有制成单相的。特大型变压器（500kV 级）则由三台单相产品组成三相变压器组，以使重量及外形尺寸满足制造、起吊安装和运输要求。额定频率是指所设计的运行频率，我国为 50Hz，国外还有 60Hz 的。变压器必须在规定的额定频率下运行。

2. 额定电压

额定电压组合和额定电压比变压器的重要作用之一就是改变交流电压，因此额定电压是其重要数据之一。变压器的额定电压必须与其所连接的输变电线路电压相符合，我国输变电线路电压等级（kV）为 0.38，3，6，10，15（20），35，63，110，220，330，500。

输变电线路电压等级就是线路终端的电压值，因此连接线路终端变压器一侧的额定电压与上列数值相同。

线路始端电压值（kV）为 0.4，3.15，6.3，10.5，15，75，38.5，69，121，242，363，

550。

在电力工程中，为减小输电线的电能损耗，在输电线路始端一般用升压变压器作高压输电，在输电线路终端用降压变压器来配电。因此升压变压器的高压额定电压等于线路始端电压，降压变压器的高压额定电压等于线路终端电压（电压等级）。因此，根据电压等级值和铭牌上的额定电压值，即可区分变压器是升压变压器还是降压变压器。

变压器产品系列是以高压的电压等级来划分的，现在电力变压器的系列分为10kV及以下系列、35kV系列、63kV系列、110kV系列和220kV系列等。

额定电压指线电压，以有效值表示。但是单相变压器如果用于接成星形联结的三相组，绕组的额定电压则以线电压为分子，以$\sqrt{3}$为分母来表示，如$38/\sqrt{3}$ V。

变压器应能在105%额定电压的电压下输出额定电流，因为在5%的过电压下的较高空载损耗引起的温度的稍许增长可忽略不计。对于特殊的使用情况（如变压器的有功功率可以朝任何方向流通），允许变压器在1.1倍额定电压下运行。对于这种情况，变压器设计者需预先选择变压器铁芯的较低磁密值，以防过励磁。

所谓电压组合，是指变压器高压、中压与低压（三绕组变压器）绕组电压或高压与低压（双绕组变压器）绕组电压的匹配。变压器的额定电压就是各绕组的额定电压，是指定施加的或在空载时，一次绕组所施加的额定电压和其他各绕组产生的电压。空载时，某一绕组施加额定电压，其他绕组同时产生电压，这种感应电压分别称为所对应绕组的额定电压。绕组间额定电压的匹配是有规定的，称为额定电压组合，见表4-2-3。

表4-2-3 电力变压器的电压组合和联结组标号

额定容量（kV-A）	电压组合（kV）			联结组标号
	高压	中压	低压	
30~1600	6，10		0.4	Yyn0
630~6300	6，10		3.15，6.3	Ydl1
50~1600	35		0.4	Yyn0
800~31500	35 （38.5）		3.15~10.5 （3.3~11）	Ydl1 （YNdl1）

额定电压比是指高压绕组与低压或中压绕组的额定电压比，所以额定电压比$K \geq 1$。

3. 额定容量

变压器的另一个主要作用是传输电能，因此额定容量是它的主要数据，它表征传输电能的大小。

变压器的额定容量与绕组的额定容量既有区别又有联系：双绕组变压器的额定容量即为绕组的额定容量；多绕组变压器应对每个绕组的容量加以规定，以额定容量最大的绕组的额定容量为变压器的额定容量；当变压器的容量因冷却方式的变化而变化时，其额定容量是指最大的容量。

我国现行变压器的额定容量等级是按$\sqrt[10]{10}$倍数增加的R10优先系列，只有30kV·A和63000kV·A以上的容量等级与优先系列有所不同，具体的容量等级见表4-2-4。组成三相变压器组的单相变压器的容量为表中数值的1/3，其余用途的单相变压器与表中数值相同。

表 4-2-4　现行的变压器容量等级（kV·A）

10	100	1000	10000	12000
	125	1250	12500	150000
	160	1600	16000	180000
20	200	2000	20000	240000
	250	2500	25000	（250000）
（30）	315	3150	31500	360000
	400	4000	40000	（420000）
50	500	5000	50000	450000
63	630	6300	63000	等
80	800	8000	（90000）	

变压器容量的大小对变压器结构和性能数据影响很大：容量越大，铁芯直径 D、线性尺寸 L、重量 G 和损耗 P 等的相对值就越小，变压器越经济。国内习惯把变压器按容量分为中小型变压器（≤6300kV·A）、大型变压器（8000～63000kV·A）和特大型变压器（>63000kV·A）。

按国家标准，三相或三组变压器的额定容量分为三个标准类别：第Ⅰ类，小于 3150kV·A；第Ⅱ类，3150～40000kV·A；第Ⅲ类，40000kV·A 以上。

变压器的额定容量 S_N（kV·A）与额定的相电压 U_ϕ（kV）、相电流 I_ϕ（A），线电压 U_L（kV）、线电流 I_L（A）有如下关系：单相变压器 $S_N=U_\phi I_\phi$；三相变压器 $S_N=3U_\phi I_\phi=\sqrt{3}\,U_L I_L=U_\phi I_\phi$

4. 额定电流

变压器的额定电流是由绕组的额定容量除以该绕组的额定电压及相应的相系数（单相为 1，三相为 $\sqrt{3}$ ）而算得的流经绕组线端的电流。因此，变压器的额定电流就是各绕组的额定电流，是指线电流。但是，组成三相组的单相变压器，如绕组为三角形联结，绕组的额定电流则以线电流为分子，以 $\sqrt{3}$ 为分母来表示，例如线电流为 500A，则绕组的额定电流为（500/$\sqrt{3}$）A。

变压器在额定容量下运行时，绕组的电流为额定电流。参照国际电工委员会 IEC 标准《油浸变压器负载导则》，变压器可以过载运行，三相的额定容量不超过 100MV·A（单相不超过 33.3MV·A）时，可承受负载率（负载电流／额定电流）不大于 1.5 的偶发性过载，容量更大时可承受负载率不超过 1.3 的偶发性过载。

套管也应有相应的过载能力，绕组热点温度和顶层油温度分别不能超过 140℃和 115℃。

5. 绕组联结组标号

变压器的同一侧绕组是按一定形式进行联结的。单相变压器除相绕组（线匝组合成的一相绕组）的内部联结外，没有绕组之间的联结，其联结符号为Ⅱ；三相变压器或组合成三相变压器组的单相变压器，则可接成星形、三角形和曲折形等。星形联结是各相绕组的一端结成一个公共点（中性点），其他三个端子接到相应的线端上；三角形联结是三个相绕组互相串联形成闭合回路，由串联处接至相应的线端上；曲折形联结的绕组结成星形，但相绕组是由感应电压相位不同的不在同一铁芯柱上的两部分组成。见表 4-2-5。

表4-2-5 双绕组变压器常用联结组的特性

联结组①	相量图	联 结 图	特性及应用
单相Ⅱ（Ⅱ0）	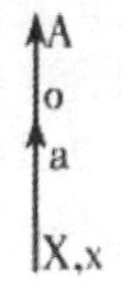	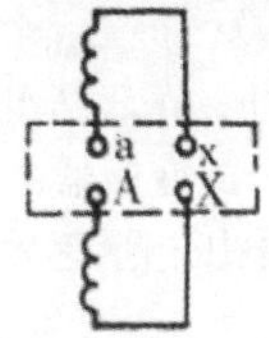	用于单相变压器时无单独特性。不能结成YY联结的三相组，因为此时三次谐波磁通完全在铁芯中流通，三次谐波电压较大，对绕组绝缘极为不利。可以结成其他联结的三相组
三相Yyn（Yyn0）	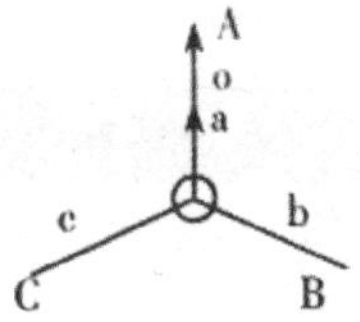	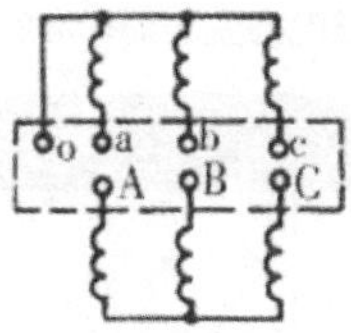	绕组导线填充系数大，机械强度高，绝缘用量少，可实现四线制供电，常用于小容量三柱式铁芯的小型变压器上。有三次谐波磁通，将在金属结构件中引起涡流损耗
三相Yzn（Yznl1）	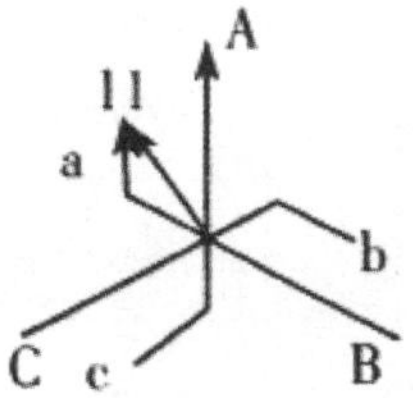	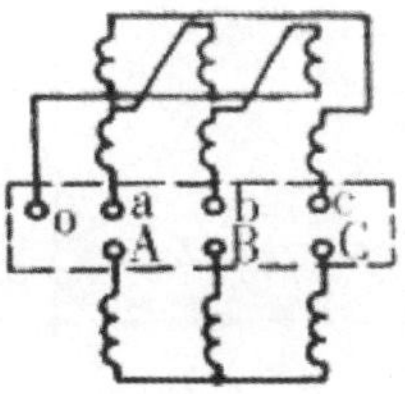	当一次或二次侧遭受冲击过电压时，同一心柱上的两个半绕组的磁势互相抵消，一次侧不会感应过电压或逆变过电压，适用于防雷性能高的配电变压器，但二次绕组需增加15.5%的材料用量
三相Yd（Ydl1）	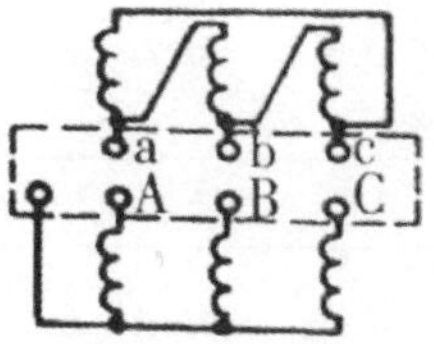	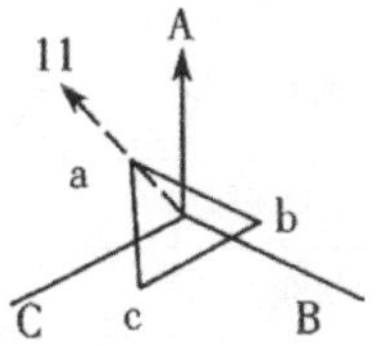	二次侧绕组d形联结，使三次谐波电流循环流动，消除了三次谐波电压。中性点不引出，常用于中性点非死接地的大、中型变压器上
三相YNd（YNdl1）	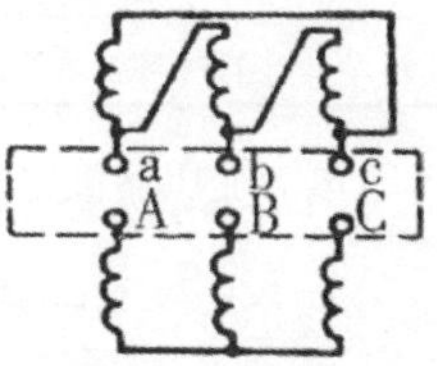	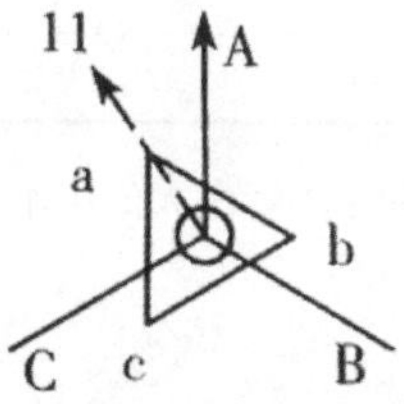	特性同上。一次侧中性点引出，由于一次绕组Y联结的中性点稳定，用于中性点死接地的大型高压变压器上

注：括号中为常用联结组标号。相量图中性点用圆圈表示中性点引出。

新旧电力变压器标准中代表的绕组联结的标号有所不同。旧标准用符号Y、△、Z来分别代表绕组的星形联结、三角形联结和曲折形联结，用符号0做Y或Z的下标，表示中性点引出的星形联结或曲折形联结。新标准中，高压绕组的星形、三角形、曲折形联结分别用大写字母Y、D、Z表示，中性点引出用与之同样高度的大写字母N表示；中压和低压绕组的结法用小写字母y、d、z表示，中性点引出时用同高度的小写字母n表示。把代表变压器绕组连接方法的符号按高压、中压、低压的顺序写在一起，就是变压器的联结组。例如：高压星形联结，低压星形联结并中点引出，则此变压器联结组为Yyn；高压为YN，中压为yn，低压为d，则绕组联结组为YNynd。

同侧绕组联结后，不同侧绕组间绕组电压相量就有固定的角度差（时间差），称为相位移。

以往采用线电压相量间的角度来表示相位移，例如以 U_{AB} 指在时钟 12 的位置，以 U_{ab} 在相量图中对应的时钟时针位置配合时钟序，来表示不同侧绕组间的相位移，例如 Y/y-6 等。新标准是用一对绕组各相应端子与中性点（三角形联结为在等边三角形中心处虚设的）间的电压相量角度差所对应的时钟序来表示相位移，以 U_{AD} 指向时钟 0（12）点，做时钟的分针，以低压或中压的对应电压相量 U_{ab} 代表时针。在联结组最后写上用时钟序数表示的相位移，就是绕组联结组标号。例如 YNd11，它表示此变压器高压绕组为中性点引出的星形联结，低压绕组为三角形联结，在时间上低压绕组电压相量落后于高压绕组电压相量的相位移为 30°，见表 4-2-6。

表 4-2-6　新旧电力变压器标准的绕组联结组标号

名称绕组	GB 1094-79			GB 1094.1~5—2013		
星形联结，中性点不引出	Y	Y	Y	Y	y	y
星形联结，中性点引出	Y_0	Y_0	Y_0	YN	Yn	Yn
三角形联结	△	△	△	D	d	d
曲折形联结，中性点不引出	Z	Z	Z	Z	z	z
曲折形联结，中性点引出	Z_0	Z_0	Z_0	ZN	zn	zn
自耦变压器	联结组代号前加 O			有公共部分，两绕组额定电压较低的用 auto 或 a		
组别数	用字码 1 ~ 12，前加横线					
联结符号间	联结符号间用斜线					
联系组标号的例子	Y_0/ △ -11			YN, d11		
	O- Y_0/12-11			YN, ao, d11		

需注意的是，联结组对变压器的特性有很大的影响，并且电力变压器额定电压组合和联结组标号有固定的对应关系，见表 4-2-3。

6. 分接范围（调压范围）

应用于一次侧、二次侧的电压均恒定场合的变压器，其绕组只需首末端引出，但在有些场合，需随时调整所需要的电压。这时，变压器的绕组需要有分接抽头来改变电压比。

分接头一般是在高压绕组抽出的，这是因为高压绕组或其单独的调压绕组通常套在最外面，分接头引出方便，而且高压侧电流小，分接线和分接开关的载流部分的截面小。因此，升压变压器在二次侧调压，磁通不变，为恒磁通调压；降压变压器在一次侧调压，磁通改变，为变磁通调压。

调压方式分为无励磁调压和有载调压两种。二次空载、一次侧与电网断开时的调压为无励磁调压，在二次负载下的调压是有载调压。

7. 空载电流、空载损耗和空载合闸电流

当变压器二次绕组开路、一次绕组施加额定频率的额定电压时，一次绕组中流通的电流

称为空载电流 I_0。I_0 分为 I_m 和 I_a 两部分，其较小的分量 I_a 用以补偿铁芯损耗，称为有功分量；其较大的分量 I_m 用以励磁，以平衡铁芯磁压降，称为无功分量或空载励磁分量。相量 I_m 与 I_a 垂直，空载电流 i_0 通常以 I_0 占额定电流 I_N 的百分数表示为

$$i_0=（I_0 / I_N）\times 100\%$$

此值一般为 1%～3%，变压器容量越大，i_0 越小。

无功分量 I_m 是励磁电流。由于硅钢片磁化曲线的非线性，导致了励磁电流 i_m 与铁芯中磁通的关系是非线性的，所以 i_m 为含有奇次谐波的非正弦波。因为空载时二次侧无电流，所以有功分量 I_a 所产生的损耗包括铁芯损耗和一次绕组的电阻损耗，其中铁芯损耗占绝大部分。所以忽略一次绕组的电阻损耗时，空载损耗 P_0 又称铁损。因此，空载损耗可用硅钢片单位质量的损耗（可以根据对应硅钢片牌号及磁密值，由硅钢片单位损耗表中查得）与铁芯质量的乘积来求得。

空载合闸电流是当变压器空载情况下在接上电源的瞬间，由于铁芯饱和而产生的很大的励磁电流，又称为励磁涌流，它远远大于 I_0，甚至可达到额定电流 I_N 的 5 倍。

8. 阻抗电压和负载损耗

双绕组变压器的二次绕组短接，一次绕组流过额定电流时所施加的电压称为阻抗电压 U_K，多绕组变压器则有任意两个绕组组合的 U_K。阻抗电压通常以占额定电压的百分数表示，即

$$U_K=（U_K / U_N）\times 100\%$$

且应根据参考温度进行折算。油浸变压器的参考温度为：绝缘耐热等级为 A、E、B 级时，参考温度为 75℃；其他绝缘耐热等级时，参考温度为 115℃。阻抗电压 U_K 由电抗电压 U_X 和电阻电压 U_R 构成，即

$$U_K=\sqrt{U_X^2+U_R^2}$$

式中：U_K、U_X、U_R 均为百分数。需说明的是，强迫导向油循环时，A、E、B 绝缘等级的参考温度为 80℃。

阻抗电压大小与变压器的成本和性能、系统稳定性，以及供电质量有关。电力变压器有标准的阻抗电压。

负载损耗 P_K 是指变压器二次绕组短接，一次绕组流过额定电流时所消耗的有功功率，它等于最大一对绕组的电阻损耗与附加损耗之和。附加损耗包括绕组涡流损耗、导线有并绕时的环流损耗、结构损耗、引线损耗、介质损耗等，其中电阻损耗也称为铜耗。负载损耗也要根据参考温度进行折算。

9. 效率和电压调整率

变压器输出的有功功率与输入的有功功率之比的百分数称为变压器的效率 η。

$$\eta = \frac{输出功率}{输入功率}\times 100\%$$

$$= \frac{输出功率}{输出功率 + 空载损耗 + 负载损耗}\times 100\%$$

变压器满载时

$$\eta=\frac{S_{2N}\cos\varphi_2}{S_{2N}\cos\varphi_2+P_0+P_K}\times 100\%$$

任意负载时

$$\eta = \frac{\beta S_{2N}\cos\varphi_2}{\beta S_{2N}\cos\varphi_2 + P_0 + \beta^2 P_K} \times 100\%$$

式中：S_{2N} 为二次侧额定容量；$\cos\varphi_2$ 为二次侧功率因数；β 等于 I_2/I_{2N}，称为负载系数，其中 I_2 为二次侧负载电流。

可见，变压器的效率与负载性质和数值有关，不是固定不变的，因此一般不在铭牌上标出。

变压器负载运行时，由于有阻抗电压，二次端电压将随负载电流和负载功率因数的改变而改变。变压器的二次空载电压 U_{2N} 和二次负载电压 U_2 的差值，占二次空载电压 U_{2N} 的百分数，称为二次电压调整率，即

$$\varepsilon = (U_{2N} - U_2) / U_{2N} \times 100\%$$

电压调整率也称为二次电压变动率，是衡量变压器供电质量好坏的数据。ε 越小越好。

10. 温升和冷却方式

空气冷却变压器的温升指测量部分温度与冷却空气温度之差，水冷却变压器温升指测量部分温度与冷却器入口处水温之差。

变压器在额定条件下运行时，各部位的温度都不应超过绝缘材料的允许最高工作温度。表 4-2-7 和表 4-2-8 所列的国家标准所规定的额定运行条件下的温升限值与 IEC 标准的规定相同。

表 4-2-7 油浸变压器各部位对周围介质（空气）的温升限值

变压器部位		温升限值（K）	测量方法
绕　　组		65（平均值）	电阻法
油顶层	隔膜式或全式结构	60	温度计法
	其他结构	55	温度计法
油箱及结构件表面		80	温度计法
铁芯本体		使相邻绝缘不致损坏的温升	温度计法

表 4-2-8 干式变压器各部位对周围介质的温升限值

变压器部位	耐热等级	允许最高工作温度（℃）	温升限值（K）	测量方法
绕组	A	105	60	电阻法
	E	120	75	
	B	130	80	
	F	155	100	
	H	180	125	
	C	220	150	
铁芯及结构件表面			使相邻绝缘致损坏的温升	温度计法

冷却方式用冷却介质种类及其循环种类来标识。冷却介质种类和循环种类的字母代号如

表 4-2-9 所示。冷却方式由两个或四个字母代号组合来标识，依次为绕组冷却介质及其循环种类，外部冷却介质及其循环种类，例如冷却方式为油浸自冷，则铭牌上标有 ONAN，油浸风冷式为 ONAF，强油风冷式为 OFAF，强油水冷式为 OFWF，强油导向风冷式为 ODAF，强油导向水冷式为 ODWF，干式自冷式为 AN，干式风冷式为 AF。

表 4-2-9　冷却介质、循环种类的字母代号

冷却介质种类	矿物油或可燃性合成油 不燃性合成油 气体 水 空气	O L G W A
循环种类	自然循环 强迫循环（非导向） 强迫导向油循环	N F D

11. 绝缘水平

变压器的绝缘水平也叫绝缘强度，是和保护水平以及其他绝缘部分相配合的水平，即耐受的电压值，由设备耐受的最高电压决定。绝缘水平有两种，一种是全绝缘，另一种是分级绝缘。绕组的所有出线端都具有相同的对地工频耐受电压的绕组绝缘称为全绝缘；绕组的接地端或中性点的绝缘水平比线端低的绕组绝缘称为分级绝缘，分级绝缘主要用于 110kV 及以上的变压器。绕组额定耐受电压用下列字母代号标志。

LI——雷电冲击耐受电压；

SI——操作冲击耐受电压；

AC——工频耐受电压。

油浸变压器全绝缘绕组绝缘水平如表 4-2-10 所示。

变压器的绝缘水平是按高压、中压和低压绕组的顺序列出耐受电压值来表示的，冲击水平在前，其间用斜线隔开。

表 4-2-10　电压等级为 3～35kV 油浸变压器绕组的绝缘水平

电压等级（kV）	设备最高电压 U_m（kV，有效值）	额定短时工频耐受电压 AC（kV，有效值）	额定雷电冲击耐受电压 U（kV，峰值）	
			全波	截波
3	3.5	18	40	45
6	6.9	25／23	60	65
10	11.5	35／30	75	85
15	17.5	45／40	105	115
20	23	55／50	125	140
35	40.5	85／80	200／135	220

注：1. 用于 15kV 和 20kV 电压等级的发电机回路的设备，其额定短时工频耐受电压一般提高 1～2 级。

2. 额定短时工频耐受电压，干式和湿式选用同一数值。

3. 表中分母数值为外绝缘试验电压。用于海拔高 H 为 1000～4000m 时，外绝缘试验电压应乘以海拔校正系数 $K_a = \dfrac{1}{1.1 - H \times 10^{-4}}$。

12. 短路电流

变压器可能有单相接地短路、两相短路和三相短路。稳态短路电流为:

$$单相短路 \quad I_1 = \frac{3U_\phi}{Z_1+Z_2+Z_0} = \frac{\sqrt{3}\ U_N}{2Z+Z_0}(A)$$

$$两相短路 \quad I_2 = \frac{\sqrt{3}\ U_N}{Z_1+Z_2} = \frac{U_N}{2Z_0}(A)$$

$$三相短路 \quad I_3 = \frac{U_\phi}{Z_1} = \frac{U_N}{\sqrt{3}\ Z_1}(A)$$

式中: U_ϕ、U_N 为分别为额定相电压和线电压(V); Z_1、Z_2、Z_0 为分别为正序、负序和零序阻抗,且 $Z_1=Z_2=Z$, Z 为短路阻抗(Ω)。

因为 $Z_0 \geqslant Z$, 所以 I_3 最大, 三相短路最严重。短路时, 电流将为额定值的 20 ~ 30 倍, 绕组温度急剧上升, 电磁力增加好几百倍。虽然短路电流在经历其交流分量的几个周期的极短时间内即衰减而趋于稳定, 但有极强的破坏作用。因此设计制造者应保证变压器的动、热稳定性, 使用操作者应避免使其短路。

13. 重量和外形尺寸

变压器铭牌上需标出重量, 油浸变压器除需标总重外, 还需标出器身重量、油重量, 这两个数值是为方便现场吊芯检查和使用到一定阶段换油时参考用的。产品外形图为提供给用户的文件之一, 其中包括产品安装定位方法。

三、常用变压器介绍

1. 电源变压器

电源变压器的主要作用是升压(提升交流电压)或降压(降低交流电压)。

升压变压器的一次(初级)绕组较二次(次级)绕组的圈数(匝数)少, 而降压变压器的一次绕组较二次绕组的圈数多。稳压电源和各种家电产品中使用的均属于降压电源变压器。

电源变压器有"E"型电源变压器、"C"型电源变压器和环型电源变压器之分。图 4-2-3 是电源变压器的外形图。"E"型电源变压器的铁芯是用硅钢片交叠而成的, 其缺点是磁路中的气隙较大, 效率较低, 工作时噪声较大; 优点是成本低廉。"C"型电源变压器的铁芯是由两块形状相同的"c"型铁芯(由冷轧硅钢带制成)对插而成的, 与"E"型电源变压器

(a) E 型电源变压器　　　　　　(b) C 型电源变压器

图 4-2-3　电源变压器的外形图

相比,其磁路中气隙较小,性能有所提高。环型电源变压器的铁芯是由冷轧硅钢带卷绕而成的,磁路中无气隙,漏磁极小,工作时噪声较小。

2. 低频变压器

低频变压器用来传送信号电压和信号功率,还可实现电路之间的阻抗匹配,对直流电具有隔离作用。它分为级间耦合变压器、输入变压器和输出变压器,外形与电源变压器相似。

级间耦合变压器使用在两级音频放大电路之间,作为耦合元件,将前级放大电路的输出信号传送至后一级,并作适当的阻抗变换。

输入变压器接在音频推动级和功率放大级之间,起信号耦合、传输作用,也称为推动变压器。输入变压器有单端输入式和推挽输入式。若推动电路为单端电路,则输入变压器也为单端输入式变压器;若推动电路为推挽电路,则输入变压器也为推挽输入式变压器。

输出变压器接在功率放大器的输出电路与扬声器之间,主要起信号传输和阻抗匹配作用。它也分为单端输出变压器和推挽输出变压器两种。

3. 高频变压器

常用的高频变压器有黑白电视机中的天线阻抗变换器和半导体收音机中的天线线圈等。

（1）阻抗变换器

黑白电视机上使用的天线阻抗变换器,是用双根塑皮绝缘导线（塑胶线）并绕在具有高导磁率的双孔磁芯上构成的,见图4-2-4。

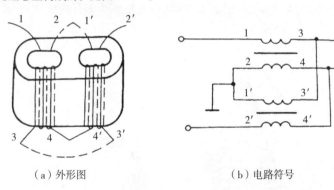

（a）外形图　　　　（b）电路符号

图4-2-4　阻抗变换器

阻抗变换器两个绕组的圈数虽相同,但因其输入端是两个线圈串联,所以阻抗增大一倍;而输出端是两个线圈并联,阻抗减小一半。所以,其总的阻抗变换比为4:1（将300Ω平衡输入信号变换为75Ω不平衡输出信号）。

（2）天线线圈

收音机的天线线圈也称磁性天线,它是由两个相邻而又独立的一次（初级）、二次（次级）绕组套在同一磁棒上构成的,如图4-2-5所示。

磁棒有圆形和长方形两种规格。中波磁棒采用锰锌铁氧体材料,其晶粒呈黑色;短波磁棒采用镍锌铁氧体材料,其晶粒呈棕色。线圈一般用多股或单股纱包线绕制,在略粗于磁棒的绝缘纸管上绕好后再套在磁棒上。

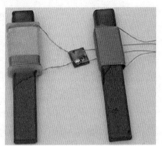

图4-2-5　天线线圈的外形图

4. 中频变压器

中频变压器俗称"中周"，应用在收音机或黑白电视机中。它属于可调磁芯变压器，外形与收音机的振荡线圈相似，也由屏蔽外壳、磁帽（或磁芯）、尼龙支架、"工"字形磁芯以及引脚架等组成。

中频变压器是半导体收音机和黑白电视机中的主要选频元件，在电路中起信号耦合和选频等作用。调节其磁芯，改变线圈的电感量，即可改变中频信号的灵敏度、选择性及通频带。收音机中的中频变压器分为调频用中频变压器和调幅用中频变压器，黑白电视机中的中频变压器分为图像部分中频变压器和伴音部分中频变压器。不同规格、不同型号的中频变压器不能直接互换使用。

5. 脉冲变压器

脉冲变压器用于各种脉冲电路中，其工作电压、电流等均为非正弦脉冲波。常用的脉冲变压器有电视机的行输出变压器、行推动变压器、开关变压器、电子点火器的脉冲变压器和臭氧发生器用的脉冲变压器等。下面主要介绍前三种脉冲变压器。

（1）行输出变压器

行输出变压器简称FBT或行回扫变压器，是电视机中的主要部件，它属于升压式变压器，用来产生显像管所需的各种工作电压（例如阳极高压、加速极电压、聚焦极电压等），有的电视机中行输出变压器还为整机其他电路提供工作电压。

黑白电视机用行输出变压器一般由"U"形磁芯、低压线圈、高压线圈、外壳、高压整流硅堆、高压帽、灌封材料、引脚等组成，它分为分离式（非密封式，高压线圈和高压硅堆可以取下）和一体化式（全密封式）两种结构，图4-2-6是黑白电视机行输出变压器的结构图和内部电路。

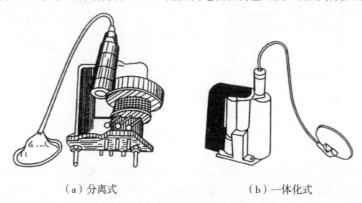

（a）分离式　　　　　　　　　（b）一体化式

图 4-2-6　黑白电视机行输出变压器

彩色电视机用行输出变压器在一体化黑白电视机行输出变压器的基础上增加了聚焦电位器、加速极电压调节电位器、聚焦电源线、加速极供电线及分压电路，图4-2-7是彩色电视机行输出变压器的结构图和内部电路。

（2）行推动变压器

行推动变压器也称行激励变压器，它接在行推动电路与行输出电路之间，起信号耦合、阻抗变换、隔离及缓冲等作用，控制着行输出管的工作状态。

（3）开关变压器

彩色电视机开关稳压电源电路中使用的开关变压器，属于脉冲电路用振荡变压器。其主要作用是向负载电路提供能量（即为整机各电路提供工作电压），实现输入、输出电路之间的隔离。

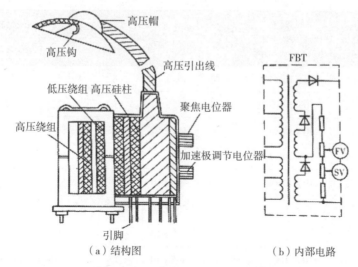

（a）结构图　　　　　　　　（b）内部电路

图 4-2-7　彩色电视机行输出变压器

开关变压器一次（初级）侧为储能绕组，用来向开关管集电极供电。自激式开关电源的开关变压器一次侧还有正反馈绕组或取样绕组，用来提供正反馈电压或取样电压。他激式开关电源的开关变压器一次侧还有自馈绕组，用来为开关振荡集成电路提供工作电压。开关变压器二次（次级）侧有多组电能释放绕组，可产生多路脉冲电压，经整流、滤波后供给电视机各有关电路。

6. 隔离变压器

隔离变压器的主要作用是隔离电源、切断干扰源的耦合通路和传输通道，其一次、二次绕组的匝数比（即变压比）等于1。它分为电源隔离变压器和干扰隔离变压器。

电源隔离变压器是具有"安全隔离"作用的 1∶1 电源变压器，一般作为彩色电视机的维修设备。彩色电视机的底板多数是"带电的"，在维修时若将彩色电视机与220V交流电源之间接入一只隔离变压器，彩色电视机即呈"悬浮"供电状态，当人体偶尔触及隔离变压器二次侧（次级）的任一端时，均不会发生触电事故（人体不能同时触及隔离变压器二次侧的两个接线端，否则会形成闭合回路，发生触电事故）。

表 4-2-11　部分国产小型中频变压器的规格参数表

型号	色标	外形尺寸 $\frac{A}{mm} \times \frac{B}{mm} \times \frac{C}{mm}$	空载 Q 值	频率可调范围 /kHz	通频带 /kHz	电压传输系数	选择性（±10kHz）/dB	谐振电容 /pF
TTF-1-1	白	7×7×12	≥ 55	465 ± 10	≥ 7.5	3.4 ~ 4.4	≥ 6	140
TTF-1-2	红	7×7×12	≥ 55	465 ± 10	≥ 6.5	4.8 ~ 6	≥ 6	140
TTF-1-3	绿	7×7×12	≥ 55	465 ± 10	≥ 6.5	2.1 ~ 2.6	≥ 6.5	140
TTF-2-1	白	10×10×13	≥ 80	465 ± 10	≥ 6.5	5 ~ 7	≥ 7	200

续表

型号	色标	外形尺寸 $\dfrac{A}{mm} \times \dfrac{B}{mm} \times \dfrac{C}{mm}$	空载 Q 值	频率可调范围 /kHz	通频带 /kHz	电压传输系数	选择性（±10kHz）/dB	谐振电容 /pF
TTF-2-2	红	10×10×13	≥80	465±10	≥8	4～5	≥5.5	200
TTF-2-9	绿	10×10×13	≥80	465±10	≥11.5	1.7～2.2	≥2	200
TTF-2-7	白	10×10×13	≥80	465±10	≥5.5	6～8.5	≥14	330
TTF-2-8	黄	10×10×13	≥80	465±10	≥5.5	6～8.5	≥14	330
MTF-2-1	白	10×10×13	≥80	465±10	≥7	6～8.5	≥10	1000
MTF-2-2	红	10×10×13	≥80	465±10	≥7	6～8.5	≥10	1000
105D- I	黄	10×10×13	85～110	465±10	≥6.5	5.4～6.6	≥8	200
105D- II	白	10×10×13	85～110	465±10	≥7.5	3.96～4.84	≥7.5	200
105D- III	黑	10×10×13	85～110	465±10	≥16	2.25～2.75	≥3	200
BZX-10	白	10×10×13	70～110	465±10	≥8	4～5	≥5.5	200
BZX-11	黑	10×10×13	70～110	465±10	≥11.5	1.7～2.34	≥2	200
BZX-6-1	黄	10×10×13	70～110	465±10	≥6	7～12	≥15	510
BZX-6-2	绿	10×10×13	70～110	465±10	≥6	7～12	≥15	510
BZX-19	黄	10×10×13	75±15%	465±10				180
BZX-20	黑	10×10×13	100±15%	465±10				180
SZP1	黄	10×10×13	110±15%	465±10				510
SZP2	白	10×10×13	110±15%	465±10				510
SZP3	黑	10×10×13	110±15%	465±10				510
SZP7	绿	10×10×13	110±15%	465±10	≥6			510

表 4-2-12　部分 10A 型中频变压器的规格参数表

型号	旧型号	色标	外接电容 /pF	电感量 L/$\mu H±10$	Q 值	用途
10LV231	ZZP-10-1 ZZP-10-2	白		2.7	>50	26.25～37MHz 吸收电路
10LV233	ZZP-10-3 ZZP-10-4	黑		1.65	>50	30.5～35.75MHz 吸收电路
10LV235	ZZP-10-5	红	51	11	>50	6.5MHz 吸收电路

续表

型号	旧型号	色标	外接电容 /pF	电感量 *L*/ μH ± 10	*Q* 值	用途
10TV216	ZZP-10-6	黄	10	1.65	>50	31MHz 第一级图像中放
10TV217	ZZP-10-7	绿	10	2.3	>50	28.3MHz 第二级图像中放
10TV218	ZZP-10-8	深蓝	10	1.65	>50	33.7MHz 第三级图像中放
10TS229	ZZP-10-9	粉红	51	11	>50	6.5MHz 第一级伴音中放
10TS2210	ZZP-10-10	中灰	51	11	>50	6.5MHz 第二级伴音中放
10TS2211	ZZP-10-11	浅蓝	51	11	>50	6.5MHz 鉴频器初级
10TS2212	ZZP-10-12	咖啡	100	11	>50	6.5MHz 鉴频器次级
10LV236		黄	15 8.2	2.07	>50	27.75 ～ 35.75MHz 吸收电路
10LV2314	ZZP-10-14	深蓝	47	0.45	>50	31MHz 第三级图像中放初级
10LV2313	ZZP-10-13	绿	68	0.35	>50	29MHz 第二级图像中放
10LV2315	ZZP-10-15	粉红	10	0.9	>50	34MHz 第三级图像中放、次放
10TS2216	ZZP-10-16	白	47	11.5	>50	6.5MHz 第一级伴音中放
10TS2217	ZZP-10-17	黑	47	10.5	>50	6.5MHz 第二级伴音中放
10TS2218	ZZP-10-18	红	15	27	>50	6.5MHz 鉴频器

表 4-2-13　国产电视机部分 10K 型中频变压器的规格参数表

型号	色标	电感量（标称值）		空载 *Q* 值	用途
		/ μH ± 10%	测试频率 /MHz		
10LV335	红	1.2	7.95	>40	34MHz 匹配耦合；第一、第二级图像中放
10LV335N	红	1.0	7.95	>40	29 ～ 38.5MHz 吸收电路
10LV336	黄	1.5	7.95	>40	29 ～ 39.5MHz 吸收电路；34MHz 匹配耦合；32 ～ 37MHz 第三级图像中放初级
10LV337	绿	1.7	7.95	>40	第三级图像中放次级；29MHz 吸收电路
10LV338	蓝	2.1	7.95	>40	29 ～ 30.5MHz 吸收电路
10LV3310	红	2.6	7.95	>40	30.5MHz 吸收电路

型号	色标	电感量（标称值）		空载 Q 值	用途
		/μH±10%	测试频率 /MHz		
10LV3313	蓝	11.0	2.52	>40	微延迟（解码）6.5MHz 吸收电路
10LV3350	白	0.75	25.2	>40	32 ～ 36.5MHz 第三级图像中放初级
10LV3351	红	1.0	7.95	>40	第三级图像中放初级
10LV3352	黄	1.2	7.95	>40	30MHz 第三级图像中放
10TV315	绿	1.45	7.95	>40	34 ～ 34.5MHz 第一级图像中放
10TV316			7.95	>40	34MHz 第二级图像中放
10TV317	白	1.0	7.95	>40	图像中放第一、第二级
10T S324	红	0.95	7.95	>40	6.5MHz 第一级伴音中放
10T S325	黄	5.4	7.95	>40	6.5MHz 鉴频器初级
10T S326	绿	8.6	7.95	>40	6.5MHz 鉴频器次级

表 4-2-14　调频收音机用中频变压器的规格参数

型号	色标	外形尺寸 / mm	中频频率 / MHz	空载值 Q	谐振电容 / pF
TP1001	蓝	10×10×13	0.7	≥ 70	64
TPJ1001	蓝	10×10×13	0.7	≥ 70	56
TPJ1002	蓝	10×10×13	0.7	≥ 70	120
TP1005	蓝	10×10×13	0.7	≥ 70	82
TP1006A	蓝	10×10×13	0.7	≥ 70	390
TP1004A	蓝	10×10×13	0.7	≥ 70	150
TP701	橙	7×7×12	0.7	≥ 60	82
TP702	绿	7×7×12	0.7	≥ 60	390
TPJ701	粉	7×7×12	0.7	≥ 60	140
TPJ1007	蓝	10×10×13	0.7	≥ 70	33

第三节 电感器与变压器的选用、代换与检测

一、电感器、变压器的选用与代换

1.电感器的选用与代换

选用电感器时，首先应考虑其性能参数（例如电感量、额定电流、品质因数等）及外形尺寸是否符合要求。

小型固定电感器与色码电感器、色环电感器之间，只要电感量、额定电流相同，外形尺寸相近，就可以直接代换使用。

半导体收音机中的振荡线圈，虽然型号不同，但只要其电感量、品质因数及频率范围相同，也可以相互代换。例如，振荡线圈 LTF-1-1 可以与 LTF-3、LTF-4 之间直接代换。

电视机中的行振荡线圈，应尽可能选用同型号、同规格的产品，否则会影响其安装及电路的工作状态。

偏转线圈一般与显像管及行、场扫描电路配套使用。但只要其规格、性能参数相近，即使型号不同，也可相互代换。

2.变压器的选用与代换

（1）电源变压器的选用与代换

选用电源变压器时，要与负载电路相匹配，电源变压器应留有功率余量（其输出功率应略大于负载电路的最大功率），输出电压应与负载电路供电部分的交流输入电压相同。

一般电源电路，可选用"E"形铁芯电源变压器。若是高保真音频功率放大器的电源电路，则应选用"C"形变压器或环形变压器。

对于铁芯材料、输出功率、输出电压相同的电源变压器，通常可以直接互换使用。

（2）行输出变压器的选用与代换

电视机行输出变压器损坏后，应尽可能选用与原机型号相同的行输出变压器。因为不同型号、不同规格的行输出变压器，其结构、引脚及二次电压值均会有所差异。

选用行输出变压器时，应直观检查其磁芯是否松动或断裂，变压器外观是否有密封不严处。还应将新行输出变压器与原机行输出变压器对比测量，看引脚与内部绕组是否完全一致。

若无同型号行输出变压器更换，也可以选用磁芯及各绕组输出电压相同，但引脚号位置不同的行输出变压器来变通代换（例如对调绕组端头、改变引脚顺序等）。

（3）中频变压器的选用与代换

中频变压器有固定的谐振频率，调幅收音机的中频变压器与调频收音机的中频变压器、电视机的中频变压器之间也不能互换使用，电视机中的伴音中频变压器与图像中频变压器之间也不能互换使用。

选用中频变压器时，最好选用同型号、同规格的中频变压器，否则很难正常工作。在选择时，还应对其各绕组进行检测，看是否有断线或短路（线圈与屏蔽罩之间相碰）。

收音机中某只中频变压器损坏后，若无同型号中频变压器更换，则只能用其他型号的成套中频变压器（一般为3只）代换该机的整套中频变压器。代换安装时，某一级中频变压器

的顺序不能装错，也不能随意调换。

二、电感器、变压器的检测

1. 电感器的检测

（1）电感量的测量

电感器的电感量通常是用电感电容表或具有电感测量功能的专用万用表来测量，普通万用表无法测出电感器的电感量。

（2）电感器开路或短路的判断

用万用表的 R×1 挡测量电感器两端的正、反向电阻值，正常时应有一定的电阻值。电阻值与电感器绕组的匝数成正比。绕组的匝数多，电阻值也大；匝数少，电阻值也小。若手中有同型号的正常电感器，与正常电感器对比测量，则能判断出其阻值是否正常，是否有局部短路。

若测得电感器的电阻值为 0，则说明该电感器内部已短路损坏。若测得电感器的电阻值为无穷大，则说明该电感器内部已开路损坏。

2. 电源变压器的检测

（1）检测绕组的通断

用万用表 R×1 挡分别测量电源变压器的一次（初级）、二次（次级）绕组的电阻值。通常，降压变压器一次绕组的电阻值应为几十欧姆至几百欧姆，二次绕组的电阻值为几欧姆至几十欧姆（输出电压较高的二次绕组，其电阻值也大一些）。

若测得某绕组的电阻值为无穷大，则说明该绕组已开路损坏；若测得某绕组的电阻值为 0，则说明该绕组已短路损坏。

（2）检测输出电压

将电源变压器一次侧的两接头接入 220V 交流电压，测量其二次侧输出的交流电压是否与标称值相符（允许误差范围 ≤ ±5%）。若测得输出电压低于或高于标称值许多，则应检查是否二次绕组有匝间短路或与一次绕组之间局部短路（有短路故障的电源变压器，工作温度会偏高）。

（3）检测标称电压

对无标签的电源变压器，应测出其额定电压后方可使用。检测时，可从一次（初级）绕组引出头的端部用卡尺或千分尺测出漆包线线径，根据表 4-3-1 查出该线径的载流量 A；再根据经验公式（即 $C=15×A$）选出电容器 C 的电容量，将该电容器 C（应是耐压值为 400V 的无极性电容器）串入电源变压器的一次绕组回路中，接入 220V 交流电压；再测量电源变压器一次绕组两端的电压，该电压即是电源变压器的额定工作电压。

表 4-3-1　漆包线参数表

Q 油基性漆包线的外径（mm）	QZ-2 高强度漆包线的外径（mm）	载流量电流密度 2.5A（mm²）	Q 油基性漆包线的外径（mm）	QZ-2 高强度漆包线的外径（mm）	载流量电流密度 2.5A（mm²）
0.065	0.065	0.005	0.39	0.41	0.242
0.075	0.09	0.007	0.42	0.44	0.284
0.085	0.10	0.010	0.45	0.47	0.325

续表

Q 油基性漆包线的外径（mm）	QZ-2 高强度漆包线的外径（mm）	载流量电流密度 2.5A（mm²）	Q 油基性漆包线的外径（mm）	QZ-2 高强度漆包线的外径（mm）	载流量电流密度 2.5A（mm²）
0.095	0.11	0.013	0.49	0.50	0.375
0.105	0.12	0.016	0.52	0.53	0.433
0.12	0.13	0.020	0.54	0.55	0.47
0.13	0.14	0.024	0.56	0.58	0.50
0.14	0.15	0.030	0.58	0.60	0.55
0.15	0.16	0.033	0.60	0.62	0.60
0.16	0.17	0.039	0.62	0.64	0.637
0.17	0.19	0.044	0.64	0.66	0.682
0.18	0.20	0.050	0.67	0.69	0.753
0.19	0.21	0.057	0.69	0.72	0.80
0.20	0.22	0.064	0.72	0.75	0.883
0.21	0.23	0.071	0.74	0.77	0.935
0.225	0.24	0.079	0.78	0.80	1.05
0.235	0.25	0.087	0.86	0.89	1.26
0.255	0.28	0.105	0.96	0.99	1.59
0.275	0.30	0.122	1.12	1.15	2.12
0.31	0.32	0.143	1.28	1.31	2.90
0.33	0.34	0.165	1.47	1.51	3.85
0.35	0.36	0.187	1.71	1.73	5.14
0.37	0.38	0.212			

（4）检测绝缘性能

电源变压器的绝缘性能可用万用表的 R×10k 挡或用兆欧表（摇表）来测量。

电源变压器在正常时，其一次（初级）绕组与二次（次级）绕组之间、铁芯与各绕组之间的电阻值均为无穷大。若测出两绕组之间或铁芯与绕组之间的电阻值小于 10MΩ，则说明该电源变压器的绝缘性能不良。

电源变压器的检测方法也适用于行推动变压器和开关变压器。

3. 行输出变压器的检测

行输出变压器内部绕组击穿短路是较为常见的故障，这会造成开关电源各路输出电压被迫降低，整机无法正常工作。同时，行电流也会增大，超出正常值（正常值为 270 ~ 350mA）的 20% 以上。

检测时，可通过以下方法来判断行输出变压器内部是否短路。

（1）温度检测法

开机几分钟后，关机检查行输出变压器的工作温度。正常时，行输出变压器的工作温度并不高，若用手摸行输出变压器感觉较热甚至烫手，则可判断该行输出变压器内部已短路损坏。

（2）短路检测法

在监测开关电源主输出电压（+B）的同时，将行推动变压器的一次（初级）绕组两端短时间短接，若 +B 电压由偏低状态恢复至正常值，则说明行输出变压器内部已短路损坏。

（3）切断行负载

在测量的开关电源各路输出电压均较低、而行输出管与行偏转线圈完好的情况下，可断开行负载（例如断开行输出管集电极回路中的限流电阻），在 +B 电压输出端与地之间接上假负载，若开机后开关电源各路电压恢复正常，则是行输出变压器内部短路。

（4）电流测量法

将怀疑内部短路的行输出变压器从电路板上拆下来，用两根导线将其一次（初级）绕组连接到电路板上对应的一次侧位置上，在行输出管集电极回路中串入电流表，再将偏转线圈的插头拔下。若开机后电流表指示超过正常值 50 ~ 60mA 许多，则可判断是行输出变压器内部短路损坏。

第五章 二极管

第一节 二极管的基本知识

一、半导体器件型号命名方法

1. 国产半导体分立器型号命名法

它由五部分组成。每部分含义如下。

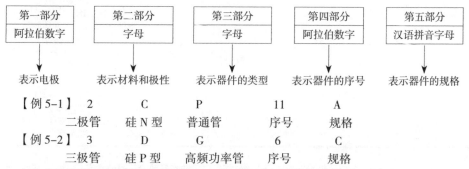

【例 5-1】　　2　　　　　C　　　　　P　　　　　11　　　　　A

二极管　　硅 N 型　　普通管　　　序号　　　规格

【例 5-2】　　3　　　　　D　　　　　G　　　　　6　　　　　C

三极管　　硅 P 型　　高频功率管　序号　　　规格

有些半导体分立器型号命名省缺第一、第二部分。它们是光电耦合管、场效应管、复合管（特林顿管）、激光管等。

【例 5-3】　　GD　　　　　　　213

光电耦合管　　　　　序号

表 5-1-1 列出了国产半导体分立器件型号命名法的前三部分符号及含义。

2. 美国半导体分立器件型号命名法

它是按美国电子工业协会（EIA）电子元件联合会（JEDEC）制定的标准命名的。由五部分组成，第一部分为前缀，第二、第三、第四部分为型号的基本部分，第五部分是后缀。各部分的符号及含义见表 5-1-2。

表 5-1-1　国产半导体分立器件型号命名法的前三部分符号及含义

第一部分		第二部分		第三部分	
用数字表示器件的电极数目		用字母表示器件的材料和极性		音母表示器件的类别	
符号	意义	符号	意义	符号	意义
2	二极管	A B C D	N 型　锗材料 P 型　锗材料 N 型　锗材料 P 型　锗材料	P V W C Z L S N U K X G D A T Y B J GS BT FH PIN JG	普通管 微波管 稳压管 参量管 整流管 整流堆 隧道管 阻尼管 光电器件 开关管 低频小功率管 （ $f_a<3\text{MHz}$ ， PC<1W ） 高频小功率管 （ $f_a \geq 3\text{MHz}$ ， PC<1W ） 低频大功率管 （ $f_a<3\text{MHz}$ ， PC ≥ 1W ） 高频大功率管 （ $f_a \geq 3\text{MHz}$ ， PC ≥ 1W ） 可控整流器（半导体闸流管） 体效应器件 雪崩管 阶跃恢复管 场效应器件 半导体特殊器件 复合管 PIN 型管 激光器件
3	三极管	A B C D E	PNP 型　锗材料 NPN 型　锗材料 PNP 型　硅材料 NPN 型　硅材料 化合物材料		

表 5-1-2　美国半导体分立器件型号命名法的各部分符号及含义

第一部分		第二部分		第三部分	
用符号表示器件类别		用数字表示 PN 结数目		美国电子工业协会（EIA 注册标志）	
符号	意义	符号	意义	符号	意义
JAN JANTX JANTXV JANS （无）	军　级 特军级 超特军级 宇航级 非军用品	1 2 3 n	二极管 三极管 三个 PN 结器件 n 个 PN 结器件	N	该器件已在美国电子工业协会（EIA）注册登记

续表

第四部分		第五部分			
美国电子工业协会（EIA）登记表		用字母表示器件分档			
符号	意义	符号	意义		
多位数字	该器件在美国电子工业协会（EIA）的登记号	A B C D	同一型号器件的不同档别		

【例5-4】 2   N   5685

         三极管   ELA 注册标志   ELA 登记号

【例5-5】 JAN   2   N   3551

        军级品   三极管   ELA 注册标志   ELAW 登记号

3. 日本半导体分立器型号命名法

它由五个基本部分及附加后缀字母或符号组成，后缀用来进一步说明器件的特点，由各器件生产厂自己规定。五个部分的符号及含义见表5-1-3。

表 5-1-3　日本半导体分立器件型号命名法的各部分符号及含义

第一部分		第二部分		第三部分	
用数字表示器件有效电极数目或类型		日本电子协会（JEIA）注册标志		用字母表示器件材料极性和类型	
符号	意义	符号	意义	符号	意义
0 1 2 3 $n-1$	二极管或三极管及包括上述器件的组合管 二极管 三极管或具有三个有效电极的其他器件 具有四个有效电极的器件 具有 n 个有效电极的器件	S	已在日本电子工业协会（JEIA）注册登记的半导体器件	A B C D F G H J K M	PNP 高频晶体管 PNP 低频晶体管 NPN 高频晶体管 NPN 低频晶体管 P 控制极晶闸管 N 控制极晶闸管 单结晶体管 P 沟道场效应管 N 沟道场效应管 双向晶闸管
第四部分		第五部分			
器件在日本电子工业协会（JEIA）的登记号		同一型号的改进型产品的标志			
符号	意义	符号	意义		
多位数字	这一器件在日本电子协会（JEIA）的注册登记号，性能相同、不同厂家生产的器件可以使用同一个登记号	A B C D ……	表示这一器件是原型号产品的改进产品		

【例5-6】　　　2　　　　　　　S　　　　　　　　D　　　　　　　　　　882
　　　　　　三极管　　　JEIA注册标志　　NPN低频晶体管　　　JEIA登记表
【例5-7】　　　2　　　　　　　S　　　　　　　　D　　　　　　　　　1000
　　　　　　三极管　　　JEIA注册标志　　PNP低频晶体管　　　JEIA登记表

4. 欧洲各国半导体分立器型号命名法

欧洲各国除采用JEDEC命名法外，较多采用国际电子联合会的命名法。它由四个基本部分组成。各部分的符号及含义列于表5-1-4。

表5-1-4　国际电子联合会半导体分立器件型号命名法的各部分符号及含义

第一部分		第二部分		第三部分		第四部分	
						用字母对同一类型号器件进行分挡	
符号	意义	符号	意义	符号	意义	符号	意义
A	器件使用禁带为0.6～1.0eV的半导材料，如锗	A	检波二极管，开关二极管，混频二极管	三位数字	代表通用半导体器件的登记序号（同一类型器件使用一个登记号）	A B C D E ……	表示同一类型号的半导体器件按某一参数进行分挡的标志
		B	变容二极管				
		C	低频小功率三极管（$R_{(th)ie}>15℃/W$）				
B	器件使用禁带为1.0～1.3eV的半导材料，如硅	D	低频大功率三极管（$R_{(th)ie}≤15℃/W$）				
		E	隧道二极管				
		F	高频小功率三极管（$R_{(th)ie}>15℃/W$）				
C	器件使用禁带为大于1.3eV的半导材料，如砷化镓	G H	复合器件及其他器件 磁敏二极管				
		K	开放磁路中的霍尔元件				
		L	高频大功率在极管（$R_{(th)ie}≤15℃/W$）				
D	器件使用小于0.6eV的半导体材料，如锑化镓	M	封闭磁路中的霍尔元件				
		P	光敏器件				
		Q	发光器件				
		R	小功率晶体闸管（$R_{(th)ie}>15℃/W$）	一个字母两位数字	代表专用半导体器件登记序号（同一类型器件使用一个登记号）		
R	器件使用复合材料，如霍尔元件光电池使用的材料	S	小功率晶闸管（$R_{(th)ie}>15℃/W$）				
		S	小功率开关管（$R_{(th)ie}>15℃/W$）				
		T	大功率晶闸管（$R_{(th)ie}≤15℃/W$）				
		U	大功率开关管（$R_{(th)ie}≤15℃/W$）				
		X	倍增二极管				
		Y	整流二极管				
		Z	稳压二极管				

【例5-8】　　　B　　　　　　　D　　　　　　　　　　　　247
　　　　　　硅材料　　　低频大功率三极管　　　　通用器件登记序号

【例 5-9】　B　　　　　　　　D　　　　　　　　　　　247
　　　　　　硅材料　　　高频小功率三极管　　　专用设备用器件登记序号

在国际电子联合会的命名法中，为进一步标明器件的特性，常加后缀。后缀与基本部分间用破折号隔开。常见的后缀有以下几种。

稳压二极管的后缀由三部分组成。第一部分为字母，表示标称稳压值的允许误差范围。详见表 5-1-5。后缀的第二部分是数字，表示标称稳定电压的整数值。后缀的第三部分由字母 V 和数字组成，V 表示小数点，V 后的数字为标称稳定电压的小数值。

整流二极管的后缀是数字，表示器件的最大反峰耐压值，单位为 V。

晶闸管的后缀是数字，表示最大反峰耐压和最大反向关断电压中数值小的那个电压值，单位为 V。

表 5-1-5　标称稳压值符号及其允许误差范围

符号	A	B	C	D	E
允许误差（%）	±1	±2	±5	±10	±15

二、晶体二极管的工作原理

在一块半导体基片上，把一部分做成 P 型，另一部分做成 N 型，在两种半导体材料的交界面附近，P 区中的多数载流子空穴要扩散到 N 区中，并与 N 区中的电子相遇而复合；N 区中的多数载流子电子也要扩散到 P 区中去，并与 P 区中空穴相遇而复合。这样，在 P 区 N 区交界面就会留下不可移动的负离子和正离子。这个厚度很薄的正负离子区就称为空间电荷区。这个空间电荷区是 P 型半导体和 N 型半导体结合处，称为 PN 结。由于导电的电子和空穴已经跑光了，因此这个电荷区又称耗尽层（电子和空穴都消耗尽了）。由于耗尽层的存在，N 区的一边带正电荷，P 区的一边带负电荷，形成了阻止 P 区多数载流子空穴继续向 P 区扩散的"电位壁垒"，因此耗尽层又叫阻挡层或势垒区。

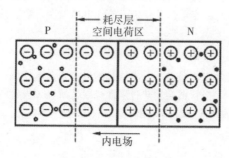

图 5-1-1　PN 结的形成

简单地说，将一个 PN 结封装起来就是一个二极管。PN 结具有单方向导电的特性。PN 结的正、反向连接如图 5-1-2 所示。若将电源电压的正极接 PN 结 P 型区一边，负极接 N 型区一边，如图 5-1-2（a）所示，称为 PN 结正向连接。此时 PN 结会变薄，P 区内的空穴更容易向 N 区扩散，而 N 区内的电子也更容易向 P 区内扩散。电子和空穴的规则运动就会形成电流，电流的方向（在 PN 结内部）是自 P 指向 N。这时向 PN 结加的电压称为正向电压，这时的电流为正向电流。产生明显正向电流时 PN 结上的电压称为 PN 结的正向压降。正向电压越高，正向电流也就越大。PN 结的正反向特性如图 5-1-3 所示。

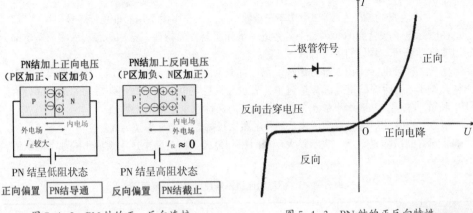

图 5-1-2 PN 结的正、反向连接   图 5-1-3 PN 结的正反向特性

如果将电源电压的极性反过来连接，见图 5-1-2（b），使正极接 N 型区一边，负极接 P 型区一边，称为 PN 结反向连接。这时电流表中电流方向反转，且数值极小。这是因为在外加电压作用下 PN 结变厚，进而阻止 N 区电子向 P 区和 P 区空穴向 N 区的扩散。这时的电压称为反向电压，PN 结呈现很高的电阻。在一定的反向电压范围内，反向电压增加时，反向电流几乎保持（很小的数值）不变。所以 PN 结的反向电流又称反向饱和电流。但当反向电压继续增加到某一数值时，反向电流会突然急剧增加。这种现象称为 PN 结的击穿。开始击穿的电压称为反向击穿电压。PN 结反向击穿时，如果电流不加以限制，就会被烧毁。

将一个 PN 结封装在一个密封的管壳之中（玻璃、塑料或金属）并用引线引出电极，就成了一个晶体二极管。与 P 区相连的电极称为正极，与 N 区相连的电极称为负极。

三、晶体二极管的主要技术参数

晶体二极管的主要电气参数，有最大整流电流、反向电流、最大反向工作电压、最高工作频率等。稳压二极管还有稳定电压、稳定电流和电压温度系数。其他二极管还有各自特殊的参数。

1. 最大整流电流 I_M

它是指二极管长期正常工作条件下，能通过的最大正向电流值。因为电流流过时晶体二极管发热，电流过大时，二极管就会发热过度而烧毁，所以二极管应用时要特别注意最大电流不得超过 I_M 值。大电流整流二极管应用时要加散热片。

2. 反向电流 I_{CO}

反向电流是在给定的反向偏压下，通过二极管的直流电流。理想情况下二极管具有单向导电的性能，但实际上反向电压下总有一点微弱的电流，这一电流在反向击穿之前大致不变，又称反向饱和电流。通常硅管为 1 微安或更小，锗管为几百微安。反向电流的大小，反映了晶体二极管单向导电性能的好坏，反向电流的数值越小越好。

3. 最大反向工作电压 U_{RM}

最大反向工作电压是二极管正常工作所能承受的最大反向电压。二极管反向连接时，如果把反向电压加大到某一数值，管子的反向电流就会突然增大，管子呈现击穿状态，这时的电压值称为击穿电压。晶体二极管的反向工作电压一般为击穿电压的 2/3。晶体管的损坏，一般来说对电压比电流更为敏锐，也就是说，过电压更容易引起管子的损坏，故应用中一定要保证不超过最大反向工作电压。

4. 最高工作频率 f_M

晶体二极管按照材料、制造工艺和结构，其使用频率也不同。有的可以工作在高频电路中，如 2AP 系列、2AK 系列等；有的只能在低频电路中使用，如 2CP 系列、2CZ 系列等。晶体二极管保持原来良好工作特性的最高频率。有时手册中标出的不是"最高工作频率（f_M）"，而是标出"频率（f）"，意义是一样的。典型的 2AP 系列二极管 $f_M<150MHz$，而 2CP 系列 $f_M<50KHz$。

5. 稳定电压 U_Z

稳压管在正常工作时，管子两端保持电压值不变。不同型号的稳压管，具有不同的稳压值。对同一型号的稳压管，由于工艺的离散性，会使其稳定数值不完全相同，而是具有一个电压范围。例如，2CW1 稳压管的稳定电压为 7 ~ 8.5V。稳定电压的数值会随温度变化而有微小的改变。

6. 稳定电压 I_Z 及最大稳定电流 I_{ZM}

稳压二极管在稳压范围内的正常工作电流称为稳定电流 I_Z。稳压管允许长期通过的最大电流称为最大稳定电流，用符号 I_{ZM} 表示。稳压管实际工作电流要小于 I_{ZM} 值，否则稳压管会因电流过大而过热损坏。

7. 最大允许耗散功率 P_M

最大允许耗散功率是指反向电流通过稳压管时，稳压管本身消耗功率的最大允许值。它等于稳定电压与稳定电流的乘积。一种型号的稳压管其 P_M 值是固定的。

8. 动态电阻 R_Z

在稳定电压范围内，稳压管两端电压变量与稳定电流变量的比值，即 $R_Z=\Delta U_Z/\Delta I_Z$，称为动态电阻。动态电阻是表征稳压管性能好坏的重要参数之一。R_Z 越小，稳压管的稳压特性越好。R_Z 一般为几欧姆至几百欧姆。

9. 电压温度系数 C_{TV} 或 α_Z

如果稳压管的温度变化，它的稳定电压也会发生微小的变化。温度变化 1℃ 所引起管子两端电压的相对变化量，即为 C_{TV}，$C_{TV}=\dfrac{\Delta U_Z}{\Delta T}$。

一般稳压值在 6V 以上的管子 C_{TV} 为正（正温度系数），低于 6V 的管子则为负，5 ~ 6V 的稳压管 C_{TV} 近于零，即其稳定数值受温度影响最小。因此在某些要求比较高的场合，宜选用 6V 左右的稳压管。若要求稳压值较高，可将 6V 左右的管子串联起来使用。一般稳压管的温度系数为 0.05 ~ 0.10。

四、常用二极管介绍

1. 检波二极管（图 5-1-4）

检波（也称解调）二极管的作用是利用其单

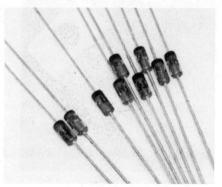

图 5-1-4　检波二极管

向导电性将高频或中频无线电信号中的低频信号或音频信号取出来。检波二极管广泛应用于半导体收音机、收录机、电视机及通信等设备的小信号电路中，其工作频率较高，处理信号幅度较弱。常用的国产检波二极管有 2AP 系列锗玻璃封装二极管。

2. 整流二极管（图 5-1-5）

整流二极管的作用是利用其单向导电性，将交流电变成直流电。它除有硅管和锗管之分外，还可分为高频整流二极管、低频整流二极管、大功率整流二极管及中、小功率整流二极管。整流二极管有金属封装、塑料封装、玻璃封装等多种形式。

常用的国产低频（普通）整流二极管有 2CP 系列、2DP 系列和 2CZ 系列，高频整流二极管有 2CZ 系列、2CP 系列、2CG 系列、2DG 系列及 2DZ2 系列；常用的进口低频整流二极管有 1S 系列、RM 系列、1N40×× 系列、1N53×× 系列和 1N54×× 系列，高频整流二极管有 Eu 系列、Ru 系列、RGP 系列等。

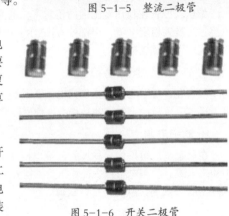

图 5-1-5　整流二极管

3. 开关二极管（图 5-1-6）

开关二极管是利用其单向导电性制成的电子开关。它除能满足普通二极管的性能指标要求外，还具有良好的高频开关特性（反向恢复时间较短），被广泛应用于电视机、家用计算机、通信设备、家用音响、影碟机、仪器仪表、控制电路及各类高频电路中。

开关二极管分为普通开关二极管、高速开关二极管、超高速开关二极管、低功耗开关二极管、高反压开关二极管、硅开关二极管和电压开关二极管等多种。其封装形式有塑料封装和表面封装等。

图 5-1-6　开关二极管

4. 阻尼二极管（图 5-1-7）

阻尼二极管类似于高频、高压整流二极管，其特点是具有较低的电压降和较高的工作频率，且能承受较高的反向击穿电压和较大的峰值电流。它主要在电视机中作为阻尼二极管、升压整流二极管或大电流开关二极管。

5. 稳压二极管（图 5-1-8）

稳压二极管也称齐纳二极管或反向击穿二极管，在电路中起稳定电压的作用。它是利用二极管反向击穿后，在一定反向电流范围内反向电压不随反向电流变化这一特点进行稳压的。

稳压二极管通常由硅半导体材料采用合金法或扩散法制成，它既具有普通二极管的单向导电性，

图 5-1-7　阻尼二极管

又可工作于反向击穿状态。在反向电压较低时，稳压二极管截止；当反向电压达到一定数值时，反向电流突然增大，稳压二极管进入击穿区，此时即使反向电流在很大范围内变化，稳压二极管两端的反向电压也能保持基本不变。但若反向电流大到一定数值后，稳压二极管则会彻底击穿而损坏。

稳压二极管根据其封装形式、电流容量、内部结构的不同可分为多种类型，按其封装形式可分为金属外壳封装稳压二极管、玻璃封装（简称玻封）稳压二极管和塑料封装（简称塑封）稳压二极管（塑封稳压二极管又分为有引线型和表面封装两种类型），按其电流容量的不同可分为大功率稳压二极管（2A 以上）和小功率稳压二极管（1.5A 以下），根据其内部结构可分为单稳压二极管和双稳压二极管（三电极稳压二极管）。常用的国产稳压二极管有 2CW 系列和 2DW 系列，常用的进口稳压二极管有 1N41×× 系列、1N46×× 系列、1N47×× 系列等。

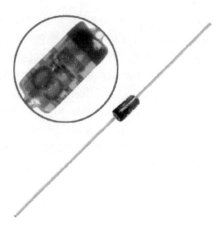

图 5-1-8 稳压二极管

6. 变容二极管（图 5-1-9）

变容二极管是利用 PN 结之间电容可变的原理制成的半导体器件，在高频调谐、通信等电路中作可变电容器使用。它属于反偏压二极管，改变其 PN 结上的反向偏压，即可改变 PN 结电容量。反向偏压越高，结电容则越小，反向偏压与结电容之间的关系是非线性的。

变容二极管有玻璃外壳封装（玻封）、塑料封装（塑封）、金属外壳封装（金封）和无引线表面封装等多种封装形式。通常中小功率的变容二极管采用玻封、塑封或表面封装，而功率较大的变容二极管多采用金封。常用的国产变容二极管有 2CC 系列和 2CB 系列，常用的进口变容二极管有 S 系列、MV 系列、KV 系列、1T 系列、1SV 系列等。

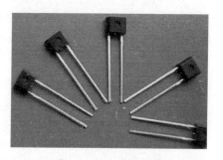

图 5-1-9 变容二极管

7. 发光二极管（图 5-1-10）

发光二极管（简称 LED）是一种将电能转变成光能的半导体发光显示器件（当其内部有一定电流通过时，它就会发光）。它与普通二极管一样由 PN 结构成，也具有单向导电性。

发光二极管按其使用材料可分为磷化镓发光二极管、磷砷化镓发光二极管、砷化镓发光二极管、磷铟砷化镓发光二极管和砷铝化镓发光二极管等多种；按其封装结构及封装形式除可分为金属封装、陶瓷封装、塑料封装、树脂封装和无引线表面封装外，还可分为加色散射封装（D）、无色散射封装（W）、有色透明封装（C）和无色透明封装（T）；按其封

图 5-1-10 发光二极管

装外形可分为圆形、方形、矩形、三角形和组合形等多种；按其管体颜色又分为红色、琥珀色、黄色、橙色、浅蓝色、绿色、黑色、白色、透明无色等多种；按发光颜色及光谱范围可分为有色光和红外光，有色光又分为红色光、黄色光、橙色光、绿色光等。另外，发光二极管还可分为普通单色发光二极管、高亮度发光二极管、超高亮度发光二极管、变色发光二极管、闪烁发光二极管、电压控制型发光二极管、红外发光二极管和负阻发光二极管等。

普通单色发光二极管属于电流控制型半导体器件，可用各种直流、交流、脉冲等电源驱动点亮，使用时需串接合适的限流电阻。普通单色发光二极管的发光颜色与发光的波长有关，而发光的波长又取决于制造发光二极管所用的半导体材料。红外发光二极管也称红外线发射二极管，它是可以将电能直接转换成红外光能（不可见光）并辐射出去的发光器件，主要应用于各种遥控发射电路中。其结构、原理与普通发光二极管相近，只是使用的半导体材料不同。

8. 光电二极管（图 5-1-11）

光电二极管也称光敏二极管，是一种能将光能转变为电能的敏感型二极管，广泛应用于各种遥控与自动控制电路中。它分为硅 PN 结型（PD）光电二极管、PIN 结型光电二极管、锗雪崩光电二极管和肖特基结型光电二极管，其中硅 PN 结型光电二极管较常用。

光电二极管采用金属外壳、塑料外壳或环氧树脂材料封装，有二端和三端（带环极）两种形式。管体上端或侧面有受光窗口（或受光面）。当光电二极管两端加上反向电压时，其反向电流将随着光照强度的改变而改变。光照强度越大，反向电流则越大。

图 5-1-11　光电二极管

光电二极管按接收信号的光谱范围可分为可见光光电二极管、红外光光电二极管和紫外光光电二极管。红外光光电二极管也称红外接收二极管，是一种特殊的 PIN 结型光电二极管，可以将红外发光二极管等发射的红外光信号转变为电信号，广泛应用于彩色电视机、录像机、影碟机（视盘机）、音响等家用电器及各种电子产品的遥控接收系统中。它只能接收红外光信号，而对可见光无反应（即对红外光敏感，而接收可见光时则截止）。

9. 双向击穿二极管

双向击穿二极管也称瞬态电压抑制二极管（TVS），是一种具有双向稳压特性和双向负阻特性的过压保护器件，类似压敏电阻。它应用于各种交流、直流电源电路中，用来抑制瞬时过电压。当被保护电路瞬间受到浪涌脉冲电压冲击时，双向击穿二极管能迅速齐纳击穿，由高阻状态变为低阻状态，对浪涌电压进行分流和钳位，从而保护电路中各元件不被瞬间浪涌脉冲电压损坏。

10. 快恢复二极管

快恢复二极管（简称 FRD）是一种具有开关特性好、反向恢复时间短等特点的半导体二极管，主要应用于彩色电视机中作高频整流二极管、续流二极管或阻尼二极管。它属于 PIN 结型二极管，内部结构与普通 PN 结二极管不同（在 P 型硅材料与 N 型硅材料中间增加了基区 I，构成 PIN 硅片）。因其基区很薄，反向恢复电荷很少，所以快恢复二极管的反向恢复时间较短，正向压降较低，反向击穿电压（耐压值）较高。通常，5 ~ 20A 的快恢复二极管采用 TO-220FP 塑料封装，20A 以上的大功率快恢复二极管采用顶部带金属散热片的 TO-3P 塑料封装，5A 以下的快恢复二极管则采用塑料封装。

五、常用二极管的参数

1.常用整流二极管

（1）常用整流二极管的主要参数见表5-1-6。

表5-1-6 常用整流二极管主要参数

型号	正向平均电流 I_F（A）	最高反向工作电压 U_{RM}（V）	最大正向电压 U_F（V）	最大反向电流 I_{RM}（μF）	浪涌电流 I_{FSM}（A）	材料	外形封装
IN4001 IN4002 IN4003 IN4004 IN4005 IN4006 IN4007	1.0	50 100 200 400 600 800 1000	1.1	5.0	3.0	Si	DO-41
IN5391 IN5392 IN5393 IN5394 IN5395 IN5396 IN5397 IN5398	1.5	50 100 200 300 400 500 600 800	1.1	5.0	50	Si	DO-5
2CA51A～X	0.05	*	≤1.2	5	1	Si	约 $\Phi2.5\times8$
2CA52A～X	0.1	*	≤1.0	3	2	Si	约 $\Phi3\times10$
2CZ53A～X	0.3	*	≤1.0	3	6	Si	约 $\Phi7\times13$
2CA54A～X	0.5	*	≤1.0	10	10	Si	有 M5 螺栓可安装散热器
2CA55A～X	1	*	≤1.0	10	20	Si	
2CZ56A～X	3	*	≤0.8	20	65	Si	有 M6 螺栓可安装散热器
2CA57A～X	5	*	≤0.8	20	105	Si	
2CA58A～X	10	*	≤0.8	30	210	Si	有 M8 螺栓
2CZ59A～X	20	*	≤0.8	40	420	Si	
2CA60A～X	30	*	≤0.8	50	900	Si	有 M12 螺栓

注：★国产整流二极管最高反向工作电压规定如表5-1-7所示。

表5-1-7 国产整流二极管最高反向工作电压规定

分挡标志	A	B	C	D	E	F	G	H	J	K	L
URM（V）	25	50	100	200	300	400	500	600	700	800	900
分挡标志	M	N	P	Q	R	S	T	U	V	W	X
URM（V）	1000	1200	1400	1600	1800	2000	2200	2400	2600	2800	3000

（2）2CZ51 和 2CZ54 整流二极管的外形尺寸见图 5-1-12。

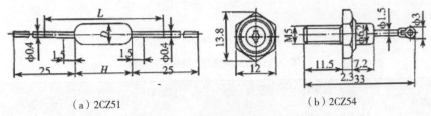

（a）2CZ51　　　　　　　　　　　　（b）2CZ54

图 5-1-12　2CZ51 和 2CZ54 整流三极管的外形尺寸

2. 稳压二极管

稳压二极管的主要参数见表 5-1-8。

表 5-1-8　常用稳压二极管主要参数

型号	稳定工作电压（中值）U_z（V）	动态电阻 r_z（Ω）	测试电流 I_z（mA）	最大电流 I_{ZM}（mA）	额定功耗 C_z（mW）	温度系数 C_{TV}（10^{-4}℃）	部分可替代符号
2CW50-2V4	2.4	40	10.0	83			IN5985 A，B，C，D
2CW50-2V7	2.7	40	10.0	83			IN5986 A，B，C，D
2CW51-3V	3.0	42	10.0	71	250	≥ -9	IN5987 A，B，C，D
2CW51-3V3	3.3	42	10.0	71			IN5988 A，B，C，D
2CW51-3V6	3.6	42	10.0	71			IN5989 A，B，C，D
2CW51-3V9	3.9	45	10.0	71			IN5990 A，B，C，D
2CW52-4V3	4.3	45	10.0	55		≥ -8	IN5991 A，B，C，D
2CW53-4V7	4.7	40	10.0	41		-6 ~ 4	IN5992 A，B，C，D
2CW53-5V1	5.1	40	10.0	41	250	-6 ~ 4	IN5993 A，B，C，D
2CW53-5V6	5.6	40	10.0	41		-6 ~ 4	IN5994 A，B，C，D
2CW54-6V2	6.2	20	10.0	38		-3 ~ 5	IN5995 A，B，C，D
2CW54-6V8	6.8	20	10.0	38		-3 ~ 5	IN5996 A，B，C，D
2CW55-7V5	7.5	10	10.0	23		≤ 6	IN5997 A，B，C，D
2CW56-8V2	8.2	10	10.0	27		≤ 7	IN5998 A，B，C，D
2CW57-9V1	9.1	15	5	26	250	≤ 8	IN5999 A，B，C，D
2CW58-10V	10	20	5	23		≤ 9	IN6000 A，B，C，D
2CW59-11V	11	25	5	20		≤ 9	IN6001 A，B，C，D
2CW60-12V	12	30	5	19			IN6002 A，B，C，D
2CW61-13V	13	40	3	16		≤ 9.5	IN6003 A，B，C，D
2CW62-15V	15	50	3	14		≤ 9.5	IN6004 A，B，C，D
2CW62-16V	16	50	3	14		≤ 9.5	IN6005 A，B，C，D
2CW63-18V	18	60	3	13	250	≤ 9.5	IN6006 A，B，C，D
2CW64-20V	20	65	3	11		≤ 10	IN6007 A，B，C，D
2CW65-22V	22	70	3	10		≤ 10	IN6008 A，B，C，D
2CW66-22V	24	72	3	9		≤ 10	IN6009 A，B，C，D

注：以上稳压管的最大耗散功率均为 PZM=500mW。

2V4 即表示该管的稳压值为 2.4V，余类同。

3. 2DW 温度补偿稳压二极管

（1）2DW 温度补偿稳压二极管主要参数见表5-1-9。

表5-1-9　2DW 温度补偿稳压二极管主要参数

型号	最大耗散功率 P_{ZM}(mW)	最大工作电流 I_{ZM}（ mA)	稳定电压 U_Z（ V ）	电压温度系数 C_{TV}（ 10^{-4}℃ ）	动态电阻 r_Z（ Ω ）	稳定电流 I_Z（ mA ）
2DW230					≤ 25	
231			5.6 ～ 5.8	151		
232					≤ 15	
233	200	30				10
234						
235			6.0 ～ 6.5	151	≤ 10	
236						

（2）2DW230 ～ 236 温度补偿二极管外形尺寸见图5-1-13。

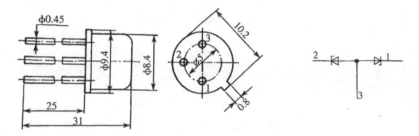

图5-1-13　2DW230 ～ 236 温度补偿二极管外形尺寸

4. 检波二极管

检波二极管主要参数见表5-1-10。

表5-1-10　检波二极管主要参数

型号	反向击穿电压 U_{BR}（ V ）	正向直流电流 I_F（ mA ）	正向压降 U_F（ V ）	结电容 C_{tot}（ pF ）	截止频率 f_c（ MHz ）	最高结温 T_{jm}（ ℃ ）
2AP1	40	2.5				
2AP2	45	2.5				
2AP3	45	7.5				
2AP4	75	5	≤ 1.2	1	150	75
2AP5	110	2.5				
2AP6	150	2.5				
2AP7	150	5				
2AP11	10	10				
2AP12	10	90				
2AP13	30	10				
2AP14	30	30	≤ 1	1	40	75
2AP15	30	60				
2AP16	50	30				
2AP17	100	10				

注：以上系列均为 EA-3。

5. 开关二极管

开关二极管主要参数见表5-1-11。

表5-1-11 开关二极管主要参数

型号	反向恢复时间 T_n（ns）	零偏压电容 C_o（pF）	反向击穿电压 U_{BR}（V）	最高反向工作电压 U_{RM}（V）	最大正向电流 I_{FM}（mA）	反向电流 I_R（μA）
IN4148		4	100	75		25
IN4149		2	100	75		25
IN4150		2	75	50		50
IN4151		2	40	30		50
IN4152		2	75	50		50
IN4153	4	2	35	25	450	100
IN4154		4	100	75		25
IN4446		2	100	75		25
IN4447		2	100	75		5
IN4448		4	100	75		5
IN914						
2AK1	200	3	30	10		30
2AK2	200	3	40	20	≥ 150	30
2AK3	150	2	50	30		20
2AK5	150	2	60	40		5
2AK6	150	2	70	50	200	5
2AK7	150	2	50	30	250	20
2AK8	150	1	55	35		20
2AK10	150	2	70	50		20
2CK71A～E	4	1.5	A ≥ 30 B ≥ 45 C ≥ 60 D ≥ 75 E ≥ 90	A ≥ 20 B ≥ 30 C ≥ 40 D ≥ 50 E ≥ 60	≥ 20	0.1
2CK72A～E	4	1.5			≥ 30	
2CK73A～E	5	4			≥ 50	
2CK74A～E	5	4			≥ 100	
2CK75A～E	5	4			≥ 150	
2CK76A～E	5	4			≥ 200	

6. 2CC12系列硅调频变容二极管

2CC12系列硅调频变容二极管主要参数见表5-1-12。

表 5-1-12　2CC12 系列硅调频变容二极管主要参数

型号	结电容变化范围 pF		最大反向工作电压 U_{RM}（V）	反向直流电流 I_R（μA）	优值 Q	标记	封装外形
2CC12A	$\geqslant 1.8$	$\leqslant 10$	10			棕	
2CC12B	$\geqslant 2.5$	$\leqslant 20 \pm 5$	10			红	
2CC12C	$\geqslant 3$	$\leqslant 30 \pm 5$	10			橙	
2CC12D	$\geqslant 4$	$\leqslant 40 \pm 5$	12	$\leqslant 0.5$	$\geqslant 2$	黄	
2CC12E	$\geqslant 5$	$\leqslant 45$	15			绿	
2CC12F	$\geqslant 15$	$\leqslant 50\text{-}75$	10			蓝	

组合整流器件主要参数见表 5-1-13。

表 5-1-13　组合整流器件（桥式整流器）主要参数

型号	最高反向工作电压 U_{RM}（V）	额定整流电流 I_F（A）	最大正向压降 U_F（V）	最大反向电流 I_R（μA）	浪涌电流 I_{SUR}（A）
DB101	50	1.0	1.1	10	50
DB102	100	1.0	1.1	10	50
DB103	200	1.0	1.1	10	50
DB104	400	1.0	1.1	10	50
DB105	600	1.0	1.1	10	50
DB106	800	1.0	1.1	10	50
DB107	1000	1.0	1.1	10	50
RB151	50	1.5	1.0	10	50
RB152	100	1.5	1.0	10	50
RB153	200	1.5	1.0	10	50
RB154	400	1.5	1.0	10	50
RB155	600	1.5	1.0	10	50
RB156	800	1.5	1.0	10	50
RB157	1000	1.5	1.0	10	50
RC201	50	2.0	1.0	10	50
RC202	100	2.0	1.0	10	50
RC203	200	2.0	1.0	10	50
RC204	400	2.0	1.0	10	50
RC205	600	2.0	1.0	10	50
RC206	800	2.0	1.0	10	50
RC207	1000	2.0	1.0	10	50
RS201	50	2.0	1.0	10	50
RS202	100	2.0	1.0	10	50
RS203	200	2.0	1.0	10	50
RS204	400	2.0	1.0	10	50
RS205	600	2.0	1.0	10	50
RS206	800	2.0	1.0	10	50
RS207	1000	2.0	1.0	10	50

型号	最高反向工作电压 U_{RM}（V）	额定整流电流 I_F（A）	最大正向压降 U_F（V）	最大反向电流 I_R（μA）	浪涌电流 I_{SUR}（A）
KBPC1005	50	3.0	1.0	10	50
KBPC101	100	3.0	1.0	10	50
KBPC102	200	3.0	1.0	10	50
KBPC104	400	3.0	1.0	10	50
KBPC106	600	3.0	1.0	10	50
KBPC108	800	3.0	1.0	10	50
KBPC110	1000	3.0	1.0	10	50
RS601	50	6.0	1.0	10	
RS602	100	6.0	1.0	10	
RS603	200	6.0	1.0	10	
RS604	400	6.0	1.0	10	
RS605	600	6.0	1.0	10	
RS606	800	6.0	1.0	10	
RS607	1000	6.0	1.0	10	

注：长引脚为直流电压正极。

7. 双基极二极管（单结晶体管）

双基极二极管主要参数见表 5-1-14。

表 5-1-14　双基极二极管主要参数

型号	分压比 η v	基极间电阻 R_{BB}（kΩ）	调制电流 I_{B2}（mA）	耗散功率 P_{B2M}（mV）	峰点电流 I_p（μA）	谷点电流 I_v（mA）	容点电压 U_v（V）	外形图
BT31A	0.3 ～ 0.55	3 ～ 6	5 ～ 30	100	≤ 2	≥ 1.5	≤ 3.5	
BT31B		5 ～ 12						
BT31C	0.45 ～ 0.75	3 ～ 6	≤ 30					
BT31D		5 ～ 12						
BT31E	0.65 ～ 9	3 ～ 6						
BT31F		5 ～ 12						
BT32A	0.3 ～ 0.55	3 ～ 6	8 ～ 35	250	≤ 2	≥ 1.5	≤ 3.5	

续表

型号	分压比 η v	基极间 电阻 R_{BB} （kΩ）	调制 电流 I_{B2}（mA）	耗散功 率 P_{B2M} （mV）	峰点电流 I_p（μA）	谷点电流 I_v（mA）	容点 电压 U_v（V）	外形图
BT32B		5～12						
BT32C	0.45～0.75	3～6	≤ 35					
BT32D		5～12						
BT32E	0.65～9	3～6						
BT32F		5～12						
BT33A	0.3～0.55	3～6	8～40					
BT33B		5～12						
BT33C	0.45～0.75	3～6		400				
BT33D		5～12						
BT33E	0.65～9	3～6	≤ 40					
BT33F		5～12						
BT35A	0.3～0.55	5～12						
BT35B								
BT35C	0.45～0.75	4.5～12						
BT35D								
BT37A	0.3～0.55	3～6	8～40					
BT37B		5～12						
BT37C	0.45～0.75	3～6	≤ 40	700			≤ 4	
BT37D		5～12						
BT37E	0.65～9	3～6						
BT37F		5～12						

第二节 二极管的选用、代换与检测

一、二极管的选用与代换

下面介绍几种常用二极管的选用与代换的方法。

1. 检波二极管的选用与代换

（1）检波二极管的选用

检波二极管一般可选用点接触型锗二极管，例如 2AP 系列等。选用时，应根据电路的具体要求来选择工作频率高、反向电流小、正向电流足够大的检波二极管。

（2）检波二极管的代换

检波二极管损坏后，若无同型号二极管更换时，也可以选用半导体材料相同、主要参数相近的二极管来代换。

在业余条件下，也可用损坏了一个 PN 结的锗材料高频晶体管来代用。

2. 整流二极管的选用与代换

（1）整流二极管的选用

整流二极管一般为平面型硅二极管，用于各种电源整流电路中。

选用整流二极管时，主要应考虑其最大整流电流、最大反向工作电流、截止频率及反向恢复时间等参数。

普通串联稳压电源电路中使用的整流二极管，对截止频率和反向恢复时间要求不高，只要根据电路的要求选择最大整流电流和最大反向工作电流符合要求的整流二极管即可。例如，1N 系列、2CZ 系列、RLR 系列等。

开关稳压电源的整流电路及脉冲整流电路中使用的整流二极管应选用工作频率较高、反向恢复时间较短的整流二极管（例如 Ru 系列、EU 系列、V 系列、1SR 系列等），或选择快恢复二极管。

（2）整流二极管的代换

整流二极管损坏后，可以用同型号的整流二极管或参数相同的其他型号整流二极管代换。

通常，高耐压值（反向电压）的整流二极管可以代换低耐压值整流二极管，而低耐压值的整流二极管不能代换高耐压值的整流二极管。整流电流值高的二极管可以代换整流电流值低的二极管，而整流电流值低的二极管则不能代换整流电流值高的二极管。

3. 稳压二极管的选用与代换

（1）稳压二极管的选用

稳压二极管一般用在稳压电源中作为基准电压源或用在过电压保护电路中保护二极管。

选用的稳压二极管，应满足应用电路中主要参数的要求。稳压二极管的稳定电压值应与应用电路的基准电压值相同，稳压二极管的最大稳定电流应高于应用电路的最大负载电流50% 左右。

（2）稳压二极管的代换

稳压二极管损坏后，应采用同型号稳压二极管或电参数相同的稳压二极管来更换。

可以用具有相同稳定电压值的高耗散功率稳压二极管来代换耗散功率低的稳压二极管，

但不能用耗散功率低的稳压二极管来代换耗散功率高的稳压二极管。例如，0.5W、6.2V 的稳压二极管可以用 1W、6.2V 的稳压二极管代换。

4. 开关二极管的选用与代换

（1）开关二极管的选用

开关二极管主要应用于收录机、电视机、影碟机等家用电器，以及电子设备的开关电路、检波电路、高频脉冲整流电路等。

中速开关电路和检波电路，可以选用 2AK 系列普通开关二极管。高速开关电路可以选用 RLS 系列、ISS 系列、IN 系列、2CK 系列的高速开关二极管。要根据应用电路的主要参数（例如正向电流、最高反向电压、反向恢复时间等）来选择开关二极管的具体型号。

（2）开关二极管的代换

开关二极管损坏后，应用同型号的开关二极管更换或用与其主要参数相同的其他型号的开关二极管来代换。

高速开关二极管可以代换普通开关二极管，反向击穿电压高的开关二极管可以代换反向击穿电压低的开关二极管。

5. 变容二极管的选用与代换

（1）变容二极管的选用

选用变容二极管时，应着重考虑其工作频率、最高反向工作电压、最大正向电流和零偏压结电容等参数是否符合应用电路的要求，应选用结电容变化大、高 Q 值、反向漏电流小的变容二极管。

（2）变容二极管的代换

变容二极管损坏后，应更换与原型号相同的变容二极管或用与其主要参数相同（尤其是结电容范围应相同或相近）的其他型号的变容二极管来代换。

二、半导体二极管的检测

有专供测量半导体二极管的电子测量仪器，如 XH2038 型二极管正向特性测试仪、HX2039 型二极管反向特性测试仪、JE–26 型晶体二极管参数测试仪、BJ2912（QE7）型晶体稳压二极管测试仪、JT–1H 型晶体管特性图示仪。下面介绍半导体二极管的简易测量方法。

1. 整流管、检波管、阻尼二极管、开关二极管的检测

（1）用数字万用表测量二极管

① 将黑表笔插入 COM 插孔，红表笔插入 V、Ω、Hz 插孔（红表笔为内电路正极）。

② 将功能（量程）开关置二极管挡，显示超量程状态。大多数数字万用表超量程状态最高位显示 1。也有显示其他值的，使用时应查阅说明书。

③ 将两表笔跨接在被测二极管两引脚上，若显示值为 0.2 ~ 0.7V，则是二极管正向压降值。红表笔所接引脚为二极管正极，另一引脚为负极。示值为 0.2V 左右的是锗管，示值为 0.5 ~ 0.7V 的是硅管。

④ 交换两表笔进行测量，应显示超量程状态（溢出）。若两次测量均显示超量程状态，说明二极管已开路。如两次测量均显示 0，则被测二极管短路。

（2）用模拟万用表测量二极管

将黑表笔插入 COM（–）插孔，黑表笔为万用表内电路的正极，红表笔插入 "+" 插孔，万用表置 $R \times 100$ 挡或 $R \times 1k$ 挡。两表笔分别接二极管的两个引脚，交换表笔再测量一次。

两次测量中阻值较小的是二极管的正向电阻,锗管约为1kΩ,硅管约为5kΩ。黑表笔接的引脚为二极管正极,另一引脚为负极。两次测量中阻值较大的是二极管的反向电阻,锗管约为300kΩ,硅管为无穷大。

(3)额定工作电流和反向击穿电压的简易测量

额定工作电流和反向击穿电压是整流二极管的主要参数。测量额定工作电流的电路如图5-2-1所示。

调节RP逐渐减小阻值,使额定工作电流(产品手册中给出)流经二极管并由电流表PA(万用表直流电流挡)检测,电压表PV(万用表直流电压挡)的示值为正向压降。电压表与电流表示值的乘积则为二极管的额定功率。RP为数百欧姆大功率可变电阻。低压大电流直流电源可选5V、10A开关电源(DH714型)。

二极管反向击穿电压用简易测试方法,因操作不慎易使被测管损坏。可测其最高反向工作电压。最高反向工作电压≤2/3击穿电压。测量二极管最高反向工作电压的电路如图5-2-2所示。

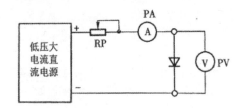

图5-2-1 测量额定工作电流的电路

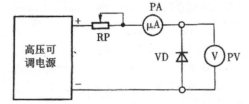

图5-2-2 测量二极管最高反向工作电压的电路

高压电源可选用DH1732型高压电源(0~1000V,200mA),RP为5kΩ左右的电位器,PA及PV可选用DT95系列数字万用表。RP先调至最大值,调节高压可调电源使VD两端电压为被测二极管的最高反向工作电压(产品手册中给出),并由PV监测其值。逐渐减小RP的阻值,PA的读数仅略有增加,PA的示值为反向漏电流。

也可用兆欧表和万用表检测二极管最高反向工作电压,测量电路如图5-2-3所示。

图5-2-3中,PQ为兆欧表,VD为被测二极管,PV为数字万用表的直流电压挡。由PV读出最高反向工作电压值。不同型号的兆欧表,额定电压不同。ZC30-1型为2500V,ZC25-4型为1000V,ZC25-3型为500V。依据二极管产品手册中给出的UR选择兆欧表型号。

2. 稳压二极管的检测

(1)应用模拟万用表检测

将万用表置$R\times 10k$挡,该挡表内电池有9V或15V的,因而被测稳压管的稳压值就有局限性,不能测量所有稳压管的稳压值。例如,用MF47型万用表测量某稳压管的稳压值,将万用表置$R\times 10k$挡,测反向电阻,若实测反向电阻值$R_X=75K\Omega$,MF47型万用表$R\times 10k$挡的内电池为9V(E),标尺的中心阻值$R_0=22\Omega$,则被测稳压管的稳压值U_Z为

$$U_Z=ER_X/(R_X+nR_0)$$

式中,n为万用表所置挡位的倍率值,因为置于$R\times 10k$挡,所以$n=10k=10^4$,则

$$U_Z=9\times 75\times 10^3/(75\times 10^3+22\times 10^4)=2.29(V)$$

（2）应用测量电路检测

稳压二极管的检测电路如图 5-2-4 所示。图中，PA 为万用表的直流电流挡，PV 是万用表的直流电压挡。可调直流电源的输出电压由小至大调节，当电流表（PA）的示值开始迅速上升时，电压表（PV）的示值即为被测稳压管的稳定电压值。若电源电压继续升高，则电流表示值增加，电压表示值应不变，否则稳压管已损坏。

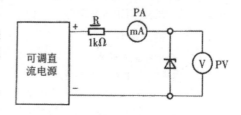

图 5-2-4 稳压二极管的检测电路

3. 单结晶体管的检测

有 QE1A 型双基极单结半导管参数测试仪可供测量单结晶体管。下面介绍利用万用表测量单结晶体管。

（1）用模拟万用表判别 E 极及测量 R_{BB}

将模拟万用表置 $R \times 1k$ 挡，黑表笔接触一引脚，红表笔分别接触另外两个引脚，若两次测量各为数千欧，则黑表笔所接触的引脚为 E 极。若不符合上述情况，则将黑表笔接触另一个引脚，直至符合上述规律，确定出 E 极。余下的两个引脚就是 B_1、B_2 极。用两表笔分别接触这两个引脚，测量的结果就是 R_{BB}。国产单结晶体管的 R_{BB} 为 $2 \sim 10k\Omega$。

（2）用数字万用表判别 E 极及测量 R_{BB}

将数字万用表置二极管挡，红表笔接触一引脚，黑表笔分别接触另外两个引脚，若两次测量都为 $1.2 \sim 1.8V$，则红表笔所接触的引脚为 E 极。若不符合上述情况，则将红表笔接触另一个引脚，直至符合上述情况，确定出 E 极。余下两个引脚即为 B_1、B_2。用数字万用表 $20k\Omega$ 挡可测量 R_{BB}。

（3）B_1、B_2 极的判别及 R_1、R_2 的测量与分压比（η）的计算

① 用数字万用表判别 B_1、B_2 及测量 R_{B1}、R_{B2}。将数字万用表置 h_{FE} 挡，把 E 极悬空，将两个 B 极分别插入 NPN 插座的 c、e 插孔。此时，数字万用表内部 c、e 插孔之间有一直流电压。设数字万用表的示值为 a，实际为 B_1、B_2 间的电流值。然后将被测管的 E 极插入 NPN 插座的 b 孔，万用表新的示值为 b。若 b 大于 a，则 NPN 插座 e 孔插入的为被测管的 B_1 极，c 孔插入的为 B_2 极；若 b 不大于 a，则对调 NPN 插座 e、c 孔内被测管的两个引脚，重新判别。判别出 B_1、B_2 后，将数字万用表置 $20k\Omega$ 挡，将红表笔接被测管的 E 极，黑表笔分别接 B_1、B_2 极，测量结果分别为 R_{B1}、R_{B2}。

② 应用测量电路判别 B_1、B_2 极。识别 B_1、B_2 极的电路如图 5-2-5 所示，PA 为毫安表，可用万用表直流毫安挡代替，U_1、U_2 分别为 12V、9V 开关电源。先断开 S，PA 有一示值 a；然后接通 S，PA 有一示值 b。若 b 大于 a，则与 U_1 负极连接的被测管引脚为 B_1 极，另一引脚为 B_2 极；若 b 不大于 a，则对调两个引脚的接线，再判别一次；若 b 小于 a，则说明被测管具有负阻特性。

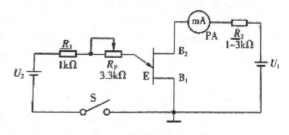

图 5-2-5 单结管测量电路

将模拟万用表置 $R \times 1k$ 挡，黑表笔接触 E 引脚，红表笔分别接触 B_1、B_2 引脚，则万用表的示值分别为 R_{B1}、R_{B2}。

③ 分压比（η）的计算。经分析，有 $\eta = [(R_{B1}-R_{B2}) /2R_{BB}] +0.5$，将如 R_{B1}、R_{B2}、R_{BB} 的测量结果代入，可求得分压比。

4. 整流桥的检测

（1）全桥引脚的判别

全桥内部电路如图 5-2-6 所示。

将万用表置 $R \times 1k$ 挡，黑表笔接某个引脚，用红表笔分别接触其余的引脚。若测的阻值都为无穷大，则黑表笔所接触的引脚为直流输出的正极引脚；如测量的阻值都是 $4 \sim 10k\Omega$，则黑表笔所接触的引脚为直流输出的负极引脚，余下的引脚则是两个交流输出引脚。

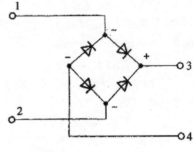

图 5-2-6　全桥内部电路

（2）全桥好坏的判别

将万用表置 $R \times 10k$ 挡，交换表笔分别测 1、2 之间的电阻。若示值均为无穷大，说明四只管子没有短路的。万用表置 $R \times 1k$ 挡，测量 4、3 间的正向电阻，一般为 $8 \sim 10k\Omega$；若测得的正向电阻小于 $5k\Omega$ 或大于 $10k\Omega$，则桥中的二极管可能有损坏的。

（3）半桥的检测

① 对于独立式的半桥，其检测方法与普通二极管的检测方法相同。

② 共阴式半桥，将万用表置 $R \times 1k$ 挡，红表笔接触一个引脚，用黑表笔分别接另外两个引脚。若示值均为几千欧至十几千欧，则红表笔接触的引脚为半桥的公共引脚而且是共阴式半桥；若测量不符合上述规律，则将红表笔接触另一引脚进行第二回判别，最多通过三回判别，最终能得到正确的结论。判别出公共引脚后，将黑表笔接触共引脚，红表笔分别接触另外两个引脚，若示值均为无穷大，则说明该半桥是好的。

③ 共阳式半桥，将万用表置 $R \times 1k$ 挡，黑表笔接触一个引脚，用红表笔分别接另外两个引脚。若示值均为几千欧至十几千欧，则黑表笔接触的引脚为公共引脚，而且是共阳式半桥结构。与共阴式半桥相仿，最多通过三回判别，最终能得到正确的结论。公共引脚识别出来以后，将红表笔接触公共引脚，黑表笔分别接触另外两个引脚，若示值均为无穷大，则说明该半桥没有损坏。

5. 高压硅堆的定性检测

用万用表检测高压硅堆的电路如图 5-2-7 所示。图中，VD 为被检硅堆，R 为外接电阻，PA 为数字万用表的直流电流挡。若 PA 示值为 1mA 左右，则硅堆视为合格。将万用表置交流挡，如 PA 示值为 2mA 左右，则说明被测硅堆短路；如 PA 示值为 0，则说明被测硅堆开路。

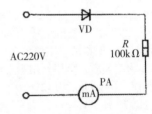

图 5-2-7　高压硅堆检测电路

6. 变容二极管的检测

（1）将数字万用表置二极管挡，把两只表笔分别接触变容二极管的两个引脚，交换表笔再测一次。两次测量中示值为 $0.58 \sim 0.65V$ 的一次测量中，红表笔所接触的引脚为变容二极管的正极，另一引脚为负极，示值 $0.58 \sim 0.65V$ 为正向压降。若另一次测量显示溢出，则说明该管基本正常。

（2）将数字万用表（甲）置电容 200pF 挡（DT95 系列）。用另一只万用表（乙）直流电压挡区分甲表电容插座的正、负极。有的数字万用表电容挡具有自动调零功能（DT95系列）。有的数字万用表电容挡具有调零旋钮（DT890A），测量前需完成调零功能。用短路线将变容二极管两引脚短路（放电）后，插入甲表电容插座，管子的负极引脚插入插座的正极，管子的正极引脚插入插座的负极，甲表的示值即为变容二极管的结电容。

7. 肖特基二极管的检测

（1）二端型肖特基二极管的检测

① 用模拟万用表检测。将模拟万用表置 R×1 挡，黑表笔接触被测管一端，红表笔接触另一端。若示值为 2.5 ～ 3.5Ω（正向电阻），则此时黑表笔所接触的一端为被检管的正极，另一端为负极。

② 用数字万用表检测。将数字万用表置二极管挡，两表笔分别接触被测管两个引脚。若示值为 0.2 ～ 0.3V（正压降），则红表笔接触的引脚为正极，另一引脚为负极，交换表笔再测量一次，应显示溢出。

（2）三端型肖特基二极管的检测

三端型肖特基二极管应先判别出公共端，判别方法同半桥公共端的判别，从而判断出是共阴对管还是共阳对管，再进一步测正向电阻、正向压降等。

8. 快恢复二极管的检测

（1）两端型快恢复二极管的检测

① 用模拟万用表检测。将模拟万用表置 R×1 挡，黑表笔接触被测管一端，红表笔接触另一端。若示值约数欧姆（正向电阻），则此时黑表笔所接触的一端为被测管的正极，另一端为负极。将万用表置 R×1k 挡，交换表笔重复测量一次，万用表的示值应为无穷大（反向电阻）。

② 用数字万用表检测。将数字万用表置二极管挡，两表笔分别接触被测管的两引脚。若示值大于等于 0.4（正向压降），则红表笔接触的引脚为正极，另一引脚为负极。交换表笔测量，应显示溢出。

（2）三端型快恢复二极管的检测

三端型快恢复二极管的检测方法与三端型肖特基二极管的检测方法相同。

第六章 晶体三极管

第一节 晶体三极管的基本知识

晶体三极管是由两个做在一起的 PN 结加上相应的引出电极引线及封装组成，用它可以组成放大、振荡及各种功能的电子电路。由于三极管具有放大作用，它是电视机、收音机、收录机、电唱机等家用电器中很重要的器件之一。

一、晶体三极管的工作原理

常见的晶体三极管有硅三极管和锗三极管两种，每种材料的三极管中又有 NPN 和 PNP 型两种结构形式。但它们的工作原理是完全相同的。下面以 PNP 型三极管为例说明。

PNP 三极管工作原理如图 6-1-1 所示。图中发射结施加正向电压，而集电结施加反向电压。由于发射结上加有正向电压，发射结的阻挡层变薄，发射区内的多数载流子空穴通过发射结向基区运动，形成发射极电流 I_e（当然发射极电流中也包括基区内的多数载流子电子通过发射结向发射区运动的电流，但由于基区很薄，这部分电流远小于发射极注入基区的空穴流，可以忽略不计）。

发射极电流的大小与发射结上施加的正向电压有关。它们之间的关系和二极管正向特性相似。发射极注入基区内的空穴成为基区中的少数载流子，大量的电子堆积在基区内靠近发射结一边，而靠近集电结的基区一边的空穴被集电结施加的反向电压吸引到集电区，于是基区内形成了由发射结向集电结的空穴梯度，就产生了空穴在基区的扩散运动——由发射结向集电结的扩散。在扩散运动过程中，空穴也会有一部分与基区内的电子复合，这就形成了基极电流 I_b。但由于基区

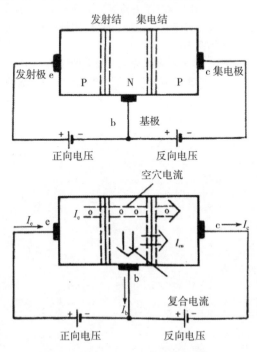

图 6-1-1　PNP 三极管工作原理图

很薄，大部分空穴可以由发射结到达集电结，而形成集电极电流 I_c。集电结上施加的是反向电压，使集电结阻挡层变厚，像二极管加反向电压一样阻止载流子运动，只有很小的反向电流。不过这是在发射极没有空穴注入的情况。当基区内有发射极注入大量空穴后情况就完全不同了，大量的空穴一旦到达集电结，立即被集电结电场所吸引，形成集电极电流。晶体三极管中，三个极的电流存在着以下关系：$I_e=I_c+I_b$。需要指出，一般 I_b 相对于 I_e 要小得多，在电路分析上常认为 $I_e \approx I_c$，而忽略 I_b。

另外，晶体三极管在集电结反向电压一定时，集电极电流（也就是发射极电流）和发射极的正向电压有关，正向电压高，电流大；正向电压低，电流小。集电结反向电压的高低对集电极电流的影响甚微（当然在 E_c 很小时例外）。这是因为 E 增加到一定数值后，便已经能把由发射极注入基区并扩散到集电结附近的空穴，全部吸引到集电区去了，E 再增大，进入集电区的空穴数也不会再增加，所以 I_c 几乎不变。

小功率 PNP 管和 NPN 管的结构、特性和图形符号如图 6-1-2 所示。

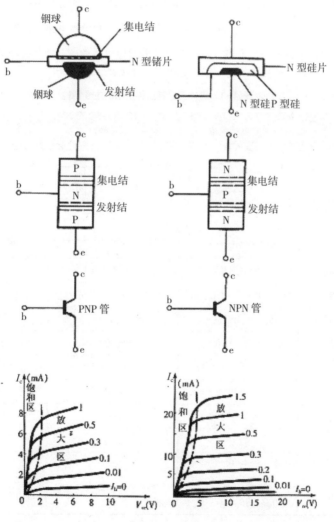

图 6-1-2 小功率 PNP 管和 NPN 管的结构、特性和图形符号

135

晶体三极管为什么具有放大作用呢？在了解了三极管中电流情况后，就很容易理解它的放大原理。晶体三极管的放大原理如图6-1-3所示。让我们来做一个实验，将三极管接入电路中，图中在基极电路和集电极电路中分别接入了微安表和毫安表。当调节电位器 R_P 时，从微安表上可以读出基极电流 I_b，从毫安表上可以读出集电极电流 I_c。如果 I_b 从 $10\mu A$ 变化到 $20\mu A$ 时，集电极电流 I_c 从 1mA 变化到

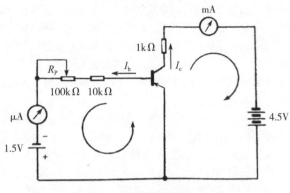

图 6-1-3　晶体三极管的放大原理

2mA 的话，基极电流变化量 ΔI_b=0.01mA，而集电极电流变化量 ΔI_c=1mA，则三极管电流放大倍数为 $\frac{\Delta I_c}{\Delta I_b}$=100倍。以上这种接法的电路称为三极管共发射极电路。共发射极电路是以发射极为输入和输出电路的公用电极。三极管除共发射极电路外还有共基极和共集电极两种电路形式。晶体三极管三种接法的主要特性见表6-1-1所列。

表 6-1-1　晶体三极管三种接法的主要特性

电路	共发射极电路	共基极电路	共集电极电路（射极输出电路）
电路原理图（以PNP型管为例）			
电流放大倍数	大（几十倍到几百倍）	<1（很接近于1）	大（几十倍到几百倍）
电压放大倍数	很大（几百倍到几千倍）	较大（几百倍）	<1（接近于1）
功率放大倍数	很大（几千倍）	较大（几百倍）	小（几十倍）
输入阻抗	较小（约数百欧姆）	小（约数百欧姆）	大（约几百千欧姆）
输出阻抗	较大（约几十千欧姆）	大（约几十千欧姆）	小（约几十欧姆）
输入与输出电压相位	反相	同相	同相
频率特性	较差（高频下降）	较好	好
电路工作稳定	较差	较好	较好
电路失真	较大	较小	较小
电路应用范围	常用于电压、功率放大电路及开关电路等	常用于高频放大及振荡电路等	适用于阻抗变换电路等

二、晶体管的分类及作用

1. 晶体管的分类

按所用的材料分类，可分为锗晶体管和硅晶体管；按结构型式分类，可分为 PNP 型和NPN 型；按用途分类，可分为低频小功率管、高频小功率管、低频大功率管、高频大功率管、开关管等。

2. 晶体管的作用

（1）晶体管的放大作用

晶体管在电子电路中主要起电流放大作用，其原理如图 6-1-4 所示。以 PNP 型晶体管为例，发射极在正向电压作用下流出电流 I_e。绝大部分通过基区（N 型半导体）流向集电极，形成集电极电流 I_c，只有很小一部分电流从基极流出形成基极电流 I_b。基极电流 I_b 与集电极电流 I_c 有一定的比例关系，即一个很小的基极电流 I_b 对应于一个较大的集电极电流 I_c，基极电流 I_b 的微小变化就会引起集电极电流 I_c 的较大变化。这就是晶体管的电流放大作用。NPN型晶体管的电流放大原理同 PNP 型晶体管，只是电压极性和电流方向不同。

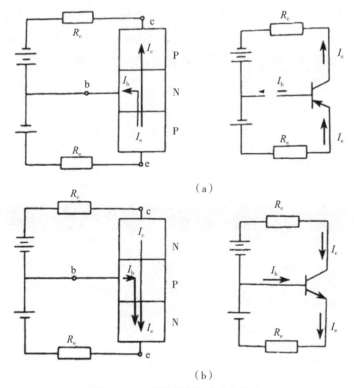

（a）

（b）

图 6-1-4　晶体管的电流放大原理

（2）晶体管的开关作用

晶体管在电子电路中还可以起开关作用，其典型电路如图 6-1-5 所示，其控制信号一般为正脉冲波。当脉冲出现时，输入端处于高电平 U_H，使基极有很大的注入电流，它引起很大的集电极电流，电源电压 E_c 的大部分都降在负载电阻 R_L 上，晶体管集电极和发射极间的电压 U_{ce} 变得很小。此时晶体管的集电极和发射极之间如同接通了的开关，此状态称为导通或开态。反之，当输入端控制电压处于低电平时，则基极没有电流注入，集电极电流很小。此时负载电阻 R_L 上的电压降很小，电源电压 E_c 几乎全部降在晶体管上，集电极和发射极之间如同断开了的开关，此状态称为截止或关态。

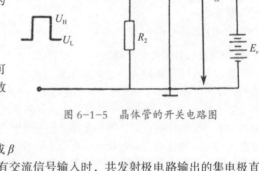

图 6-1-5　晶体管的开关电路图

三、晶体三极管的主要技术参数

表征晶体三极管特性的参数很多，可以大致分为三类，即直流参数、交流参数和极限参数。

1. 直流参数

（1）共射极直流放大系（倍）数 h_{FE} 或 β

共发射极直流电流放大倍数是指在没有交流信号输入时，共发射极电路输出的集电极直流电流与基极输入的直流电流之比，即 $h_{FE}=\dfrac{I_c}{I_b}$。这是衡量晶体三极管有无放大作用的主要参数。正常三极管的 h_{FE} 应为几十倍到几百倍。常在三极管外壳上标以不同颜色的色点，以表明不同 h_{FE} 值的范围。常用色点对 h_{FE} 值分挡如下．

h_{FE}	5～15	15～25	25～40	40～55	55～80
色标	棕	红	橙	黄	绿
h_{FE}	80～120	120～180	180～270	270～400	400～600
色标	蓝	紫	灰	白	黑

共发射极直流放大倍数 h_{FE} 除了上述用色点表示外，部分进口管子在型号之后用字母表示也很普遍。最常用管型 h_{FE} 用字母表示的数值范围见表 6-1-2 所列。

表 6-1-2　常用管型 h_{PE} 用字母表示的数值范围

型号	D	E	F	G	H	I
911.9018	29～44	39～60	54～80	72～108	97～146	98～132
9012.9013	64～91	78～112	96～135	118～160	144～202	180～350
型号	A	B	C	D		
9014.9015	60～150	100～300	200～600	400～1000		
8050.8550		85～160	120～200	160～300		
5551.5401	82～160	150～240	200～395	–		
BU406	30～45	35～85	75～125	115～200		
BC546.547.548	110～220	200～450	420～800	–		
BC556.557.558	110～220	200～450	420～800			
SC458	100～180	–	180～250	250～500		
2SC2500	140～240	200～330	300～450	420～600		

（2）集电极反向截止电流 I_{cb}

集电结反向截止电流是指在发射结开路（$I_e=0$）且集电极与基极加规定反向电压时的集电极电流。在室温下，小功率锗管的 I_{cbo} 为 $10\,\mu A$ 左右，大功率锗管的 I_{cbo} 可达数毫安，而相应硅管的 I_{cbo} 为锗管的 $\frac{1}{100} \sim \frac{1}{1000}$。可见硅管的集电结反向截止电流特性比锗管好得多。

（3）集电极—发射极反向截止电流 I_{ceo}

集电极—发射极反向截止电流是指在晶体三极管基极开路中且集电极和发射极之间加规定的反向电压时的集电极电流。一般管子的 I_{ceo} 大约是它的 I_{cbo} 的 β 倍。晶体三极管的 I_{ceo} 和 I_{cbo} 均受温度影响较大，当温度升高时它们都会增加，它的数值越小，管子的热稳定性越好。

2. 交流参数

（1）共发射极交流放大系数 h_{fe}（或 $\overline{\beta}$）

共发射极交流放大系数是指在共发射极电路中，集电极电流 I_c 与基极输入电流 I_b 的变化量之比为 h_{fe}（$\overline{\beta}$），即 $h_{fe}=\Delta I_c/\Delta I_b$。当三极管工作在放大区小信号运用时，$h_{fe} \approx h_{FE}$（即 $\beta=\overline{\beta}$），所以以后放大系数不再区分 β 和 $\overline{\beta}$，一律以 β 表示。三极管的 h_{fe} 一般在 $10 \sim 200$。h_{fe} 太小，表明管子电流放大能力差；但 h_{fe} 太大的管子，其往往稳定性较差。

（2）共基极交流放大系数 h_{fb}（或 α）

共基极交流放大系数是指在共基极电路中，输出电流 I_c 与发射极输入电流 I_e 的变化量之比为 h_{fb}，即 $h_{fb}=\Delta I_c/\Delta I_e$。

α 和 β 是从两个方面去表征三极管放大性能的参数，它们之间存在着以下换算关系：

$$\beta=\frac{\alpha}{1-\alpha} \quad \text{或} \quad \alpha=\frac{\beta}{1+\beta}$$

例如一只三极管的共发射极交流放大系数 $\beta=100$，则它的共基极交流放大系数即为

$$\alpha=\frac{100}{1+100} \approx 0.99$$

（3）特征频率 f_T

由于载流子在基区的渡越时间和晶体管极间电容的影响，共发射极交流放大系数 h_{fe}（β）会随信号频率的升高而下降。频率越高，β 下降越严重。特征频率就是 β 下降到 1 时的频率。也就是说，当频率升高至 f_T 时，晶体管就失去交流电流的放大能力。f_T 的大小反映了晶体管频率特性的好坏。在高频电路中，要选用 f_T 较高的管子，特征频率一般比电路工作频率至少高 3 倍。当然，除了用 f_T 表征晶体管频率特性好坏之外，表征晶体管高频特性的参数还有其极间电容和其他频率特性参数。例如，共发射极截止频率 f_β（即 β 下降到低频的 70.7% 时的频率），f_M（最高工作频率）及 f_α 等。f_α 为共基极接法时 α 下降到低频工作的 70.7% 时的频率，叫共基极截止频率。

3. 极限参数

（1）集电极最大允许电流 I_{CM}

晶体管的电流放大倍数 β 在集电极电流过大时会下降。集电极电流与 β 的关系曲线如图 6-1-6 所示。β 下降到额定值的 2/3 或 1/2 时的集电极电流为集电极最大允许电流 I_{CM}。应用时 $I_C>I_{CM}$ 不一定会损坏管子，但电流放大系数 β 已明显减小，一般做放大应用的晶

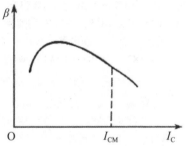

图 6-1-6　集电极电流与 β 的关系曲线

体管的 I_C 最好不要超过 I_{CM} 值。

（2）集电极—发射极击穿电压 $U_{(br)ceo}$（BU_{ceo}）或 $U_{(br)cer}$（BU_{cer}）

晶体管基极开路时加在集电极和发射极之间的最大允许电压为 $U_{(br)cer}$。当基极接一定电阻时的集电极—发射极的允许最高电压称为 $U_{(br)cer}$。$U_{(br)ceo}$ 和 $U_{(br)cer}$ 统称集电极—发射极击穿电压。

发射极和集电极产生的电压绝对不允许超过 $U_{(br)ceo}$。一般来说 $U_{(br)cer} > U_{(br)ceo}$，特别是大功率晶体管更是这样。当温度升高时击穿电压要下降，所以实际应用时加到集电极—发射极间的电压要小于 $U_{(br)ceo}$，一般取 $U_{(br)ceo}$ 的 1/2 比较安全。需要指出，晶体管对过电压的承受能力很差，一旦造成反向击穿，晶体管将会永久损坏，不可恢复。

（3）集电极最大允许耗散功率 P_{CM}

晶体管工作时，集电极电流通过集电结要耗散功率，耗散功率越大，集电结的温升就越高。根据晶体管允许的最高温度，定出集电极最大允许耗散功率。小功率管的 P_{CM} 在几十毫瓦至几百毫瓦之间，大功率在 1W 以上。由于 P_{CM} 是由温度决定的，为了提高 P_{CM} 大功率管一般都要安装散热片。

四、常用三极管介绍

常用的三极管有高频三极管、超高频三极管、中低频三极管、开关三极管、带阻尼行输出管、达林顿管和带阻三极管等。它们的封装外形各异，见图6-1-7。

图 6-1-7　几种常用三极管外形图

1. 高频三极管

高频三极管（指特征频率大于 30MHz 的三极管）可分为高频中、小功率三极管和高频大功率三极管。

高频小功率三极管一般用于工作频率较高、功率不高于 1W 的放大、振荡、混频、控制等电路中。常用的国产高频小功率三极管有 3AG1～3AG4、3AG11～3AG14、3CG14、3CG21、3DG6、3DG8、3DG12、3DG30 等。常用的进口高频小功率三极管有 2N5551、2N5401、BC148、BC158、BC328、BC548、BC558、9011～9015、S9011～S9015、2SA1015、2SC1815、2SA673 等型号。高频中、大功率三极管一般用于视频放大电路、前置放大电路、互补驱动电路、高压开关电路及行推动等电路。常用的国产高频中、大功率三极管有 3DA87、3DA93、3DA151 等型号。

2. 超高频三极管

超高频三极管也称微波三极管，基频率特性一般高于 50MHz，主要用于电视机的高频调谐器中处理甚高频信号与特高频信号。常用国产超高频三极管有 3DG56（2G210）、3DG80（2G211、2G910）等型号。

3. 中、低频三极管

低频三极管的频率特性一般低于或等于3MHz，中频三极管的频率特性一般低于30MHz。中、低频小功率三极管主要用于工作频率较低、功率在1W以下的低频放大和功率放大等电路中。常用的国产低频小功率三极管有3AX31、3BX31、3AX81、3DX200 ～ 3DX204、3CX200 ～ 3CX204等型号。常用的进口中、低频小功率三极管有2SA940、2SC2073、2SC1815、2SB134、2N2944 ～ 2N2946等型号。中、低频大功率三极管一般用在电视机、音响等家电中作电源调整管、开关管、场输出管、行输出管、功率输出管。常用的国产低频大功率三极管有3DD102、3DD15、DD01、DD03、3AD6、3AD30、3DA58、DF104等型号。

4. 开关三极管

开关三极管是一种饱和导通与截止状态变化速度较快的三极管，可用于各种脉冲电路、开关电源电路及功率输出电路中。

开关三极管分为小功率开关三极管、大功率开关三极管和高反压大功率开关三极管等。小功率开关三极管一般用于高频放大电路、脉冲电路、开关电路及同步分离电路等。常用的国产小功率和大功率开关三极管有3AK系列和3CK系列等。高反压大功率开关三极管通常为硅NPN型，其最高反向电压VCBO高于800V，主要用于电视机中作电源开关管或行输出管。常用的高反压大功率开关三极管有2SD820、2SD850、2SD1401、2SD1431 ～ 2SD1433、2SC1942等型号。

5. 带阻尼行输出管

带阻尼行输出管是将高反压大功率开关三极管与阻尼二极管、保护电阻封装为一体构成的特殊电子器件，主要用于彩色电视机的行输出电路中。带阻尼行输出管有金属封装（TO-3）和塑封（TO-3P）两种封装形式。图6-1-8是带阻尼行输出管的内部结构电路。

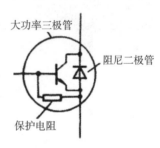

图6-1-8　带阻尼行输出管的内部结构电路

6. 达林顿管

达林顿管也称复合三极管，具有较大的电流放大系数及较高的输入阻抗。它又分为普通达林顿管和大功率达林顿管。

普通达林顿管通常由两只三极管或多只三极管复合连接而成（见图6-1-9），内部不带保护电路，耗散功率在2W以下，采用TO-92塑料封装，主要用于高增益放大电路或继电驱动电路等。大功率达林顿管在普通达林顿管的基础上增加了由泄放电阻和续流二极管组成的保护电路，采用TO-3金属封装或采用TO-126、TO-220、TO-3P等塑料封装，主要用于音频放大、电源稳压、大电流驱动、开关控制等电路。

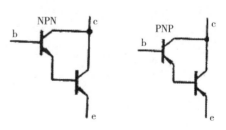

图6-1-9　达林顿管的内部电路

7. 带阻三极管

带阻三极管是将一只或两只电阻器与三极管连接后封装在一起构成的，广泛应用于电视机、影碟机、录像机等家电产品中作反相器或倒相器。图6-1-10是带阻三极管的内部电路结构。

带阻三极管目前尚无统一的标准符号，不同厂家的电子产品电路图形符号及文字符号的标注方法也不一样。例如，日立、松下等公司的产品中常用字母"QR"来表示，东芝公司用字母"RN"表示，飞利浦及NEC（日电）等公司用字母"Q"表示，还有的厂家用"IC"表示。国内电子产品中可以使用三极管的文字符号，即用字母"V"或"VT"来表示。

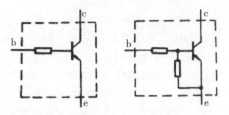

图 6-1-10　带阻三极管的内部电路结构

五、常用晶体三极管的技术参数

1. 低频小功率（见表 6-1-3、表 6-1-4）

表 6-1-3　常用锗 PNP 型低频小功率晶体管的型号及技术参数

型号		极限参数		直流参数				交流参数	
		F_{CM}（mW）	I_{CM}（mA）	BU_{CBO}（V）	BU_{CEO}（V）	I_{CEO}（μA）	H_{fe}	f_{hfe}（kHz）	h_{fe}
3AX51	A	100	100	30	12	≤ 500	40 ～ 150	≥ 500	25 ～ 80
	B								
	C				18	≤ 300	30 ～ 150		
	D				24		25 ～ 70		
3AX52	A	150	150		12	≤ 550	30 ～ 200		
	B								
	C				18	≤ 300	30 ～ 100		
	D				24		25 ～ 70		
3AX53	A	200	200	30	12	≤ 800	30 ～ 200	≥ 500	40 ～ 180
	B				18	≤ 700			
	C				24				
3AX54	A		160	65	35				25 ～ 120
	B				45		—		
	C				60				
	D			100	70				

续表

型号		极限参数		直流参数				交流参数	
		F_{CM}（mW）	I_{CM}（mA）	BU_{CBO}（V）	BU_{CEO}（V）	I_{CEO}（μA）	H_{fe}	f_{hfe}（kHz）	h_{fe}
3AX55	A	500	500	50	20	≤1200	30～150	≥200	40～180
	B				30				
	C				45				
3AX31	M	125	125	15	6	≤10	80～400		40～180
	A			20	12	≤800	40～180		
	B			30	18	≤600			
	C			40	21	≤400			
	D					≤600			40～180
	E			20	12				
	F		30						
3AX81	A	200	200	20	10	≤1000	100～270		40～270
	B			30	15	≤700			

表 6-1-4　常用硅低频小功率晶体管的型号及技术参数

型号	极限参数		直流参数					
	F_{CM}（mW）	I_{CM}（mA）	BU_{CBO}（V）	BU_{CEO}（V）	I_{CEO}（μA）	H_{fe}	f_{hfe}（kHz）	h_{fe}
200 3DX201A 202	300	300	≥12	≥4	≤1	≤2	≤1	55～400
200 3DX201B 202			≥18					
200 3CX201A 202	300	300	≥12	≥4	≤0.5	≤1	≤0.5	55～400
200 3CX201B 202			≥18					
3DX203 3CX203	500	500	15		5			40～400
3DX204 3CX204	700	700	15～40		5			55～400
3DX211 3CX211	200	50	12		≤0.05			40～400

2. 高频小功率（见表 6-1-5 ～表 6-1-9）

表 6-1-5　锗（PNP 型）高频小功率晶体管的型号及技术参数

型号	极限参数		直流参数				交流参数	
	F_{CM}（mW）	I_{CM}（mA）	BU_{CBO}（V）	BU_{CEO}（V）	I_{CBO}（μA）	I_{CEO}（μA）	f_T（MHz）	h_{fe}
3AG53 A	50	10		15			≥30	
3AG53 B							≥50	
3AG53 C				25		≤200	≥100	
3AG53 D							≥200	
3AG53 E			25		≤5		≥300	30～200
3AG54 A	100	30					≥30	
3AG54 B							≥50	
3AG54 C				15		≤300	≥100	
3AG54 D							≥200	
3AG54 E							≥300	
3AG55 A	150	50					≥100	40～270
3AG55 B					≤8	≤500	≥200	
3AG55 C							≥300	
3AG56 A	50	10			≤7		≥25	
3AG56 B								
3AG56 C							≥50	10～180
3AG56 D			20	10		≤200	≥65	
3AG56 E1					≤5		≥80	
3AG56 E2							≥100	
3AG56 F							≥120	
3AG80 A				12			≥300	
3AG80 B							≥400	
3AG80 C			25	15				
3AG80 D							≥600	
3AG80 E								
3AG87 A	300	50					≥300	
3AG87 B						≤50	≥500	20～150
3AG87 C			30					
3AG87 D				20			≥700	
3AG95 A	150	30					≥500	
3AG95 B					≤2		≥700	
3AG95 C							≥1000	

表 6-1-6　硅（NPN）型高频小功率晶体管的型号及技术参数

型号		极限参数		直流参数				交流参数	
		F_{CM}（mW）	I_{CM}（mA）	BU_{CBO}（V）	BU_{CEO}（V）	I_{CBO}（μA）	I_{CEO}（μA）	h_{fe}	f_T（MHz）
3DG100	A	100	20	≥30	≥20	≤0.01	≤0.01	≥30	≥150
	B			≥40	≥30				
	C			≥30	≥20				≥300
	D			≥40	≥30				
3DG101	A			≥20	≥15				≥150
	B			≥30	≥20				
	C			≥40	≥30				≥300
	D			≥20	≥15				
	E			≥30	≥20				
	F			≥40	≥30				≥150
3DG102	A			≥30	≥20				
	B			≥40	≥30				≥300
	C			≥30	≥20				
	D			≥40	≥30				≥500
3DG103	A			≥30	≥20				
	B			≥40	≥30				≥700
	C			≥30	≥20				
	D			≥40	≥30				
3DG101/111	A	300	50	≥20	≥15	≤0.1	≤0.1		≥150
	B			≥40	≥30				
	C			≥60	≥45				
	D			≥20	≥15				≥300
	E			≥40	≥30				
	F			≥60	≥45				
3DG112	A			≥30	≥20				≥500
	B			≥40	≥30				
	C			≥30	≥20				≥700
	D			≥40	≥30				
3DG120/121	A	500	700	≥40	≥30	≤0.01	≤0.01		≥150
	B			≥60	≥45				
	C			≥40	≥30				≥300
	D			≥60	≥45				

续表

型号		极限参数		直流参数				交流参数	
		F_{CM} (mW)	I_{CM} (mA)	BU_{CBO} (V)	BU_{CEO} (V)	I_{CBO} (μA)	I_{CEO} (μA)	h_{fe}	f_T (MHz)
3DG122	A			≥40	≥30	≤0.1	≤0.2	≥20	≥500
	B			≥60	≥45				
	C			≥40	≥30				≥700
	D			≥60	≥45				
3DG123	A	500	50	≥30	≥20	≤0.1	≤0.5		≥1000
	B			≥30	≥20				≥1500
	C			≥40	≥30				≥1000
3DG130	A	700		≥40	≥30	≤0.5	≤1		≥500
	B			≥60	≥45				
	C			≥40	≥30				≥300
	D			≥60	≥45				
3DG131	A	700		≥30	≥20		≤0.5		≥1000
	B			≥40	≥30				
	C			≥50	≥40				
3DG132	A			≥30	≥25				≥1000
	B			≥40	≥35				
3DG140	A					≤0.1			≥400
	B								
	C								
3DG141	A		15				≤0.1		≥600
	B								
	C								
3DG142	A	100		≥15	≥10				≥800
	B								
	C								
3DG143	A		20					≥10	≥4000
	B								
	C								
3DG144	A								≥2500
	B								
	C								

续表

型号		极限参数		直流参数				交流参数	
		F_{CM} (mW)	I_{CM} (mA)	BU_{CBO} (V)	BU_{CEO} (V)	I_{CBO} (μA)	I_{CEO} (μA)	h_{fe}	f_T (MHz)
3DG145	A	100						≥ 10	≥ 2000
	B								
	C								
3DG146	A								≥ 5000
	B			≥ 15	≥ 10				
	C								
3DG148	A								≥ 7000
	B		15						
	C								
3DG149	A		20	≥ 12	≥ 10				≥ 1200
	B								
3DG152	A	200	0	≥ 30	≥ 15			≥ 15	≥ 1200
	B								
	C								
3DG153	A								≥ 5000
	B								
	C		30						
	D								
3DG154	A								≥ 6000
	B			≥ 20	≥ 10			≥ 10	
	C								
3DG155	A								≥ 5500
	B		50			≤ 0.5			
	C								
3DG156	A	700							
	B		150						≥ 700
	C								
	D					≤ 0.01			≥ 1000
200 3DG201 202	A	100	20		≥ 15		≤ 0.5	25 ~ 270	≥ 100
200 3DG201 202	B				≥ 25	≤ 0.05	≤ 0.1		

续表

型号		极限参数		直流参数				交流参数	
		F_{CM} （mW）	I_{CM} （mA）	BU_{CBO} （V）	BU_{CEO} （V）	I_{CBO} （μA）	I_{CEO} （μA）	h_{fe}	f_T （MHz）
200 3DG201 202	C				≥ 20				
3DG201	A		10		≥ 15	≤ 0.1	≤ 0.5		≥ 500
	B				≥ 25				

表6-1-7　硅（PNP型）高频小功率晶体管的型号及技术参数

型号		极限参数		直流参数					交流参数
		P_{CM} （mW）	I_{CM} （mA）	BU_{CBO} （V）	BU_{CEO} （V）	I_{CBO} （μA）	I_{CEO} （μA）	H_{fe}	f_T （MHz）
3CG100	A	100	30	≥ 15					≥ 100
	B			≥ 25					
	C			≥ 45					
3CG101	A			≥ 15					
	B			≥ 30					
	C			≥ 45					
3CG102	A	15	20		≥ 4	≤ 0.1	≤ 0.1	≥ 25	≥ 700
	B								≥ 800
	C								≥ 1000
	D			≥ 15					≥ 1200
3CG103	A								≥ 700
	B								≥ 1000
	C								≥ 1200
	D								≥ 1500
3CG110	A			≥ 15					≥ 100
	B			≥ 30					
	C			≥ 45					
3CG111	A	300		≥ 15					≥ 200
	B			≥ 30					
	C			≥ 45					

续表

型号		极限参数		直流参数					交流参数
		P_{CM} (mW)	I_{CM} (mA)	BU_{CBO} (V)	BU_{CEO} (V)	I_{CBO} (μA)	I_{CEO} (μA)	H_{fe}	f_T (MHz)
3CG112	A	50		≥ 15					≥ 100
	B			≥ 30					
	C			≥ 45					
3CG113	A			≥ 15					≥ 700
	B								≥ 900
3CG114	A		40	≥ 15					≥ 700
	B								≥ 900
3CG120	A	500	100	≥ 15					≥ 200
	B			≥ 30					
	C			≥ 45					
3CG121	A			≥ 15					
	B			≥ 30					
	C			≥ 45					

表 6-1-8 硅（PNP 型）高频小功率晶体管的型号及技术参数

型号		极限参数		直流参数					交流参数
		P_{CM} (mW)	I_{CM} (mA)	BU_{CBO} (V)	BU_{CEO} (V)	I_{CBO} (μA)	I_{CEO} (μA)	H_{fe}	f_T (MHz)
3CG122	A	100	30	≥ 15	≥ 4	≤ 0.1	≤ 0.1	≥ 25	≥ 500
	B			≥ 25					
	C			≥ 45					
	D			≥ 15					≥ 700
	E			≥ 30					
	F			≥ 45					
3CG130	A	700	300	≥ 15					≥ 80
	B			≥ 30					
	C			≥ 45					
3CG131	A			≥ 15					
	B			≥ 30					
	C			≥ 45					

续表

型号		极限参数		直流参数					交流参数
		P_{CM} (mW)	I_{CM} (mA)	BU_{CBO} (V)	BU_{CEO} (V)	I_{CBO} (μA)	I_{CEO} (μA)	H_{fe}	f_T (MHz)
3CG132	A		120	≥ 15					≥ 700
	B								≥ 900
3CG140	A	15	20	≥ 12					
	B								≥ 1000

表6-1-9　硅（PNP型）高频小功率晶体管的型号及技术参数

型号		极限参数		直流参数				交流参数
		P_{CM} (mW)	I_{CM} (mA)	BU_{CEO} (V)	I_{CBO} (μA)	I_{CEO} (μA)	H_{fe}	f_T (MHz)
3DG1560	A～D	300	20	200～500	≤ 0.1	≤ 0.01	≥ 10	≥ 10
3DG170	A～D	500	50	60～220		≤ 0.5	≤ 20	≥ 50
	F～J							≥ 100
3DG180	A～G	700	100	60～300	≤ 0.5	≤ 1		≥ 50
	H～N							≥ 100
3DG181	A～E		200	60～220	≤ 0.5	≤ 2		≥ 50
	F～I							≥ 100
3DG182	A～E		300	60～140		≤ 1	≤ 10	≥ 50
	F～J							≥ 100
3CG160	A～C	300	20	60～140	≤ 0.1		≥ 25	≥ 100
	D～E			180～220				≥ 50
3CG170	A～C	500	50	60～140		≤ 0.5		≥ 100
	D～E			180～220				≥ 50
3CG180	A～D	700	100	100～220	≤ 0.5	≤ 1	≥ 15	
	E～H							≥ 150

3. 开关管（见表6-1-10、表6-1-11）

4. 低频大功率管（见表6-1-12、表6-1-13）

5. 高频大功率管（见表6-1-14～6-1-17）

6. 达林顿管（见表6-1-18）

表 6-1-10 锗 PNP 型开关晶体管的型号及技术参数

型号		极限参数		直流参数					交流参数	开关参数	
		P_{CM} (mW)	I_{CM} (mA)	BU_{CBO} (V)	BU_{CEO} (V)	I_{CBO} (μA)	I_{CEO} (μA)	H_{fe}	f_T (MHz)	t_{on} (ns)	t_{off} (ns)
3AK801	A	50	20	≥30	≥12	≤3	≤50	30~150	≥100	≤60	≤180
	B								≥150	≤50	≤160
	C				≥15				≥200		≤140
	D								≥150		≤120
3AK802	A		35			≤12	≤80	30~200	≥50	≤100	≤1200
	B				≥20		≤50				≤1000
	C								≥100	≤80	≤800
	D				≥15				≥150		≤700
	E								≥200	≤60	
3AK803	A	100	30		≥12	≤3	≤100	30~150	≥100	≤60	≤180
	B								≥200		≤160
	C				≥15		≤50		≥150	≤50	≤140
	D								≥200		≤120
3AK804	A	100	60				≤80	30~200	≥150	≤100	≤1200
	B				≥20	≤2.5	≤50		≥50		≤1000
	C								≥100	≤80	≤800
	D				≥15				≥150		≤700
	E								≥200	≤60	
3AK805	A	300	150	≥40	≥20	≤5	≤200		≥40	≤120	≤1600
	B				≥18		≤150		≥80	≤80	≤1400
	C				≥16		≤100		≥120		≤1200
3AK806	A	1000	700	≥70	≥30	≤70	≤600	15~110	≥50	≤150	≤500
	B								≥80	≤100	≤300
	C				≥45						≤200
	D			≥60	≥25				≥100	≤80	≤150

注：t_{on} 为开通时间，t_{off} 为关断时间，后同。

表 6-1-11 硅 NPN/PNP 型开关晶体管的型号及技术参数

型号		极限参数		直流参数					交流参数		
		P_{CM} (mW)	I_{CM} (mA)	BU_{CBO} (V)	BU_{CEO} (V)	I_{CBO} (μA)	I_{CEO} (μA)	H_{fe}	f_T (MHz)	t_{on} (ns)	t_{off} (ns)
3DK100	A	100	30	≥20	≥15					≤20	≤35
	B										≤25
	C			≥15	≥10						
3DK101	A	200	40	≥30	≥20				≥300	≤30	≤60
	B				≥25						≤40
	C			≥20	≥15	≤0.1	≤0.1	25~180			≤35
3DK102	A	300	50	≥20	≥15					≤40	≤50
	B			≥30	≥25						
	C			≥20	≥15						≤35
	D			≥30	≥25						
3DK103	A	700		≥20	≥15				≥200	≤50	≤65
	B			≥60	≥30						
	C			≥40	≥45						
3DK104	A		400	≥75	≥60	≤1				≤100	≤230
	B			≥100	≥80						
	C			≥75	≥60					≤50	≤130
	D			≥100	≥80						
3DK105	A		500	≥40	≥30		≤1			≤25	≤280
	B			≥60	≥45						
	C			≥40	≥30	≤0.5					≤130
	D			≥60	≥45						
3DK106	A		600	≥40	≥30					≤30	≤280
	B			≥60	≥45						
	C			≥40	≥30						≤130
	D			≥60	≥45						
3DK107	A		800	≥40	≥30	≤0.2	≤0.2		150~450	≤30	≤280
	B			≥60	≥45						
	C			≥40	≥30						≤130
	D			≥60	≥45						

续表

型号		极限参数		直流参数				交流参数			
		P_{CM} (mW)	I_{CM} (mA)	BU_{CBO} (V)	BU_{CEO} (V)	I_{CBO} (μA)	I_{CEO} (μA)	H_{fe}	f_T (MHz)	t_{on} (ns)	t_{off} (ns)
3CK110	A S E	300	50	≥ 20 ~ ≥ 50	≥ 15 ~ ≥ 45					≤ 50	60 ~ 110
3CK112	A S E										80 ~ 130
3CK120	A S E	500	200	≥ 20 ~ ≥ 50	≥ 15 ~ ≥ 45	≤ 0.5	≤ 0.5	25 ~ 180	150 ~ 450	≤ 30	60 ~ 110
3CK121	A S E									≤ 50	80 ~ 200
3CK130	A S E	700	700			5	10			≤ 50	120 ~ 160

表 6-1-12　锗（PNP 型）低频大功率晶体管的型号及技术参数

型号		极限参数			直流参数					交流参数
		P_{CM} (mW)	I_{CM} (A)	R_{th} (℃/W)	BU_{CBO} (V)	BU_{CEO} (V)	I_{CBO} (μA)	I_{CEO} (μA)	H_{fe}	f_T (MHz)
3AD50	A		3		50	18				
	B				60	24				
	C				70	36				
3AD51	A	10		3.5	50	18	≤ 0.3	≤ 2.5	20 ~ 140	≥ 4
	B				60	24				
	C		2		70	36				
3AD52	A				50	18				
	B				60	24				
	C				70	36				
3AD53	A	20	6	1.75	50	18	≤ 0.5	≤ 12		≥ 2
	B				60	24		≤ 10		
	C				70	36				

型号		极限参数			直流参数					交流参数
		P_{CM} (mW)	I_{CM} (A)	R_{th} (℃/W)	BU_{CBO} (V)	BU_{CEO} (V)	I_{CBO} (μA)	I_{CEO} (μA)	H_{fe}	f_T (MHz)
3AD54	A				50	18		≤ 8		
	B				60	24		≤ 6		
	C		5		70	36	≤ 0.4			
3AD55	A				50	18		≤ 8		≥ 3
	B				60	24		≤ 6		
	C				70	36				
3AD56	A	50	15	0.7	60	30	≤ 0.8	≤ 0.7		
	B				80	45				
	C				100	60				

注：h_{fe} 色标分挡为棕 20 ~ 30、红 30 ~ 40、橙 40 ~ 60、黄 60 ~ 90、绿 90 ~ 100。

表6-1-13 硅（NPN型）低频大功率晶体管的型号及技术参数

型号	极限参数			直流参数					色标分挡
	P_{CM} (mW)	I_{CM} (A)	R_{th} (℃/W)	BU_{CBO} (V)	BU_{CEO} (V)	I_{CBO} (μA)	I_C (A)	H_{fe}	
3DD50A ~ E		1	100		≥ 3	≤ 0.4	0.5		①
3DD51A ~ E	1								①
3DD52A ~ E		0.5			≥ 5		0.4		
3DD53A ~ E		2	20	A挡≥30 B挡≥50 C挡≥80 D挡≥110 E挡≥150	≥ 3	≤ 0.5	1	≥ 10	②
3DD54A ~ E	5								②
3DD55A ~ E		1			≥ 5		0.8		①
3DD56A ~ E		3	10		≥ 3	≤ 1	1.5		②
3DD57A ~ E	10								②
3DD58A ~ E		1.5			≥ 5		1		①
3DD59A ~ E	20	5	4		≥ 3	≤ 1.5	2.5		②
3DD60A ~ E	25								②
3DD61A ~ E		2.5			≥ 5		1		①

续表

型号	极限参数			直流参数					色标分挡
	P_{CM}（mW）	I_{CM}（A）	R_{th}（℃/W）	BU_{CBO}（V）	BU_{CEO}（V）	I_{CBO}（μA）	I_C（A）	H_{fe}	
3DD62A～E	50	7.5	2	≥3	≤2	5			②
3DD63A～E									
3DD64A～E		5		≥5		4			①
3DD65A～E	75	10	1.33	≥3	≤3	7.5			②
3DD66A～E									
3DD67A～E		7		≥5	≤4	5.5			
3DD68A～E	100	15	1	≥3	≤5	10			①
3DD69A～E									②
3DD70A～E		9		≥5	≤4	7			①

注：h_{fe}色标分挡为棕 10～20、红 20～30、橙 30～40、黄 >40，棕 10～20、红 20～30、橙 30～40、黄 >30。

表6-1-14　硅（PNP型）高频大功率晶体管的型号及技术参数

型号	极限参数		直流参数					交流参数
	P_{CM}（mW）	I_{CM}（A）	f_T（MHz）	BU_{CEO}（V）	I_{CBO}（μA）	I_{CEO}（μA）	H_{fe}	f_T（MHz）
3CA1A～F	1	0.1	A≥30 B≥50 C≥80 D≥100 E≥130 F≥150 10～50		5～10	0.05～1	≥20	50
3CA2A～F	2	0.25			10～50			
3CA3A～F	5	0.5	A≥30 B≥50 C≥80 D≥100 E≥150 0.1～1mA 0.5～1mA		50～100	0.2～0.5		30
3CA4A～F	7.5	1			0.1～1mA	1～1.5		
3CA5A～F	15	1.5			0.5～1mA	1～2		
3CA6	20	2		40～120		1.5～3	≥10	10
3CA7	30	2.5		30～130				
3CA8	40	3		30～130		5		
3CA9	50	4		30～110		7		

表 6-1-15　硅（NPN 型）高频大功率晶体管的型号及技术参数

型号		极限参数			直流参数				交流参数
		P_{CM} (mW)	I_{CM} (A)	f_T (MHz)	BU_{CBO} (V)	BU_{CEO} (V)	I_{CBO} (μA)	H_{fe}	f_T (MHz)
3DA1	A	7.5	1	14	40	30	≤ 1	≥ 10	≥ 50
	B				50	45	≤ 0.5		≥ 70
	C				70	60			≥ 100
3DA2	A	5	0.75	21	40	30	≤ 0.2	≥ 15	≥ 100
	B				70	60		≥ 20	≥ 150
3DA3	A	20	2.5	5	60	50	≤ 1	≥ 10	≥ 70
	B				80	70	≤ 0.5	≥ 15	≥ 80
3DA4	A				40	30	≤ 1.5	≥ 10	≥ 30
	B				60	50		≥ 10	≥ 50
	C				80	70	≤ 0.5	≥ 15	≥ 70
3DA5	A	40	5	2.5	60	50	≤ 2	≥ 10	≥ 60
	B				80	70	≤ 1	≥ 15	≥ 80
3DA100	A	40	5	2.5	50	45	≤ 3	≥ 12	≥ 180
	B				60	55		≥ 10	≥ 220
3DA101	A	7.5	1	14	40	30	≤ 1	≥ 15	≥ 50
	B				55	45	≤ 0.5		≥ 70
	C				70	60	≤ 0.2	≥ 10	≥ 100
3DA102	A				40	30	≤ 0.5	≥ 15	≥ 100
	B				70	50			≥ 150
3DA103		3	0.3	35	50	40	≤ 0.1	≥ 20	≥ 200
3DA104	A	7.5	1	14	40	35	≤ 1	≥ 10	≥ 400
	B				55	45			
3DA105	A	4	0.4	25	45	30	≤ 3		≥ 600
	B				60	40			
3DA106	A	7.5	1	14	40	30	≤ 1		
	B				65	50			
3DA107	A	15	1.5	7.5	40	30	≤ 3	≥ 10	≥ 400
	B				60	40	≤ 2		
3DA108	A	1.5	0.2	70	40	30	≤ 0.5		
	B								

续表

型号		极限参数			直流参数				交流参数
		P_{CM} (mW)	I_{CM} (A)	f_T (MHz)	BU_{CBO} (V)	BU_{CEO} (V)	I_{CBO} (μA)	H_{fe}	f_T (MHz)
105 3DA 151	A	1	0.1			≥ 100	≤ 10	≥ 30	≥ 50
	B					≥ 150			
	C					≥ 200			
	D					≥ 250			
3DA152	A					≥ 30			
	B					≥ 100			
	C	3	0.3	–	–	≥ 150	≤ 0.2	30 ～ 250	≥ 10
	D					≥ 200			
	E					≥ 250			
	F					≥ 30			
	G					≥ 100			
	H					≥ 150			≥ 50
	I					≥ 200			
	J					≥ 250			

表 6-1-16　硅（NPN 型）超高频大功率晶体管的型号及技术参数

型号	极限参数			直流参数				交流参数
	P_{CM} (mW)	I_{CM} (A)	f_T (MHz)	BU_{CBO} (V)	BU_{CEO} (V)	I_{CBO} (μA)	H_{fe}	f_T (MHz)
3DA80	7.5	0.75	14	40	30	1	≥ 10	1
3DA92	15	1.5	7	60	10	3		0.4
3DA815	2	0.4	50	30	15	0.1	≥ 10	0.47
3DA816	5	1				0.5		
3DA817	7.5	1.5				1		
3DA818	15	2				2		
3DA819	2	0.2	50	45	30	0.1	≥ 15	1
3DA820	3	0.3	30	40		0.2		
3DA821	6	0.6	15	40		0.5		
3DA822 3	15	1.5	7			2	≥ 10	
3DA824	31	5	4	36	16	6		0.47
3DA825	40	4	3.15	50	35	5		4

表 6-1-17　硅 NPN/PNP 低、高压大功率开关管的型号及技术参数

型号	极限参数		直流参数			交流参数	开关参数		
	P_{CM}（mW）	I_{CM}（A）	f_T（MHz）	I_{CEO}（μA）	H_{fe}	f_T（MHz）	t_{on}（ns）	t_s（ns）	t_s（ns）
3DK29A ～ D	1	0.5	15 ～ 30	0.1	25 ～ 180	400	0.0015	0.03 ～ 0.08	0.01
3DK35B ～ F	10	3	50 ～ 200	0.5			0.25	0.4	0.1
3DK36B ～ H	30	5	50 ～ 130	0.7			0.3	0.6	0.15
3DK37B ～ H	50	7.5	50 ～ 200	1	≥ 20		0.3	0.6	0.15
38 3DK B ～ H 39	100	15	50 ～ 200	3			0.5	0.7	0.3
3DK3	300	3	30 ～ 160						
3DK12	50	5	30 ～ 160		≥ 15	15	0.3		0.5
3DK08	60	7.5							
3DK32	75	10	40 ～ 160		≥ 10	10	0.63		1
3DK33	100	20			≥ 15	15	0.8		1.2
3CK01	5	1	4 ～ 160			5	0.3		0.5
3CK02	10	2							
3CK03	20	3			≥ 15	4	0.4		0.6
3CK05	50	5	30 ～ 100						
3CK010	75	10				3	0.5		0.8
3CK015	100	15					0.6		0.8
3CK5A ～ E	5	1.5	15 ～ 50	0.05		50	0.08		0.2
3CK10A ～ E	1	1	20 ～ 70	0.01	≥ 25	100	0.06		0.15
3DKG3	50	3	300 ～ 900	0.1		10			0.8
3DKG5	100	5		0.2					1.4
3DKG10	150	10							2

续表

型号	极限参数		直流参数			交流参数	开关参数		
	P_{CM} (mW)	I_{CM} (A)	f_T (MHz)	I_{CEO} (μA)	H_{fe}	f_T (MHz)	t_{on} (ns)	t_s (ns)	t_s (ns)
3DKG208	12	5	700		6			10	0.7
3DKG208A	12	7.5	700		6	7			
3DKG536	50	8	480		15	5			
3DKG3236	60	5	400		≥15	8			
3DKG326A	75	6	400		25	10	0.5	3.5	0.5
3DKG6547	75	15	400		6～30	10	1	4	0.7
3DKG48B	75	15	600		6～30	10	0.5	1.5	0.2
3DKG23	250	30	325		8	8	0.55	1.7	0.26
3DKG22	250	40	250		10	8	1.3	2	0.5
3DKG20	250	50	125		10	8	1.5	1.2	0.3

注：t_s 为存储时间，t_f 为下降时间。

表6-1-18 达林顿管的主要型号及技术参数

型号		P_{CM} (W)	I_{CM} (A)	BU_{CBO} (V)	BU_{CBO} (V)	BU_{EBO} (V)	I_{CEO} (A)	U_{CES} (V)	H_{fe}
YZ21	A	20	5	≥25	≥25	≥3	2	≤2	≥500
	B			≥50	≥50				
	C			≥80	≥80				
	D			≥110	≥110				
	E			≥150	≥150				
	F			≥200	≥200				
YZ23	A	30	10	≥25	≥25		3		
	B			≥50	≥50				
	C			≥80	≥80				
	D			≥110	≥110				
	E			≥150	≥150				
	F			≥200	≥200				

型号		P_{CM} (W)	I_{CM} (A)	BU_{CBO} (V)	BU_{CBO} (V)	BU_{EBO} (V)	I_{CEO} (A)	U_{CES} (V)	H_{fe}
YZ31	A	20	5	≥ 25	≥ 25		1.5		
	B			≥ 50	≥ 50				
	C			≥ 80	≥ 80				
	D			≥ 110	≥ 110				
	E			≥ 150	≥ 150				
	F			≥ 200	≥ 200	≥ 3		≤ 2.5	≥ 500
YZ22	A	50	10	≥ 25	≥ 25		2		
	B			≥ 50	≥ 50				
	C			≥ 80	≥ 80				
	D			≥ 110	≥ 110				
	E			≥ 150	≥ 150				
	F			≥ 200	≥ 200				

第二节　晶体管的选用、代换与检测

一、晶体管的选用与代换

1.晶体管的选用

晶体管的品种繁多，不同的电子设备与不同的电子电路，对晶体管各项性能指标的要求是不同的。所以，应根据应用电路的具体要求来选择不同用途、不同类型的晶体管。

（1）一般高频晶体管的选用

一般小信号处理（例如图像中放、伴音中放、缓冲放大等）电路中使用的高频晶体管，可以选用特征频率范围在 30 ~ 300MHz 的高频晶体管，例如 3DG6、3DG8、3CG21、3SA1015、2SA673、2SA733、S9011、S9012、S9014、S9015、2S5551、2S5401、BC337、BC338、BC548、BC558 等型号的小功率晶体管。可根据电路的要求选择晶体管的材料及极性，还要考虑被选晶体管的耗散功率、集电极最大电流、最大反向电压、电流放大系数等参数及外形尺寸等是否符合应用电路的要求。

（2）末级视放输出管的选用

彩色电视机中使用的末级视放输出管，应选用特征频率高于80MHz的高频晶体管。

2in（1in=0.0254m）以下的中、小屏幕彩色电视机使用的末级视放输出管，其耗散功率应大于或等于70mW，最大集电极电流应大于或等于50mA，最高反向电压应大于200V，一般可选用3DG182J、2SC2229、2SC3942等型号的晶体管。

25英寸以上的大屏幕彩色电视机中使用的末级视放输出管，其耗散功率应大于或等于1.5W，最大集电极电流应大于或等于50mA，最高反向电压应大于300V，一般可选用3DG182N、2SC2068、2SC2611、2SC22482等型号的晶体管。

（3）行推动管的选用

彩色电视机中使用的行推动管，应选用中、大功率的高频晶体管。其耗散功率应大于或等于10W，最大集电极电流应大于150mA，最高反向电压应大于或等于250V。一般可选用3DK204、2SC1569、2SC2482、2SC2655、2SC2688等型号的三极管。

（4）行输出管的选用

彩色电视机中使用的行输出管属于高反压大功率晶体管，其最高反向电压应大于或等于1200V，耗散功率应大于或等于50W，最大集电极电流应大于或等于3.5A（大屏幕彩色电视机行输出管的耗散功率应大于或等于60W，最大集电极电流应大于5A）。

21英寸以下小屏幕彩色电视机的行输出管可选用2SD869、2SD870、2SD871、2SD899A、2SD950、2SD951、2SD1426、2SD1427、2SD1556、2SD1878等型号的晶体管。

25英寸以上的大屏幕彩色电视机的行输出管可选用2SD1433、2SD2253、2SD1432、2SD1941、2SD953、2SC3153、2SC1887等型号的晶体管。

（5）开关三极管的选用

小电流开关电路和驱动电路中使用的开关晶体管，其最高反向电压低于100V，耗散功率低于1W，最大集电极电流小于1A，可选用3CK3、3DK4、3DK9、3DK12等型号的小功率开关晶体管。

大电流开关电路和驱动电路中使用的开关晶体管，其最高反向电压大于或等于100V，耗散功率高于30W，最大集电极电流大于或等于5A，可选用3DK200、DK55、DK56等型号的大功率开关晶体管。

开关电源等电路中使用的开关晶体管，其耗散功率大于或等于50W，最大集电极电流大于或等于3A，最高反向电压高于800V。一般可选用2SD820、2SD850、2SD1403、2SD1431、2SD1553、2SD1541等型号的高反压大功率开关晶体管。

（6）达林顿管的选用

达林顿管广泛应用于音频功率输出、开关控制、电源调整、继电器驱动、高增益放大等电路中。

继电器驱动电路与高增益放大电路中使用的达林顿管，可以选用不带保护电路的中、小功率普通达林顿晶体管。而音频功率输出、电源调整等电路中使用的达林顿管，可选用大功率、大电流型普通达林顿晶体管或带保护电路的大功率达林顿晶体管。

（7）音频功率放大互补对管的选用

音频功率放大器的低放电路和功率输出电路，一般均采用互补推挽对管（通常由1只NPN型晶体管和1只PNP型晶体管组成）。选用时要求两管配对，即性能参数要一致。

低放电路中采用的中、小功率互补推挽对管，其耗散功率小于或等于1W，最大集电极电流小于或等于1.5A，最高反向电压为50～300V。常见的有2SC945/2SA733、2SC1815/2SA1015、2N5401/2N5551、S8050/S8550等型号。选用时应根据应用电路的具体要求而定。

后级功率放大电路中使用的互补推挽对管，应选用大电流、大功率、低噪声晶体管，其耗散功率为 100 ～ 200W，集电极最大电流为 10 ～ 30A，最高反向电压为 120 ～ 200V。常用的大功率互补对管有 2SC2922/2SA1216、2SC3280/2SA1301、2SC3281/2SA1302、2N3055/MJ2955 等型号。

（8）带阻晶体管的选用

带阻晶体管是录像机、影碟机、彩色电视机中常用的晶体管，其种类较多，但一般不能作为普通晶体管使用，只能"专管专用"。

选用带阻晶体管时，应根据电路的要求（例如输入电压的高低、开关速度、饱和深度、功耗等）及其内部电阻器的阻值搭配，来选择合适的管型。

（9）光敏三极管的选用

光敏三极管和其他三极管一样，不允许其电参数超过最大值（例如最高工作电压、最大集电极电流和最大允许功耗等），否则会缩短光敏三极管的使用寿命甚至烧毁三极管。

另外，所选光敏三极管的光谱响应范围必须与入射光的光谱特性相互匹配，以获得最佳的响应特性。

2. 晶体管的代换

晶体管的代换方法有直接代换和间接代换两种。

（1）直接代换

晶体管损坏后，在无同型号晶体管更换的情况下，也可以用类型相同、特性相近、外形相似的三极管直接代换损坏的晶体管。

类型相同是指所选择代换用的晶体管应与原损坏的晶体管类型相同，即材料要相同（只能用锗管代换锗管，用硅管代换硅管），极性要相同（只能用 PNP 管代换 PNP 管、用 NPN 管代换 NPN 管）。

特性相近是指代换用晶体管应与原晶体管的主要参数值及特性曲线相近。主要参数有耗散功率、最大集电极电流、最高反向电压、频率特性、电流放大系数等（开关晶体管还要考虑开启时间和关断时间等参数）。

大功率晶体管的外形差别较大，有时即使代换管与原晶体管的类型相同、特性相近，但因两管的封装外形及安装尺寸不同，也无法直接代换。因此，选择外形相似的代换管，有利于正常安装且不破坏正常的散热条件。

（2）间接代换

对于找不到可直接代换的晶体管，也可以采用间接代换的方法。例如：阻尼二极管的行输出管损坏后，可以用一只与其主要参数（指耗散功率、最大集电极电流、最高反向电压等）相同的大功率开关管，在其集电极与发射极之间并接一只阻尼二极管（二极管的正极接开关管的发射极，二极管的负极接开关管的集电极）来间接代换，如图 6-2-1 所示。

带阻晶体管损坏后，可以用 1 只与其主要参数相同的晶体管，在其基带极、发射极之间并接合适阻值的电阻器（具体应视被代换带阻晶体管的内部结构而定）来间接代换。

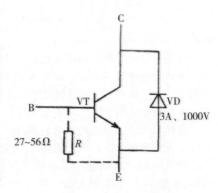

图 6-2-1　阻尼行输出管的代换

达林顿管或高 β 值晶体管、大功率晶体管等损坏后，也可以用两只晶体管复合连接后代换。

二、晶体管的检测

1. 晶体管材料与极性的判别

（1）从晶体管的型号命名上识别其材料与极性

国产晶体管型号命名的第二部分用英文字母 A～D 表示晶体管的材料和极性。其中，"A"代表锗材料 PNP 型管，"B"代表锗材料 NPN 型管，"C"代表硅材料 PNP 型管，"D"代表硅材料 NPN 型管。

日本产晶体管型号命名的第三部分用字母 A～D 表示晶体管的材料和类型（不代表极性）。其中，"A""B"为 PNP 型管，"C""D"为 NPN 型管。通常，"A""C"为高频管，"B""D"为低频管。

欧洲产晶体管型号命名的第一部分用字母 "A" 和 "B" 表示晶体管的材料（不表示 NPN 或 PNP 型极性）。其中，"A"表示锗材料，"B"表示硅材料。

（2）从封装外形上识别晶体管的引脚

在使用晶体管之前，首先要识别晶体管各引脚的极性。不同种类、不同型号、不同功能的晶体管，其引脚排列位置也不同。

（3）用万用表判别晶体管的极性与材料

对于型号标志不清或虽有型号但无法识别其引脚的晶体管，可以通过万用表测试来判断出该晶体管的极性、引脚及材料。

对于一般小功率晶体管，可以用万用表的 R×100 挡或 R×1k 挡，用两表笔测量晶体管任意两个引脚间的正、反向电阻值。

在测量中会发现：当黑表笔（或红表笔）接晶体管的某一引脚时，用红表笔（或黑表笔）去分别接触另外两个引脚，万用表上指示均为低阻值。此时，所测晶体管与黑表笔（或红表笔）连接的引脚便是基极 B，而另外两个引脚为集电极 C 和发射极 E。若基极接的是红表笔，则该管为 PNP 管；若基极接的是黑表笔，则该管为 NPN 管。

也可以先假定晶体管的任一个引脚为基极，与红表笔或黑表笔接触，再用另一表笔去分别接触另外两个引脚，若测出两个均较小的电阻值时，则固定不动的表笔所接的引脚是基极 B，而另外两个引脚为发射极 E 和集电极 C。

找到基极 B 后，再比较基极 B 与另外两个引脚之间正向电阻值的大小。通常，正向电阻值较大的电极为发射极 E，正向电阻值较小的为集电极 C。

PNP 型晶体管，可以将红表笔接基极 B，用黑表笔分别接触另外两个引脚，会测出两个略有差异的电阻值。在阻值较小的一次测量中，黑表笔所接的引脚为集电极 C；在阻值较大的一次测量中，黑表笔所接的引脚为发射极 E。

NPN 型晶体管，可将黑表笔接基极 B。用红表笔去分别接触另外两个引脚。在阻值较小的一次测量中，红表笔所接的引脚为集电极 C；在阻值较大的一次测量中，红表笔所接的引脚为发射极 E。

通过测量晶体管 PN 结的正、反向电阻值，还可判断出晶体管的材料（区分出是硅管还是锗管）及好坏。一般锗管 PN 结（B、E 极之间或 B、C 极之间）的正向电阻值为 200～500Ω，反向电阻值大于 100kΩ；硅管 PN 结的正向电阻值为 3～15kΩ，反向电阻值大于 500kΩ。若测得晶体管某个 PN 结的正、反向电阻值均为 0 或均为无穷大，则可判断该管已击穿或开路损坏。

2. 晶体管性能的检测

（1）反向击穿电流的检测

普通晶体管的反向击穿电流（也称反向漏电流或穿透电流），可通过测量晶体管发射极 E 与集电极 C 之间的电阻值来估测。测量时，将万用表置于 R×1k 挡，NPN 型管的集电极 C 接黑表笔，发射极 E 接红表笔；PNP 管的集电极 C 接红表笔，发射极 E 接黑表笔。

正常时，锗材料的小功率晶体管和中功率晶体管的电阻值一般大于 10kΩ（用 R×100 挡测电阻值大于 2kΩ），锗大功率晶体管的电阻值为 1.5kΩ（用 R×10 挡测）以上。硅材料晶体管的电阻值应大于 100kΩ（用 R×10k 挡测），实测值一般为 500kΩ 以上。

若测得晶体管 C、E 极之间的电阻值偏小，则说明该晶体管的漏电流较大；若测得 C、E 极之间的电阻值接近 0，则说明其 C、E 极间已击穿损坏。若晶体管 C、E 极之间的电阻值随着管壳温度的增高而变小许多，则说明该管的热稳定性不良。

也可以用晶体管直流参数测试表的 I_{CEO} 挡来测量晶体管的反向击过电流。测试时，先将 h_{FE}/I_{CEO} 选择开关置于 I_{CEO} 挡，选择晶体管的极性，将被测晶体管的三个引脚插入测试孔，然后按下 I_{CEO} 键，从表中读出反向击穿电流值即可。

（2）放大能力的检测

晶体管的放大能力可以用万用表的 h_{FE} 挡测量。测量时，应先将万用表置于 ADJ 挡进行调零后，再拨至 h_{FE} 挡，将被测晶体管的 C、B、E 三个引脚分别插入相应的测试插孔中（采用 T0～3 封装的大功率晶体管，可将其 3 个电极接出 3 根引线后，再分别与三个插孔相接），万用表即会指示出该管的放大倍数。

若万用表无 h_{FE} 挡，则也可使用万用表的 R×1k 挡来估测晶体管放大能力。测量 PNP 管时，应将万用表的黑表笔接晶体管的发射极 E，红表笔接晶体管的集电极 C，再在晶体管的集电结（B、C 极之间）上并接 1 只电阻（硅管为 100kΩ，锗管为 20kΩ），然后观察万用表的阻值变化情况。若万用表指针摆动幅度较大，则说明晶体管的放大能力较强；若万用表指针不变或摆动幅度较小，则说明晶体管无放大能力或放大能力较差。

测量 NPN 管时，应将万用表的黑表笔接晶体管的集电极 C，红表笔接晶体管的发射极 E，在集电结上并接一只电阻，然后观察万用表的阻值变化情况。万用表指针摆动幅度越大，说明晶体管的放大能力越强。

也可以用晶体管直流参数测试表的 h_{FE} 测试功能来测量放大能力。测量时，先将测试表的 h_{FE}/I_{CEO} 置于 h_{FE}-100 挡或 h_{FE}-300 挡，选择晶体管的极性，将晶体管插入测试孔后，按动相应的 h_{FE} 键，再从表中读出 h_{FE} 值即可。

（3）反向击穿电压的检测

晶体管的反向击穿电压可使用晶体管直流参数测试表的 V（BR）测试功能来测量。测量时，先选择被测晶体管的极性，然后将晶体管插入测试孔，按动相应的 V（BR）键，再从表中读出反向击穿电压值。

对于反向击穿电压低于 50V 的晶体管，也可用图 6-2-2 中所示的电路进行测试。将待测晶体管 VT 的集电极 C、发射极 E 与测试电路的 A 端、B 端相连（PNP 管的 E 极接 A 点，C 极接 B 点；NPN 管的 E 极接 B 点，C 极接 A 点）后，调节电源电压，当发光二极管 LED

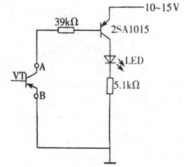

图 6-2-2 晶体管 VCEO 的测试电路

点亮时，A、B 两端之间的电压值即是晶体管的反向击穿电压。

3. 特殊晶体管的检测

（1）带阻尼行输出管的检测

用万用表 R×1 挡，测量发射结（基极 B 与发射极 E 之间）的正、反向电阻值。正常的行输出管，其发射结的正、反向电阻值均较小，只有 20 ～ 50Ω。

用万用表 R×1k 挡，测量行输出管集电结（基极 B 与集电极 C 之间）的正、反向电阻值。正常时正向电阻值（黑表笔接基极 B，红表笔接集电极 C）为 3 ～ 10kΩ，反向电阻值为无穷大。若测得正、反向电阻值均为 0 或均为无穷大，则说明该管的集电结已击穿损坏或开路损坏。

用万用表 R×1k 挡，测量行输出管 C、E 极内部阻尼二极管的正、反向电阻值，正常时正向电阻值较小（6 ～ 7kΩ），反向电阻值为无穷大。若测得 C、E 极之间的正反向电阻值均很小，则是行输出管 C、E 极之间短路或阻尼二极管击穿损坏；若测得 C、E 极之间的正、反向电阻值均为无穷大，则是阻尼二极管开路损坏。

带阻尼行输出管的反向击穿电压可以用晶体管直流参数测试表测量，其方法与普通晶体管相同。

带阻尼行输出管的放大能力（交流电流放大系数 β 值）不能用万用表的 h_{FE} 挡直接测量，因为其内部有阻尼二极管和保护电阻器。测量时可在行输出管的集电极 C 与基极 B 之间并接一只 30kΩ 的电位器，然后再将行输出管各电极与 h_{FE} 插孔连接。适当调节电位器的电阻值，并从万用表上读出 β 值。

（2）带阻晶体管的检测

因带阻晶体管内部含有一只或两只电阻器，故检测的方法与普通晶体管略有不同。检测之前应先了解管内电阻，将万用表置于 R×1k 挡，测量带阻晶体管集电极 C 与发射极 E 之间的电阻值（测 NPN 管时，应将黑表笔接 C 极，红表笔接 E 极；测 PNP 管时，应将红表笔接 C 极，黑表笔接 E 极）。正常时，阻值应为无穷大，且在测量的同时，若将带阻晶体管的基极 B 与集电极 C 之间短路后，则应有小于 50kΩ 的电阻值。否则，可确定为晶体管不良。

也可以用测量带阻晶体管 BE 极、CB 极及 CE 极之间正、反向电阻值的方法（应考虑到内含电阻器对各极间正、反向电阻值的影响）来估测晶体管是否损坏。

（3）普通达林顿管的检测

普通达林顿管内部由两只或多只晶体管的集电极连接在一起复合而成，其基极 B 与发射极 E 之间包含多个发射结。检测时可使用万用表的 R×1k 挡或 R×10k 挡来测量。

测量达林顿管各电极之间的正、反向电阻值。正常时，集电极 C 与基极 B 之间的正向电阻值（测 NPN 管时，黑表笔接基极 B；测 PNP 管时，黑表笔接集电极 C）与普通硅晶体管集电结的正向电阻值相近，为 3 ～ 10kΩ，反向电阻值为无穷大。而发射极 E 与基极 B 之间的正向电阻值（测 NPN 管时，黑表笔接基极 B；测 PNP 管时，黑表笔接发射极 E）是集电极 C 与基极 B 之间正向电阻值的 2 ～ 3 倍，反向电阻值为无穷大。集电极 C 与发射极 E 之间的正、反向电阻值均应接近无穷大。若测得达林顿管的 C、E 极间的正、反向电阻值，或 BE 极、BC 极之间的正、反向电阻值均接近 0，则说明该管壁击穿损坏。若测得达林顿管的 BE 极或 BC 极之间的正、反向电阻值为无穷大，则说明该管已开路损坏。

（4）大功率达林顿管的检测

大功率达林顿在普通达林顿管的基础上增加了由续流二极管和泄放电阻组成的保护电路，在测量时应注意这些元器件对测量数据的影响。

用万用表 R×1k 挡或 R×10k 挡，测量达林顿管集电结（集电极 C 与基极 B 之间）的正、反向电阻值。正常时，正向电阻值（NPN 管的基极接黑表笔时）应较小，为 1 ~ 10kΩ，反向电阻值应接近无穷大。若测得集电结的正、反向电阻值均很小或均为无穷大，则说明该管已击穿短路或开路损坏。

用万用表 R×100 挡，测量达林顿管发射极 E 与基极 B 之间的正、反向电阻值，正常值均为几百欧姆至几千欧姆（具体数据根据 B、E 极之间两只电阻器的阻值不同而有所差异。例如，BLJ932R 和 M10025 等型号大功率达林顿管 B、E 极之间的正、反向电阻值为 600Ω 左右），若测得阻值为 0 或为无穷大，则说明被测管已损坏。

用万用表 R×1k 挡或 R×10k 挡，测量达林顿管发射极 E 与集电极 C 之间的正、反向电阻值。正常时，正向电阻值（测 NPN 管时，黑表笔接发射极 E，红表笔接集电极 C；测 PNP 管时，黑表笔接集电极 C，红表笔接发射极 E）应为 5 ~ 15kΩ（BL1932R 为 7kΩ），反向电阻值应为无穷大，否则是该管的 C、E 极（或二极管）击穿或开路损坏。

（5）光敏三极管的检测

光敏三极管只有集电极 C 和发射极 E 两个引脚，基极 B 为受窗口。通常，较长（或靠近管键的一端）的引脚为 E 极，较短的引脚为 C 极。达林顿型光敏三极管封装缺圆的一侧为 C 极。

检测时，先测量光敏三极管的暗电阻。将光敏三极管的受光窗口用黑纸或黑布遮住，再将万用表置于 R×1K 挡。红表笔和黑表笔分别接光敏三极管的两个引脚。正常时，正、反向电阻值均应为无穷大。若测出一定阻值或阻值接近 0，则说明该光敏三极管已漏电或已击穿短路。

测量光敏三极管的亮电阻。在暗电阻测量状态下，若将遮挡受光窗口的黑纸或黑布移开，将为受光窗口。靠近光源，正常时应有 15 ~ 30kΩ 的电阻值。若光敏三极管受光后，其 C、E 间阻值仍为无穷大或阻值较大，则说明光敏三极管已开路损坏或灵敏度偏低。

第七章 场效应晶体管

第一节 场效应管的基本知识

一、场效应管的工作原理

场效应晶体管是受电场控制的半导体器件，而普通晶体管的工作是受电流控制的。场效应管主要有结型场效应晶体管和金属—氧化物—半导体场效应晶体管（通常称 MOS 型）两种类型。两种管子工作原理不同，但特性相似。

1. 结型场效应晶体管的工作原理

与普通结型晶体管一样，结型场效应晶体管的基本结构也是 PN 结。N 型半导体与 P 型半导体形成 PN 结时，N 区电子很多，空穴很少，而 P 区空穴很多，电子很少，因此在 PN 结交界处，N 区电子跑向 P 区，P 区空穴跑向 N 区。这样，在 N 区留下的是带正电的施主离子，在 P 区留下的是带负电的受主离子。这一区域内再也没有自由电子或空穴了，故称为"耗尽区"或"耗尽层"，又称空间电荷区。PN 结内的耗尽区的形成如图 7-1-1 所示。

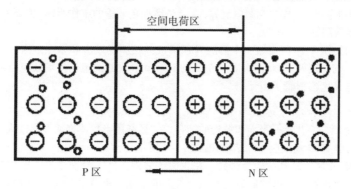

图 7-1-1　PN 结内的耗尽区的形成

当 PN 结施加反向电压时（P 接负极，N 接正极），耗尽区就会向半导体内部扩展，使耗尽区变宽，使耗尽区里的空间电荷增多。这种扩展如果 N 区杂质浓度高于 P 区，则主要在 P 区进行，反之，就是在 N 区进行。P^+N 与 PN^+ 的耗尽区如图 7-1-2 所示。

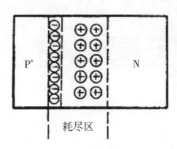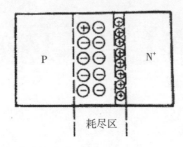

图 7-1-2 P⁺N 与 PN⁺ 的耗尽区

结型场效应管的工作原理如图 7-1-3 所示。它是在一块低掺杂的 N 型区两边扩散两个高掺杂的 P 型区，形成两个 PN 结。一般情况下 N 区比较薄。N 区两端的两个电极分别叫作漏极（用字母 D 表示）和源极（用字母 S 表示），P⁺ 区引出的电极叫作栅极（用字母 G 表示）。

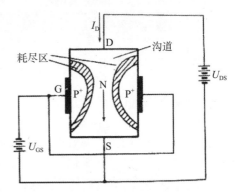

图 7-1-3 结型场效应管工作原理

正常工作时，漏极接电源正极，源极接电源负极，栅极接偏置电源的负极。

由于栅极与 21 区相连，所以，两个 PN 结都加上了反向电压，只有极微小电流流出栅极。由于漏极和源极都和 N 区相连，漏、源之间加正向电压之后，在栅极电压不太负时，源极之间有漏极电流 I_D 流过，它是由 N 区中多数载流子（电子）形成的。

由于 PN 结的耗尽区大部分在 N 区，当加上反向电压时，耗尽区主要向 N 区扩展。电压越高，两个耗尽区之间电流可以通过的通道（常称为沟道）就越窄，所以加在栅极与源极之间的负电压越大，两个耗尽区变得越厚，夹在中间的沟道就越薄，从而使沟道的电阻增大，漏极电流 I_D 减小；反之，I_D 增大。漏极电流 I_D 的大小随栅源之间的电压 U_{GS} 的大小而变，也就是说，栅源电压 U_{GS} 能控制漏电流 I_D，这就是结型场效管的工作原理。需要着重指出的是，它是用电胜米控制管子工作的。

前面讲的是两个 P⁺ 区夹着一个薄的 N 区形成的结型场效应晶体管，称为 N 沟道结型场效应晶体管。同样用两个 N⁺ 区夹着一个薄的 P 区就形成 P 沟道结型场效应晶体管，但是它的正常电压与 N 区沟道管子相反。

2. MOS 场效应晶体管的工作原理

MOS 是金属—氧化物—半导体结构的缩写，它是利用半导体表面层形成沟道导电的场效应器件。N 沟道 MOS 场效应管的结构如图 7-1-4 所示。

N 沟道 MOS 管是以 P 型硅为衬底，在表面扩散两个区，分别作为源极和漏极。两个扩散区之间硅片表面有一层薄的二氧化硅膜，其上的金属电极就是栅极。在这种结构里，N 型源扩散区与漏扩散区之间隔着 P 型区，所以好像两个"背靠背"地连在一起的二极管，这时如果在源极和漏极之间加上电压，也不会有电流流过（只有极微小的 PN 结反向电流），这是在栅极没有加电压的情况。当栅极上加上正电压（对源极）以后，就会在栅极下面产生一个电场，把 P 型硅体内的电子吸引到表面附近来。这样，在栅极下面的硅表面上，就形成了一个具有大量电子的薄层，即在 P 型硅表面形成可导电的反型层。这个反型层成为导电沟道，把源极和漏极区连接起来，当漏源极之间加上一定电压时，就会有电流流过沟道。当栅极上正电压增大时，被吸取到反型层中的电子也就增加，导电沟道的电阻减小，流过沟道的电流就会增加；反之，电流减小。当 $U_{GS}<U_T$ 时，$I_D=0$；当 $U_{GS}>U_T$ 时，I_D 随 U_{GS} 增加而增加。U_T 称为管子的开启电压（又叫阈值电压）。这种管子在 $U_{GS}=0$ 时，源漏之间不导电，只有当 U_{GS} 大于正的开启电压时，栅极下面形成反型层才具有导电特性，称为"增强"型 MOS 管。

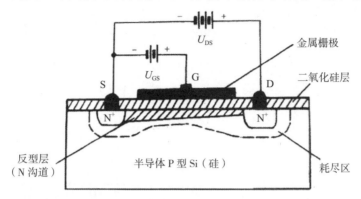

图 7-1-4　N 沟道 MOS 场效应管结构

事实上栅极下面的二氧化硅膜的结构并不是完整无缺的，它里面往往会有一些带正电荷的杂质或缺陷，这些正电荷本身就会产生一定的电场。这一电场对氧化膜下面的硅表面产生影响。如果氧化膜中的正电荷较多，或是 P 型硅的掺杂浓度很低，即使栅极上没有加正电压，氧化膜中的正电荷也能吸引足够的电子，在硅片表面上产生反型层，而使源极与漏极之间存在导电沟道。这种管子称为耗尽型 MOS 管。它工作时栅极一般加上负电压，加上负电压以后沟道的导电性能逐渐变弱，负电压大到一定程度以后，导电性能才会消失。

二、场效应晶体管的分类及特性

1. 场效应晶体管的分类

（1）按工艺结构分，可分为结型场效应晶体管和绝缘栅场效应晶体管（MOS）两类。

（2）按导电沟道所用材料分，可分为 N 型沟道和 P 型沟道两种。

（3）按零栅压条件下源漏极通断状态分，可分为耗尽型和增强型两种工作方式。当栅压为零时就有较大的漏极电流的称为耗尽型，只有当栅偏压达到一定值时才有漏极电流的称为增强型。

2. 场效应晶体管的特性

场效应晶体管的外形虽然与普通晶体管很相似，但两者工作原理却有本质不同。普通晶体管是电流控制器件，即在一定条件下，其集电极电流受基极电流控制；而场效应晶体管则是电压控制器件，其漏极电流受栅极电压控制。因此，场效应晶体管的输入阻抗非常高，可达 $10^9 \sim 10^{15}$ 欧，这是普通晶体管所不能达到的。此外，它还具有噪声低、动态范围大及抗干扰能力强等特点，是理想的电压放大和开关器件。

场效应晶体管的性能可用转移特性、输出特性及一些技术参数来表示。栅极电压 U_{GS} 与漏极电流 I_{DS}（U_{DS} 一定时）之间的关系曲线称为转移特性，它反映栅极的控制能力；漏极电压 U_{DS} 与漏极电流 I_{DS}（U_{GS} 一定时）之间的关系曲线称为输出特性，它反映漏极的工作能力。

各类场效应晶体管的符号及伏安特性曲线见表 7-1-1。

表 7-1-1　场效应晶体管的符号和伏安特性曲线

结构类型	工作方式	符号	电压极性 U_P 或 U_T	电压极性 U_{DS}	转移特性	输出特性
绝缘栅N沟道	耗尽型	D G 衬 S	(−)	(+)	I_{DS} ↗；U_P 0 U_{GS}	I_{DS}；+1V，U_{GS}=0V，−1V，−2V；U_{DS}
	增强型	D G 衬 S	(+)	(+)	I_{DS}；0 U_T U_{GS}	I_{DS}；4V，U_{GS}=3V，2V，1V；U_{DS}
绝缘栅P沟道	耗尽型	D G 衬 S	(+)	(−)	$-I_{DS}$；0 U_P U_{GS}	$-I_{DS}$；−1V，U_{GS}=0V，+1V，+2V；$-U_{DS}$
	增强型	D G 衬 S	(−)	(−)	$-I_{DS}$；U_T 0 U_{GS}	$-I_{DS}$；−4V，U_{GS}=−3V，−2V；$-U_{DS}$
结型P沟道	耗尽型	D G S	(−)	(−)	$-I_{DS}$；0 U_P U_{GS}	$-I_{DS}$；U_{GS}=0V，+1V，+2V；$-U_{DS}$
结型N沟道	增强型	D G S	(+)	(+)	I_{DS}；U_P 0 U_{GS}	I_{DS}；U_{GS}=0V，−1V，−2V；U_{DS}

三、常用场效应晶体管的特点及用途

常用结型场效应晶体管和 MOS 场效应晶体管的特点、用途及外形见表 7-1-2。

表 7-1-2　常用结型场效应晶体管和 MOS 场效应晶体管的特点、用途及外形

类别	结型场效应晶体管			MOS 场效应晶体管		增强型 MOS 管
	3DJ2	3DJ6	3DJ7	3DO1	3DO4	3CO1
特点及用途	用于高频、线性放大和斩波电路等	具有低噪声、稳定性高的优点，适用于低频、低噪声线性放大器	具有高输入阻抗、高跨导、低噪声和稳定性高等优点	具有高输入阻抗、低噪声、动态范围大的特点，适用于直流放大、阻抗变换和斩波器	工作频率较高，大于 100 兆赫，可用于电台、雷达中线性高频放大或混频放大	具有高输入阻抗，零栅压下接近截止状态，用于开关、小信号放大、工业及通信

四、场效应管的主要技术参数

场效应管的主要技术参数，可分为直流参数和交流参数两大类，主要参数如下。

1. 夹断电压 U_P 和开启电压 U_T

U_P 一般是对结型管而言的，当栅源之间的反向电压 U_{GS} 增加到一定数值以后，不管漏源电压 U_{DS} 大小都不存在漏电流 I_D。这个使 I_D 开始为零的电压叫作管子的夹断电压。

U_T 一般是对 MOS 管而言的，表示开始出现 I_D 时的栅源电压值。对 N 沟道增强型、P 沟道耗尽型 U_T 为正值，对 N 沟道耗尽型、P 沟道增强型 U_T 为负值。

2. 饱和漏电流

当 $U_{TGS}=0$ 而 U_{TDS} 足够大时，漏电流的饱和值就是管子的饱和漏电流，常用符号 I_{DSS} 表示。

3. 栅电流

当栅极加上一定的反向电压时，会有极小的栅极电流，用符号 I_G 表示。对结型场效应管，I_G 在 $10^{-12} \sim 10^{-9}$A 之间；对于 MOS 管而言，I_G 一般小于 10^{-14}A。正是由于栅电流很小，所以场效应管具有极高的输入阻抗。

4. 通导电阻

U_{GS} 足够小时，漏极电压 U_{DS} 和漏电流 I_D 的比值称为管子的通导电阻，常用符号 R_{on} 表示。

5. 截止漏电流

对增强型 MOS 管而言，$U_{GS}=0$ 时管子不导电，即源漏极间加上电压 U_{DS} 后，漏电流应为 0。但由于 PN 结的反向电流存在，仍有很小的电流，称为截止漏电流。

6. 跨导

跨导是场效应管的交流参数，它是表征栅源电压 U_{GS} 控制漏电流 I_D 本领的参数。它等于 U_{GS} 的微小变化除相应的 I_D 变化的商，单位是西门子，用符号 g_m 表示：

$$g_m = \frac{\Delta I_D}{\Delta U_{GS}}, \quad U_{GS} = 常数$$

7. 漏源动态内阻

当 U_{GS} 为一定时，U_{DS} 微小变化与相应的 I_D 变化量之比，叫作漏源动态内阻，用符号 r_{DS} 表示：

$$r_{DS} = \frac{\Delta U_{DS}}{\Delta I_D}, \quad U_{GS} = 常数$$

除上述主要技术参数之外，还有噪声系数、最高工作频率等交流参数。

五、常用场效应管介绍

1. 场效应管与三极管的异同

场效应管与三极管的封装外形基本相同，但结构及原理是不同的。三极管属于电流型控制器件，它是依靠注入基极区的非平衡少数载流子（电子与空穴）的扩散运动而工作的；场效应管属于电压型控制器件，它是依靠控制电场效应来改变导电沟道多数载流子（空穴或电子）的漂移运动而工作的，即用微小的输入变化电压 V_G 来控制较大的沟道输出电流 I_D，其放大特性（跨导）$G_m = I_D/V_G$。

场效应管与三极管的引脚功能也不同。三极管的三个引脚分别是集电极 C、基极 B 和发射极 E，而场效应管的三个引脚分别是漏极 D、栅极 G 和源极 S。

2. 结型场效应管

结型场效应管（英文简称为 JEFT）属于小功率场效应管，广泛应用于各种放大调制、阻抗变换、限流、稳流及自动保护等电路中。结型场效应管一般为耗尽型，在零栅压下有电流输出。其内部有两个 PN 结，两个 PN 结结层附近的区域称为耗尽区，其导电性能较差。PN 结的厚度及耗尽区的厚度均随栅极外加偏压的改变而变化。在两个耗尽区中间的 N 型区域或 P 型区域（即漏极 D 与源极 S 之间）称为导电沟道，由栅极来控制流过导电沟道的电流。

N 沟道结型场效应管的沟道是 N 型半导体，它的载流子是电子，电子的移动形成电流。P 沟道结型场效应管的沟道是 P 型半导体，它的载流子是空穴。结型场效应管的栅极只能加反向偏置电压，不能加正向偏置电压（加正向偏置电压时，沟道电阻将增加）。

当结型场效应管的栅极加上控制电压（N 沟道型为负电压，P 沟道型为正电压）时，N 型或 P 型导电沟道的宽度将随着栅极控制电压（即源极电压 V_{GS}）的大小而发生变化，从而达到控制沟道电流（源极与漏极之间的电流）的目的。在漏源电压 V_{DS} 为一固定值时，逐渐增大栅源电压 V_{GS}，沟道两边的耗尽层将充分地扩展，使沟道变窄，漏极电流 I_D 将随之减小。当栅源电压 V_{GS} 与夹断电压 h 相等时，场效应管的源极 S 与漏极 D 之间将被阻断而无电流流过。

3. 耗尽型绝缘栅场效应管

绝缘栅型场效应管也称 MOS 场效应管（英文简称 MOSFET），其栅极与导电沟道之间是相互绝缘的，它是利用感应电荷的多少来改变沟道导电特性，从而达到控制漏极电流的目的。

耗尽型绝缘栅场效应管有 N 沟道型和 P 沟道型。N 沟道耗尽型绝缘栅场效应管与 P 沟道耗尽型绝缘栅场效应管的差别是：栅极偏压的正、负极性相反，输出电流的方向也相反。耗尽型绝缘栅场效应管是在 P 型（或 N 型）硅基片上扩散两个 N 区（或 P 区），引出源极 S 和漏极 D，两个电极之间有一 N 型（或 P 型）导电沟道。栅极 G 与硅基片之间有绝缘氧化层（相当于一个电容器），使栅极 G 与源极 S、漏极 D 及硅基片之间完全绝缘，栅极几乎无电流。

在耗尽型绝缘栅场效应管的漏极加上工作电压而栅极未加偏置电压（零偏压）时，场效应管即呈现出较强的导电特性，其源极与漏极之间的导电沟道有较大的电流流过。当栅极加上正偏压或负偏压时，硅基片上将产生感应电荷，同时在导电沟道内也产生耗尽区。改变栅极偏压的高低，即可改变耗尽区的宽窄和导电沟道的导电性能，从而控制漏极电流的大小。

4. 增强型绝缘栅场效应管

增强型绝缘栅（MOS）场效应管也有 N 沟道型和 P 沟道型之分，但它在未加栅极偏压（即零偏压）时，其漏极、源极之间无导电沟道，场效应管处于截止状态（即使漏源工作电压正常）。只有栅极偏压等于或高于开启电压 U_T 时，场效应管的漏极、源极之间才产生感应沟道，管子才导通。改变栅极偏压的高低，即可改变漏极电流的大小。

N 沟道增强型绝缘栅场效应管的栅极和漏极均应加正偏压，而 P 沟道增强型绝缘栅场效应管的栅极和漏极均应加负偏压。

5. CMOS 场效应管

COMS 场效应管也称互补式 MOS 场效应管，它是在一个硅基片上并排制作了 P 沟道 MOS 场效应管和 N 沟道 MOS 场效应管。

功率 MOS 场效应管有 VMOS 场效应管和 L-MOS 场效应管等类型。VMOS 场效应管是一种具有输入阻抗高、驱动电流低、开关速度快、高频特性好、热稳定性好、耐压高、工作电流大以及输出功率大等优点的大功率 MOS 场效应管，广泛应用于音频功率放大器、大屏幕彩色电视机、开关电源等电子产品中。

6. 双栅场效应管

双栅场效应管有两个栅极（G1、G2）、一个源极和一个漏极，其内部有两个串联的通电沟道（类似两个单栅场效应管串联组合），两个栅极都能控制沟道电流的大小。通常，靠近源极 S 的栅极 G1 是信号栅极，靠近漏极 D 的栅极 G2 是控制栅极。双栅场效应管有结型双栅场效应管和 MOS 双栅场效应管两种结构。

双栅场效应管一般应用于彩色电视机高频调谐器或音响的调谐器中作高频放大管、增益控制管、混频管。有的双栅 MOS 场效应管的内部还加有四只保护二极管。在栅极偏压过高时，将有一只二极管击穿，以保护场效应管不被损坏。

六、常用场效应晶体管技术数据

其产品技术数据见表 7-1-3 ～表 7-1-7。

表 7-1-3　常用场效应管技术数据

型号		I_{DSS} （mA）	$U_{GS(off)}$ 或 $U_{GS(th)}$ （V）	g_m （μΩ）	N_F （dB）	$U_{(BR)GS}$ （V）	$U_{(BR)DS}$ （V）	f_M （MHz）	P_{DM} （mW）
CS1A		0.5 ～ 2	<5	≥ 1000	<5		20	≥ 60	
CS1B		2 ～ 10	<7	≥ 1500	<5		20	≥ 60	
CS1C		10 ～ 15	<6	≥ 2000	<5		20	≥ 60	
CS2D		0.1 ～ 0.5	<2	≥ 1000	<6		18	≥ 200	100
CS2E		0.5 ～ 2	<5	≥ 1500	<6		18	≥ 200	
CS2F		2 ～ 5	<5	≥ 2000	<6		18	≥ 200	
CS2G		5 ～ 10	<5	≥ 2000	<6		18	≥ 200	
CS2H		10 ～ 20	<6	≥ 2000	<6		18	≥ 200	
3DJ2	D	<0.35	<1-91	>2000	≤ 5	≥ 20	≥ 20	≥ 300	100
	E	0.2 ～ 0.3		>2000					
	F	<1.5		>2600					
	G	3 ～ 1.5		>2000					
	H	5 ～ 10		>2000					
3DJ4	D	<0.35	<1-91	>2000	≤ 1.5	≥ 20	≥ 20	≥ 3000	≥ 100
	E	0.3 ～ 1.2							
	F	1 ～ 3.5							
	G	3.5 ～ 6.5							
	H	3 ～ 6.5							
3DJ6	D	<0.35	<1-91	>1000	≤ 5	20	20	≥ 30	100
	E	0.5 ～ 1.2							
	F	1 ～ 3.5							
	G	3.5 ～ 6.5							
	H	6 ～ 10							
3DJ7	F	1 ～ 3.5	<1-91	>3000	≤ 5	20	20	≥ 90	100
	G	3 ～ 11						≥ 90	100
	H	10 ～ 18						≥ 90	100
	I	17 ～ 25						≥ 90	100
	J	21 ～ 35							

续表

型号		I_{DSS} (mA)	$U_{GS(off)}$ 或 $U_{GS(th)}$ (V)	g_m (μΩ)	N_F (dB)	$U_{(BR)GS}$ (V)	$U_{(BR)DS}$ (V)	f_M (MHz)	P_{DM} (mW)
3DJ8	F G H I J K	1～3.5 3～11 10～18 17～25 24～25 31～70	<1-91	>6000	≤5	20	20	≥90	100
3DJ9	E G H I	1～3.5 3～6.5 6～11 1～10	<∣ -7 ⌡	>4000	≤5	20	20	≥300	100
3DJ11	D E F G	0.05～3.5 0.3～1 <1～3 <3～5	≤ ∣ -4 ⌡ ≤ ∣ -4 ⌡ ≤ ∣ -4 ⌡ ≤ ∣ -4 ⌡	≥300 ≥500 ≥1000 ≥1500		20			100
3DN1	D E F G	<0.1～0.3 <0.3～1 <1～3 3～5	<1.5 <3 <5 <9	<1000	<5	50	20	≥60	100
3D01	D E F G	<0.35 0.3～1.2 1～3.5 3.5～6.5	<1-91	>1000	≤5	40	20	≥90	100
3D02	E F G H	<1.2 1～3.5 3～11 10～25	<1-91	<4000		25	12	≥1000	100
3D04	D E F G H	<0.35 0.3～1.2 1～3.5 6～10.5 10～15	<1-91	>2000	≤5	25	20	≥300	100
3D06	A B	≤1	2.5-5 <3	>2000		20	20		100
3D07	A B	<1 1-3	<∣ -2 ⌡ <∣ -3 ⌡	≥300	5	10	20		80

续表

型号		I_{DSS} (mA)	$U_{GS(off)}$ 或 $U_{GS(th)}$ (V)	g_m (μΩ)	N_F (dB)	$U_{(BR)GS}$ (V)	$U_{(BR)DS}$ (V)	f_M (MHz)	P_{DM} (mW)
4DJ1	F	1～3	≤|−1|	≥3000	≤9	−20			150
	G	3～10	≤|−1|	≥3000					
	H	10～20	≤|−9|	≥6000					
	I	30～40	≤|−9|	≥8000					
	J	40～50	≤|−9|	≥8000					
	K		≤|−9|						
4DJ2	F	1～3	|−4|	≥5000	≤6	−20			150
	G	3～10	1–41	≥5000					
	H	10～20	1–41	≥8000					
	I	20～30	|−9|	≥8000					
	J	30～40	|−9|	≥1000					
	K	40～50	|−9|	≥1000					
CS41	A	0.01～1.2	≤1		≤5	≥20			100
	B	1～4	≤7	≥1500					
	C	3～10	≤7	≥1500					
	D	8～20	≤7	≥1500					

注：N_F 为低音噪声，f_M 为最主振荡频率，P_{DM} 为最大耗散功率。

表 7-1-4 场效应对管技术数据（一）

型号		I_{DSS} (mA)	$U_{GS(off)}$ 或 $U_{GS(th)}$ (V)	g_m (μΩ)	N_F (dB)	$U_{(BR)GS}$ (V)	$U_{(BR)DS}$ (V)	P_{DM} (mW)	对称性（%）	
3DJ5	E	<1.2	<|−5|	≥2000	≤5	−20	20	100×2	A	≥90
	F	1～3.5	<|−5|						B	≥95
	G	3～6.5	<|−5|						C	≥98
	H	6～10	<|−7|							
6DJ1	E	0.3	<|−3|	≥1000	≤5	≥20	≥20	100	a≤2	
	F	1–3	<|−3|						b≤6	
	G	3–6	<|−7|						c≤10	
	H	6–10	<|−7|							
	I	10–15	<|−7|							
JD02 JD32*		≤5	≤1–31	≥1000	≤5	≥20	≥20	100	≤2	

表 7-1-5　场效应对管技术数据（二）

型号		I_{DSS} （mA）	$U_{GS(off)}$ 或 $U_{GS(th)}$ （V）	g_m （μΩ）	N_F （dB）	$U_{(BR)GS}$ （V）	$U_{(BR)DS}$ （V）	P_{DM} （mW）	I_{DSS1} I_{DSS2}	g_{m1} g_{m2}
6DJ6	D	0.05～0.3	≤ -1	200～300	≤ 5	≥ |-20|	≥ 15	200		
	E	0.3～1	≤ -1							
	F	1～3	≤ -4							
	G	3～10	≤ -6							
	H	10～20	≤ -8							
6DJ7	F	1～3	≤ |-4|	2000～6000	≤ 5	≥ |-30|	≥ 15	2×200		
	G	3～10	≤ |-4|							
	H	10～20	≤ |-8|							
	I	20～30	≤ |-8|							
	J	30～40	≤ |-8|							
CS211	A	0.05～0.3	≤ |-4|	≥ 300	≤ 5	≥ |-30|	≥ |±20|	2×100	≥ 0.9	≥ 0.9
	B	0.3～1	≤ |-4|	≥ 500						
	C	1～3	≤ |-4|	≥ 1000						
	D	3～10	≤ |-6|	≥ 1500						
CS212	A	|-4|	≤ |-4|	≥ 300	≤ 5	≥ |-30|	≥ |±20|	2×100	≥ 0.95	≥ 0.95
	B	|-4|	≤ |-4|	≥ 500						
	C	|-4|	≤ |-4|	≥ 1000						
	D	|-6|	≤ |-6|	≥ 1500						
CS213	A	0.05～0.3	≤ |-4|	0.05～0.3	≤ 5	≥ |-30|	≥ |±20|	2×100	≥ 0.98	≥ 0.98
	B	0.3～1	≤ |-4|	0.3～1						
	C	1～3	≤ |-4|	1～3						
	D	3～10	≤ |-6|	3～10						
CS214	A	0.05～0.3	≤ |-4|	≥ 500		≥ |-25|	≥ |±20|	2×100	≥ 0.9	≥ 0.9
	B	0.3～1		≥ 1000						
	C	1～3		≥ 2000						
	D	3～10		≥ 3000						
CS215	A	0.05～0.3	≤ |-4|	≥ 500		≥ |-25|	≥ |±20|	2×100	≥ 0.95	≥ 0.95
	B	0.3～1		≥ 1000						
	C	1～3		≥ 2000						
	D	3～10		≥ 3000						
CS216	A	0.05～0.3	≤ |-4|	≥ 500		≥ |-25|	≥ |±20|	2×100	≥ 0.98	≥ 0.98
	B	0.3～1		≥ 1000						
	C	1～3		≥ 2000						
	D	3～10		≥ 3000						
CS217	A	0.05～0.3	≤ |-4|	≥ 500		≥ |-25|	≥ |±20|	2×100	≥ 0.9	≥ 0.9
	B	0.3～1		≥ 1000						
	C	1～3		≥ 20						
	D	3～10		≥ 30						
CS218	A	0.05～0.3	≤ |-4|	≥ 500		≥ |-25|	≥ |±20|	2×100	≥ 0.95	≥ 0.95
	B	0.3～1		≥ 1000						
	C	1～3		≥ 2000						
	D	3～10		≥ 3000						

续表

型号		I_{DSS} (mA)	$U_{GS(off)}$ 或 $U_{GS(th)}$ (V)	g_m (μΩ)	N_F (dB)	$U_{(BR)GS}$ (V)	$U_{(BR)DS}$ (V)	P_{DM} (mW)	I_{DSS1} I_{DSS2}	g_{m1} g_{m2}
CS219	A	0.03~0.3		≥500						
	B	0.3~1	≤|-4|	≥1000		≥ |-25|	≥ |±20|	2×100	≥0.98	≥0.98
	C	1~3		≥2000						
	D	3~10		≥3000						
CS220	A	0.03~0.3		≥500						
	B	0.3~1	≤|-4|	≥1000		≥ |-25|	≥ |±20|	2×100	≥0.9	≥0.9
	C	1~3		≥2000						
	D	3~10		≥3000						
CS221	A	0.03~0.3		≥5						
	B	0.3~1	≤|-4|	≥1000		≥ |-25|	≥ |±20|	2×100	≥0.95	≥0.95
	C	1~3		≥2000						
	D	3~10		≥3000						
CS222	A	0.03~0.3		≥500						
	B	0.3~1	≤|-4|	≥1000		≥ |-25|	≥ |±20|	2×100	≥0.98	≥0.98
	C	1~3		≥2000						
	D	3~10		≥3000						
CS223	C	1~3	≤|-4|	≥2000						
	D	3~10	≤|-4|	≥3000						
	E	10~20	≤|-8|	≥4000	≤5	≥ |-30|	≥ |±20|	2×100	≥0.9	≥0.9
	F	20~30	≤|-8|	≥5000						
	G	30~40	≤|-8|	≥6000						
CS224	C	1~3	≤|-4|	≥2000						
	D	3~10	≤|-4|	≥3000						
	E	10~20	≤|-8|	≥4000		≥ |-30|	≥ |±20|	2×100	≥0.95	≥0.95
	F	20~30	≤|-8|	≥5000						
	G		≤|-8|	≥6000						
CS225	C	1~3	≤|-4|	≥2000						
	D	3~10	≤|-4|	≥3000						
	E	10~20	≤|-8|	≥4000	≤5	≥ |-30|	≥ |±20|	2×100	≥0.98	≥0.98
	F	20~30	≤|-8|	≥5000						
	G	30~40	≤|-8|	≥6000						

注：N_P是高频器噪声系数$f=300MHz$，U_{GGM}是对管栅极间直流电源电压最大值。

表7-1-6 彩电配套用场效应管技术数据

型号	I_{DSS} (mA)	I_{GSS} (nA)	I_{fs} (mA)	$V_{(BR)GDS}$ (V)	$V_{GS(off)}$ (V)	C_{iss} (pF)	C_{rss} (pF)	生产 厂家	代换 型号
CS304	0.63~12		2.5		1	5	1.5		2SK304 2SK30 2SK105
CS105	0.53~12	1	1.5	30	4	6	-	江西 七四 六厂	2SK105 2SK30 2SK304
CS30	0.3~6.5		1.2	50	0.4~5	8.2	2		2SK30A 2SK304 2SK305

表7-1-7　VMOS大功率三极管技术数据

参数 / 型号	漏源击穿电压（V）	漏极电流（A）	漏源电流最大值（连续工作）（A）	漏源电阻（Ω）	漏极功耗（W）	极性（P沟道或N沟道）
MTP1N10	1000	0.5	1	10	75	N
MTP3N100	1000	1.5	3	7	75	N
MTP2N90	900	1	2	8	75	N
MTP4N90	900	2	4	5	125	N
MTP3N80	800	1.5	3	7	75	N
MTP1N60	600	0.5	1	12	75	N
2N60	600	1	2	6	75	N
3N60	600	1.5	3	2.5	75	N
6N60	600	3	6	1.2	125	N
MTP1N50	500	0.5	1	8	50	N
2N50	500	1	2	4	75	N
2P50	500		2	6	75	P
3N50	500	1.5	3	3	75	N
4N50	500	2	4	1.5	75	N
MTP2N40	400	0.5	2	5	50	N
3N40	400	1	3	3.3	75	N
4N40	400		4	1.8	75	N
5N40	400	1.5	5	1	75	N
10N40	400	5	10	0.55	125	N
MTP2N20	200	1	2	1.8	50	N
4N20	200	2	4	1.2	50	N
5N20	200	2.5	5	1	75	N
5R20	200	2.5	5	1	75	N
7N20	200	3.5	7	0.7	75	N
8N20	200	4	8	0.4	75	N
12N20	200	6	12	0.35	125	N

参数 / 型号	漏源击穿电压（V）	漏极电流（A）	漏源电流最大值（连续工作）（A）	漏源电阻（Ω）	漏极功耗（W）	极性（P沟道或N沟道）
MTM2P50	500	1	2	6	75	P
2P45	450	1	2	6	75	P
8P20	200	4	8	0.7	125	P
5P20	200	2.5	5	1	75	P

　　说明：VMOS大功率三极管是近年来发展起来的大功率半导体器件。其主要优点有：因为是多子导电，没有双极型晶体管少子的存储效应，故开关速度可达纳秒级；漏电流呈负温度特性，有自镇流作用，无二次击穿现象；是电压控制器件，输入阻抗高，只需电压激励；线性好，失真小，增益高；易制成耐压高、电流大的器件。

续表

第二节 场效应晶体管的选用、代换与检测

一、场效应晶体管的选用与代换

1. 场效应晶体管的选用

场效应晶体管有多种类型，应根据应用电路的需要选择合适的管型。例如，彩色电视机的高频调谐器、半导体收音机的变频器等高频电路，应使用双栅场效应晶体管。

音频放大器的差分输入电路及调制、放大、阻抗变换、稳流、限流、自动保护等电路，可选用结型场效应晶体管。音频功率放大、开关电源、逆变器、电源转换器、镇流器、充电器、电动机驱动、继电器驱动等电路，可选用大功率 MOS 场效应晶体管。

所选场效应晶体管的主要参数应符合应用电路的具体要求，小功率场效应晶体管应注意输入阻抗、低频跨导、夹断电压（或开启电压）、击穿电压等参数，大功率场效应晶体管应注意击穿电压、耗散功率、漏极电流等参数。

选用音频功率放大器推挽输出用 VMOS 大功率场效应晶体管时，要求两管的各项参数要一致（配对），要有一定的功率余量。所选大功率场效应晶体管的最大耗散功率应为放大器输出功率的 0.5 ～ 1 倍，漏源击穿电压应为功放工作电压的 2 倍以上。

2. 场效应晶体管的代换

场效应晶体管在代换时与晶体管一样，也应遵循代换管与原管"类型相同、特性相近、外形相似"三项基本原则。

对于音频功率放大器用推挽功率对管，也可以用耗散功率和漏源击穿电压略高一些的同类晶体管代换。代换时应将两只晶体管同时更换，以保证代换推挽管的参数配对。

二、场效应晶体管的检测

1. 结型场效应晶体管的检测

（1）判别电极与管型

用万用表 R×100 挡或 R×1k 挡，用黑表笔任接一个电极，用红表笔依次触碰另外两个电极。若测出某一电极与另外两个电极的阻值均很大（无穷大）或阻值均较小（几百欧姆至一千欧姆），则可判断黑表笔接的是栅极 G，另外两个电极分别是源极 S 和漏极 D。在两个阻值均为高阻值的一次测量中，被测管为 P 沟道结型场效应晶体管；在两个阻值均为低阻值的一次测量中，被测管为 N 沟道结型场效应晶体管。

也可以任意测量结型场效应晶体管任意两个电极之间的正、反向电阻值。若测出某两只电极之间的正、反向电阻均相等，且为几千欧姆，则这两个电极分别为漏极 D 和源极 S，另一个电极为栅极 G。结型场效应晶体管的源极和漏极在结构上具有对称性，可以互换使用。

若测得场效应晶体管某两极之间的正、反向电阻值为 0 或为无穷大，则说明该晶体管已击穿或已开路损坏。

（2）检测其放大能力

用万用表 R×100 挡，红表笔接场效应管的源极 S，黑表笔接其漏极 D，测出漏、源极之间的电阻值 R_{DS} 后，再用手捏住栅极 G，万用表指针会向左或向右摆动（多数场效应晶体管的 R_{DS} 会增大，表针向左摆动；少数场效应晶体管的 R_{DS} 会减小，表针向右摆动）。只要表针有较大幅度的摆动，即说明被测晶体管有较大的放大能力。

也可用图 7-2-1 所示的测试电路来检测结型场效应晶体管的放大能力（以 N 沟道场效应晶体管为例）。将万用表置于 10V 直流电压挡，红表笔接漏极 D，黑表笔接源极 S。调节电位器 R_P，看万用表指示的电压值是否变化。在调节 R_P 过程中，万用表指示的电压值变化越大，则说明该管的放大能力越强。若在调节 R_P 时，万用表的指针变化不大，则说明该晶体管的放大能力很小或已失去放大能力。

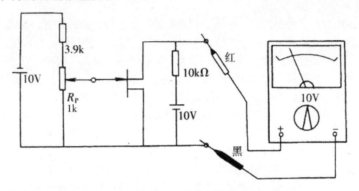

图 7-2-1 结型场效应晶体管的测试电路

2.双栅场效应晶体管的检测

（1）电极的判别

大多数双栅场效应晶体管的管脚位置排列顺序是相同的，即从场效应晶体管的底部（管体的背面）看，按逆时针方向依次为漏极 D、源极 S、栅极 G_1 和栅极 G_2，如图 7-2-2 所示。因此，只要用万用表测出漏极 D 和源极 S，即可找出两个栅极。

检测时，可将万用表置于 R×100 挡，用两表笔分别测任意两引脚之间的正、反向电阻值。当测出某两脚之间的正、反向电阻均为几十欧姆至几千欧姆（其余各引脚之间的电阻值均为无穷大）时，这两个电极便是漏极 D 和源极 S，另外两个电极为栅极 G_1 和栅极 G_2。

（2）估测放大能力

用万用表 R×100 挡，红表笔接源极 S，黑表笔接漏极 D，在测量漏极 D 与源极 S 之间的电阻值 R_{DS} 的同时，用手指捏住两个栅极，加入人体感应信号。若加入人体感应信号后，R_{DS} 的阻值由大变小，则说明该晶体管有一定的放大能力。万用表指针向右摆动越大，说明其放大能力越强。

（3）判断其好坏

用万用表 R×10 挡或 R×100 挡，测量场效应晶体管源极 S 和漏极 D 之间的电阻值。正常时，正、反向电阻均为几十欧姆至几千欧姆，且黑表笔接漏极 D、红表笔接源极 S 时测得的电阻值较黑表笔接源极 S、红表笔接漏极 D 时测得的电阻值要略大一些。若测得 D、S 极之间的电阻值为 0 或为无穷大，则说明该管已击穿损坏或已开路损坏。

用万用表 R×10k 挡，测量其余各引脚（D、S 之间除外）的电阻值。正常时，栅极 G_1

与 G_2、G_1 与 D、G_1 与 S、G_2 与 D、G_2 与 S 之间的电阻值均应为无穷大。
若测得阻值不正常，则说明该管性能变差或已损坏。

3. VMOS 大功率场效应晶体管的检测

（1）判别各电极与管型

图 7-2-2 双栅场效应晶体管的引脚排列

用万用表 R×100 挡，测量场效应晶体管任意两引脚之间的正、反向电阻值。其中一次测量中两引脚的电阻值为数百欧姆，这时两表笔所接的引脚为源极 S 和漏极 D，而另一引脚为栅极 G。

再用万用表 R×10k 挡测量两引脚（漏极 D 与源极 S）之间的正、反向电阻值。正常时，正向电阻值为 2kΩ 左右，反向电阻值大于 500kΩ。在测量反向电阻值时，红表笔所接引脚不动，黑表笔脱离所接引脚后，先与栅极 G 触碰一下，然后再去接原引脚，观察万用表读数的变化情况。

若万用表读数由原来的较大阻值变为 0，则此红表笔所接的即是源极 S，黑表笔所接的为漏极 D。用黑表笔触发栅极 G 有效，说明该管为 N 沟道场效应晶体管。

若万用表读数仍为较大值，则黑表笔接回原引脚不变，改用红表笔去触碰栅极 G 后再接回原引脚，若此时万用表读数由原来的较大阻值变为 0，则此时黑表笔接的为源极 S，红表笔接的是漏极 D。用红表笔触发栅极 G 有效，说明该管为 P 沟道场效应晶体管。

（2）判别其好坏

用万用表 R×1k 挡或 R×10k 挡，测量场效应管任意两脚之间的正、反向电阻值。正常时，除漏极与源极的正向电阻值较小外，其余各引脚之间（G 与 D、G 与 S）的正、反向电阻值均应为无穷大。若测得某两极之间的电阻值接近 0，则说明该晶体管已击穿损坏。

另外，还可以用触发栅极（P 沟道场效应晶体管用红表笔触发，N 沟道场效应晶体管用黑表笔触发）的方法来判断场效应管是否损坏。若触发有效（触发栅极 G 后，D、S 极之间的正、反向电阻均变为 0），则可确定该管性能良好。

（3）估测其放大能力

N 沟道 VMOS 场效应晶体管，可用万用表（R×1k 挡）的黑表笔接源极 S，红表笔接漏极 D，此时栅极 G 开路，万用表指标电阻值较大。再用手指接触栅级 G，为该极加入人体感应信号。若加入人体感应信号后，万用表指针大幅度地偏转，则说明该晶体管具有较强的放大能力。若表针不动或偏转幅度不大，则说明该晶体管无放大能力或放大能力较弱。

应该注意的是，此检测方法对少数内置保护二极管的 VMOS 大功率场效应晶体管不适用。

第八章 晶闸管

第一节 晶闸管的基本知识

晶闸管（简称可控硅，其英文缩写为 SCR）具有单向导电性能，但与硅整流元件的特性又有区别，区别在于它的整流电压是可以控制的，而且能以毫安级的电流控制很大的整流功率，具有响应快、效率高、体积小等优点，现广泛应用于可控整流、无触点开关、变频等电力线路及控制系统中。

一、晶闸管的工作原理

图 8-1-1 为晶闸管的结构原理图。它是由 P-N-P-N 结组成的 P-N-P 型和 N-P-N 型晶体管紧耦合型半导体器件。其外层的 P 为阳极（a）、内层的 P 为控制极（g）、外层的 N 为阴极（c）。

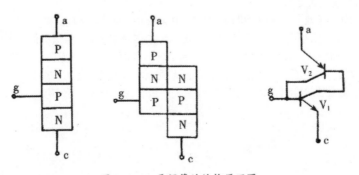

图 8-1-1　晶闸管的结构原理图

当正向电压（阴极为正、阳极为负）加在晶闸管上时，两晶体管均处于正向电压下的放大区。此时，若在控制极与阴极再输入一正向控制信号（信号的正极加于控制极），就会产生如下的正反馈效应：控制信号产生 V_1 的基极电流，放大后形成较大的 I_{C1}。此 I_{C1} 正是 V_2 的基极电流 I_{b2}，由 V_2 放大得到更大的 I_{C2}。而 I_{C2} 又恰恰是 V_1 的基极电流 I_{b1}，再经 V_1 放大得到更大的 I_{C1}。如此反复循环，最终 V_1 和 V_2 全部进入饱和导通态，晶闸管便处于导通。若没有控制电压信号，虽有正向阳极电压，但不能形成上述的正反馈，晶闸管仍处于关断状态。总之，要使晶闸管正常导通，必须同时具备正向阳极电压和正向控制电压两个条件。当反向阳极电压过高或正向阳极电压过高，电压上升太快时，晶闸管也会突然导通。这种情况为非正常运行，称为击穿，会造成晶闸管永久性损坏，必须避免。

晶闸管的阳极伏安特性：定量地分析阳极电压、电流及控制极电压、电流等参数对晶闸管通断的转化关系常用阳极伏安特性曲线，见图8-1-2，图中横坐标是阳极电压，纵坐标为阳极电流。在第一象限：当无控制电压时，特性曲线靠近横坐标，只有少量的正向漏电流，晶闸管处于正常关断状态。随着正向阳极电压上升，正向漏电流逐渐增大，特性曲线上翘。当正向阳极电压达到某值时，晶闸管突然转化为导通状态。此时的正向阳极电压值称为正向转折电压（U_{DSM}）。晶闸管导通后，阳极电压极小，流过较大的负载电流。特性曲线陡直，靠近纵坐标。若此时再减小阳极电压或增加负载电阻，阳极电流就逐渐减小。当电流小于某定值时，晶闸管由导通转化为关断状态。这时的阳极电流称为维持电流（I_H）。关断后阳极电流很小，阳极电压又增大，回到靠近横坐标的特性曲线。

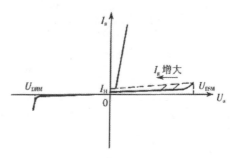

图8-1-2　晶闸管的阳极伏安特性曲线

当输入电压时，由于控制电流（I_g）的存在，使晶闸管能在较低的正向阳极电压下导通，也就是使转折电压降低了。控制电流越大，正向转折电压就越低，特性曲线也就越向左移。

第四象限表示在反向阳极电压时的伏安特性。此时反向电流很小，称反向漏电流。曲线平直靠近横坐标。若反向阳极电压达到某一值，反向漏电流会突然增加，特性曲线急剧下弯。此时晶闸管就被反向击穿。此点电压称为反向最高测试电压（U_{RB}），又称为反向不重复峰值电压（U_{DRM}）。

二、晶闸管的特性及型号命名方法

1.晶闸管特性

晶闸管有导通和关断两种工作状态，这两种工作状态是随阳极电压、电流和控制极电流等条件的变化而转变的，转化的条件见表8-1-1。表8-1-2为几种晶闸管的符号及伏安特性。

表8-1-1　晶闸管"导通"与"关断"的相互转化条件

从关断转化为导通的条件	维持导通的条件	从导通转化为关断的条件
1.阳极电位比阴极电位高 2.控制极有足够正向电压和电流	1.阳极电位比阴极电位高 2.阳极电流大于维持电流	1.阳极电流小于维持电流 2.阳极电位比阴极电位低
以上两个条件必须同时具备	以上两个条件必须同时具备	具备其中一个条件就可以

表8-1-2　几种晶闸管的符号及伏安特性

晶闸管名称	符号	伏安特性
反向阻断三端晶闸管（SCR）		

续表

晶闸管名称	符号	伏安特性
光控反向阻断二端晶闸管 （LAS）		
光控反向阻断三端晶闸管 （LASCR）		
双向三端晶闸管 （TRIAC）		
可关断三端晶闸管 （GTO）		
反向阻断四端晶闸管 （SCS）		
光控反向阻断四端晶闸管 （LASCS）		

2. 型号命名法

根据 JB 1144—75 规定，国产晶闸管型号由五部分组成。

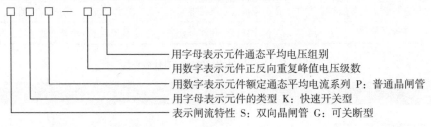

用字母表示元件通态平均电压组别
用数字表示元件正反向重复峰值电压级数
用数字表示元件额定通态平均电流系列 P：普通晶闸管
用字母表示元件的类型 K：快速开关型
表示闸流特性 S：双向晶闸管 G：可关断型

型号中的系列 / 级数和组别的划分方法如下。

（1）按额定通态平均电流分系列

系列	通态平均电流（A）	系列	通态平均电流（A）
KP1	1	KP200	200
KP5	5	KP300	300
KP10	10	KP400	400
KP20	20	KP500	500
KP30	30	KP600	600
KP50	50	KP800	800
KP100	100	KP1000	1000

（2）按正反向重复峰值电压分级

级别	正反向重复峰值电压（V）	级别	正反向重复峰值电压（V）	级别	正反向重复峰值电压（V）
1	100	8	800	20	2000
2	200	9	900	22	2200
3	300	10	1000	24	2400
4	400	12	1200	26	2600
5	500	14	1400	28	2800
6	600	16	1600	30	3000
7	700	18	1800		

（3）按通态平均电压分组

组别	通态平均电压（V）	组别	通态平均电压（V）	组别	通态平均电压（V）
A	$U_T \leq 0.4$	D	$0.6 < U_T \leq 0.7$	G	$0.9 < U_T \leq 1.0$
B	$0.4 < U_T \leq 0.5$	E	$0.7 < U_T \leq 0.8$	H	$1.0 < U_T \leq 1.1$
C	$0.5 < U_T \leq 0.6$	F	$0.8 < U_T \leq 0.9$	I	$1.1 < U_T \leq 1.2$

示例：KP600-16C 表示正反向重复峰值电压为 1600V、额定通态平均电流为 600A、通态平均电压在 0.5 ~ 0.6V 的普通晶闸管整流元件。

三、晶闸管主要技术参数

晶闸管的技术参数达 40 余种。不同类型管子有其特殊的参数要求。下面介绍一些共同参数，便于在应用时合理选择晶闸管。

通态平均电流（I_T）：在环境温度为 40℃ 及规定的冷却条件下，负载为电阻性的单相 50Hz 电流中，允许通过的最大通态平均电流。

断态不重复峰值电压（U_{DSM}）：控制极断开时，伏安特性在正向阳极电压下急剧变化处的电压，又称为正向转折电压（I_E=0 时）。

断态重复电压（U_{SSM}）：其值为断态不重复峰值电压的 80%。

反向不重复峰值电压（U_{DRM}）：控制极断开时，在反向阳极电压下，伏安特性急剧变化处的电压，又称为反向最高测试电压。

反向重复峰值电压（U_{RRM}）：其值为反向不重复峰值电压的 80%。

通态平均电压（U_T）：在规定条件下，流过通态平均电流时的晶闸管的主要电压（晶闸管上的压降）。

反向不重复平均电流（I_{RS}）：在额定结温和控制极断开时，对应于反向重复峰值电压下的平均漏电流。

反向重复平均电流（I_{RR}）：在额定结温和控制极断开时，对应于反向重复峰值电压下的平均漏电流。

浪涌电流（I_{TSM}）：在规定条件下，通过额定通态平均电流稳定后，加50Hz正弦波半周期内元件所能承受的最大过载电流。

维持电流（I_H）：在规定温度和控制极断开时，使元件处于通态所必需的最小电流。

控制极触发电流（I_{GT}）：在规定温度和规定的主电压条件下，使元件全导通所必需的最小控制极直流电流。

控制极触发电压（U_{GT}）：对应于I_{GT}时的控制极直流电压。

断态电压临界上升率（d_u/d_t）：在额定结温和控制极断开时，使元件从断态转入通态的最低电压上升率。

通态电流临界上升率（d_i/d_t）：在规定条件下，元件所能承受而不损坏的通态电流最大上升率。

控制极平均功率（P_G）：在规定条件下，控制极加上正向电压时所允许的最大平均功率。

控制极控制开通时间（t_{gt}）：在控制脉冲作用下，元件由断态转为通态时，在控制脉冲规定点起到主电压降低到规定值所需要的时间。

电路换向关断时间（t_g）：在规定结温下，元件从通态电流降到零瞬间起到承受规定断态电压所需的时间。

四、晶闸管的保护

1. 过载和短路保护

用快速熔断器（简称快熔）作短路保护：当整流装置内部或外部出现短路电流时，快熔能迅速切断故障电路，这是保护硅元件的有效方法。根据快熔在整流电路中安装的位置（见图8-1-3），选择快熔熔体额定电流的方法也有所不同。

（1）交流侧快熔选择

$$I_{RD} \geq K_{IV}I_{zmax}$$

式中：I_{RD}为熔体额定电流，K_{IV}为变压器二侧相电流计算机系数，I_{zmax}为最大整流电流。

（2）与硅元件串联的快熔选择

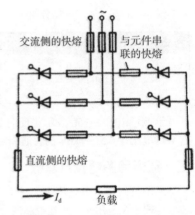

图8-1-3　快熔在整流电路中的位置

$$1.57I_{T(AV)} \geq I_{RD} \geq I_{A(RMS)}$$

式中：$I_{T(AV)}$为硅元件额定电流（通态平均电流），I_{RD}为快熔熔体额定电流（有效值），$I_{A(RMS)}$为通过硅元件的实际工作电流（有效值）。

（3）直流侧快熔的选择

$$I_{RD} \geq I_{zmax}$$

2. 过电压保护

晶闸管整流装置产生过电压的原因主要有操作过电压、换相过电压和事故过电压。对于不同原因的过电压应采用不同的保护方法。

（1）操作过电压保护

在整流变压器二次侧和直流输出端拉入阻容保护或压敏电阻保护，见图 8-1-4。有关参考计算可查表 8-1-3～表 8-1-5。

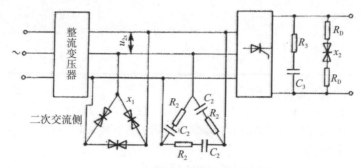

图 8-1-4　晶闸管整流装置操作过电压保护电路

表 8-1-3　小容量整流器交流侧阻容保护参数估算公式

整流变压器容量	电容 C_2（μF）	电阻 R_2（Ω）	变压器连接形式	电容△连接时 K 值	电容 Y 连接时 K 值
单相 200 VA 以下	$C_2 = 700\dfrac{S_T}{U^2_{ARM}}$		Y/Y 一次侧中点不接地	150	450
单相 200 VA 以上	$C_2 = 400\dfrac{S_T}{U^2_{ARM}}$	$R_2 = \sqrt{\dfrac{U_z}{I_z C_2\sqrt{f}}}$	Y/△ 一次侧中点不接地	300	900
三相 500 VA 以下	$C_2 = K\dfrac{S_T}{U^2_{ARM}}$		其他接法	900	2700

注：S_T 为变压器等值容量（V·A）；U_{ARM} 为臂的反向工作峰值电压（V）；U_z 为整流输出电压（V）；I_z 为整流输出电流（A）；f 为电源频率（Hz）；K 为系数，见本表右边的值

表 8-1-4　大容量整流器交流侧阻容保护参数估算公式

电路连接形式	电容 C_2（μF）	电阻 R_2（Ω）	电阻容量 P_R（W）
单相桥式	$C_2 = 2.9\times10^4\dfrac{\zeta I_U}{fU_{U\Phi}}$	$R_2 = 0.3\dfrac{U_{Uo}}{\zeta I_U}$	
三相桥式	$C_2 = 10^4\dfrac{\zeta I_U}{fU_{U\Phi}}$	$R_2 = 0.3\dfrac{U_{U\Phi}}{\zeta I_U}$	$P_R = (0.25\,\zeta I_U)^2$
三相零式	$C_2 = 8\times10^3\dfrac{\zeta I_U}{fU_{U\Phi}}$	$R_2 = 0.36\dfrac{U_{U\Phi}}{\zeta I_U}$	$P_R = (0.25\,\zeta I_U)^2 R_2$
双星形带平衡电抗器	$C_2 = 7\times10^3\dfrac{\zeta I_U}{fU_{U\Phi}}$	$R_2 = 0.42\dfrac{U_{U\Phi}}{\zeta I_U}$	

注：① 表内公式是以 RC 作星形连接为依据，当 RC 作三角形连接时，电容 C_2 应取星形连接计算值的 1/3，而电阻 R_2 应取 3 倍；
② $U_{U\Phi}$、U_{Uo} 为变压器二次侧相电压（V）；I_U 为变压器二次侧电流（A）；ζ 为变压器励磁电流对额定电流的标值，一般为 0.02～0.05

表 8-1-5　直流侧阻容保护参数估算公式

电路连接形式	电容 C_3（μF）	电阻 R_3（Ω）
单相桥式	$C_3 = 12 \times 10^4 \dfrac{\zeta I_U}{f U_{U\Phi}}$	$R_3 = 0.25 \dfrac{U_{Uo}}{\zeta I_U}$
三相桥式、三相零式双星形带平衡电抗器	$C_3 = 7 \times 10^4 \dfrac{\zeta I_U}{f U_{U\Phi}}$	$R_3 = 0.1 \dfrac{U_{Uo}}{\zeta I_U}$

（2）换相过电压保护

在硅元件两端并联 RC 阻容电路，见图 8-1-5。它不仅可以抑制换相过电压，还有抑制 du/dt 的作用，因此是保护硅元件不可缺少的措施之一，参数估计值见表 8-1-6。

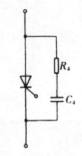

表 8-1-6　换相过电压保护参数估计值

元件容量（A）	5	10	20	50	100	200	500
C_4（μF）	0.05	0.10	0.15	0.20	0.25	0.50	1.0
R_4（Ω）	10～30						

图 8-1-5　硅元件换相过电压阻容保护电路

表 8-1-3～表 8-1-6 中的电阻的功率可按下式估算：

$$P_R \geq \frac{RU^2}{R^2 + X_c^2}$$

式中：U 为阻容保护电路两端电压（有效值），若安在直流侧，应为整流电压中交流分量的有效值（V）；R 为阻容保护电阻（Ω）；X_c 为阻容保护电容容抗 $X_c \geq \dfrac{1}{2\pi fc}$（Ω）；$f$ 为阻容保护两端电压的频率（Hz）。

（3）事故过电压保护

可以用硒堆作过电压保护，也可用金属氧化物压敏电阻（简称压敏电阻）作过压保护，它体积小，抑制过电压能力强，能承受大的浪涌电流冲击，但在正常工作中只有很小的漏电流通过，损耗很小，可用在大、中、小容量的交流装置中，有效地抑制各种情况的过电压。

五、晶闸管模块

晶闸管模块具有体积小、重量轻、散热好、安装方便等优点，被应用于电动机调速、无触点开关、交流调压、低压逆变、高压控制、整流、稳压等电子电路中。

1. 大功率晶闸管模块

大功率晶闸管模块的外形及内部电路如图 8-1-6 所示。它由两只参数一致的单向晶闸管正向串联而成，这样便于组成各种不同形式的控制电路。图 8-1-7 是几种常用的接法，图（a）为与门电路，图（b）为双向电路，图（c）为半桥控制电路，图（d）为全桥控制电路。

晶闸管模块与普通晶闸管一样，根据电压、电流的不同，有各种不同的型号和用途，见表 8-1-7。不同国家或厂家生产的晶闸管模块，虽然命名型号不同，但安装尺寸基本一致，这样就给维修和安装带来了许多方便。

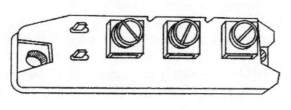

图 8-1-6 大功率晶闸管模块的外形及内部电路

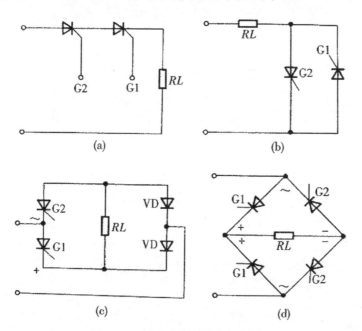

图 8-1-7 大功率晶闸管常用的接法

表 8-1-7 部分功率晶闸管模块的主要参数

参数 型号	I_T （A）	U_{DRM} （V）	I_{GT} （mA）	U_{GT} （V）	U_T （V）	I_H （mA）	散热板 绝缘度 （V）	使用温 度(℃)	一般 用途
P55A02	55×2	200	100	2	2.5	30	2500	0～120	低压逆变
P100A02	100×2	200	100	2	2.5	30	2500	0～120	低压开关
P100A12	100×2	1200	100	2	2.5	30	2500	0～120	高压控制
P150A10	150×2	1000	130	2	2.5	30	2500	0～120	380V 开关

2. 散热器

模块的底板是绝缘的，但却是良好的热通道，因此几块模块可以共用一个散热器组成一个具有一定电路功能的部件。国外有几种模块专用散热器（如 P3、K21 等），还配有专用的风扇及各种保护元件，国产的 SL-19 型散热器与其相似，只是缺少安装导槽和中心风道，但是可以代用。SL-19 型散热器断面尺寸为 110mm×130mm，其长度可以根据需要选取。

六、常用晶闸管型号及主要参数

1. 普通型晶闸管的型号及主要参数（表 8-1-8）

表 8-1-8 普通型晶闸管的型号及主要参数

型号	通态平均电流 I_T（A）	通态峰值电压 U_{TM}（V）	维持电流 I_H（mA）	门极触发电流 I_{GT}（mA）	门极分触电压 U_{GT}（V）	门极分触电压 U_{GD}（V）	门极正向峰值电压 U_{FGM}（V）	门极正向峰值电流 I_{FGM}（V）
KP1	1	≤ 2.0	≤ 10	≤ 20	≤ 2.5		6	
KP3	3		≤ 30	≤ 60				
KP5	5	≤ 2.2	≤ 60		≤ 3		—	
KP10	10		≤ 100	≤ 100				
KP20	20						10	
KP30	30	≤ 2.4	≤ 150	≤ 150				
KP50	50							1
KP100	100		≤ 200	≤ 250	≤ 3.5	≥ 0.2		2
KP200	200							
KP300	300		≤ 300					3
KP400	400	≤ 2.6		≤ 350				
KP500	500		≤ 400		≤ 4		16	
KP600	600							4
KP800	800		≤ 500	≤ 450				
KP1000	1000							

型号	工作温度 T（℃）	断态、反向重复峰值电压 U_{DRM}、U_{RRM}（V）	断态、反向重复峰值电流 I_{DRM}、I_{RRM}（mA）	I^2t 低 $I^2t/A^2 \cdot s$	I^2t 高 $I^2t/A^2 \cdot s$	通态电流临界上升率（d_i/d_t）（A/μs）	断态电压临界上升率（d_u/d_t）（V/μs）
KP1	−40 ~ +100	50 ~ 1600	≤ 3	0.85	1.8	—	25 ~ 800
KP3		100 ~ 2000	≤ 8	7.2	15		
KP5				20	40		

续表

型号	工作温度 T （℃）	断态、反向重复峰值电压 U_{DRM}、U_{RRM} （V）	断态、反向重复峰值电流 I_{DRM}、I_{RRM} （mA）	I^2t		通态电流临界上升率（d_i/d_t）（A/μs）	断态电压临界上升率（d_u/d_t）（V/μs）
				低	高		
				$I^2t/A^2 \cdot s$			
KP10			≤ 10	85	180		
KP20				280	720		
KP30		100 ~ 2400	≤ 20	720	1600		50 ~ 1000
KP50				2000	5000	25 ~ 50	
KP100			≤ 40	8.5×10^3	18×10^3	25 ~ 100	
KP200				31×10^3	72×10^3	50 ~ 200	
KP300			≤ 50	0.7×10^5	1.6×10^5		
KP400	−40 ~ +125	100 ~ 3000		1.3×10^5	2.8×10^5		100 ~ 1000
KP500			≤ 60	2.1×10^5	4.4×10^5		
KP600				2.9×10^5	6.0×10^5	50 ~ 300	
KP800			≤ 80	5.0×10^5	11×10^5		
KP1000			≤ 120	8.5×10^5	18×10^5		

2. 双向晶闸管的型号及主要参数（表 8-1-9）

表 8-1-9　双向晶闸管的型号及主要参数

型号	额定电流 I_T （A）	重复峰值电压 U_{DR} （V）	重复平均电流 I_{DRM} （mA）	通态平均电压 U_T （V）	触发电流 I_{GT} （mA）	触发电压 U_{GT} （V）	关断电压 U_{GD} （V）	控制极峰值功率 P_{GM} （W）	外形图
KS05-1		100							
KS05-2		200							
KS05-3		300							
KS05-4		400				2 ~ 50			
KS05-5	0.5	500	1	2.5	0.5		2.5	0.2	
KS05-6		600							
KS05-7		700							
KS05-8		800							

续表

型号	额定电流 I_T (A)	重复峰值电压 U_{DR} (V)	重复平均电流 I_{DRM} (mA)	通态平均电压 U_T (V)		触发电流 I_{GT} (mA)	触发电压 U_{GT} (V)	关断电压 U_{GD} (V)	控制极峰值功率 P_{GM} (W)	外形图
KS1–1		100								
KS1–2		200								
KS1–3		300								
KS1–4	1	400		2.5	0.5	3~100	2	0.2	3	
KS1–5		500								
KS1–6		600								
KS1–7		700								
KS1–8		800								
KS3A2J		100~1000		1.2						
KS3–1		100								
KS3–2		200								
KS3–3		300								
KS3–4		400								
KS3–5		500								
KS3–6		600								
KS3–7	3	700	5	2.5	0.5	5~100	3	0.2	5	
KS3–8		800								
KS3–9		900								
KS3–10		1000								
KS3–12		1200								
KS3–14		1400								
KS3–15		1600								

续表

型号	额定电流 I_T（A）	重复峰值电压 U_{DR}（V）	重复平均电流 I_{DRM}（mA）	通态平均电压 U_T（V）	触发电流 I_{GT}（mA）	触发电压 U_{GT}（V）	关断电压 U_{GD}（V）	控制极峰值功率 P_{GM}（W）	外形图
KS5A		1000～1500		−	−				
KS5-1		100							
KS5-2		200							
KS5-3		300							
KS5-4		400							
KS5-5		500							
KS5-6	5	600		2.5	0.5	5～100	3	0.2	5
KS5-7		700							
KS5-8		800							
KS5-9		900							
KS5-10		1000							
KS5-12		1200							
KS5-14		1400							
KS5-16		1600							
KS20		100～1500				5～200			
KS20-1	20	100	10	2.5	0.5	5～100	3	0.2	5
KS20-2		200							
KS20-3		300							
KS20-4		400							
KS20-5		500							
KS20-6		600							
KS20-7		700							
KS20-8		800							
KS20-9		900							
KS20-10		1000							
KS20-12		1200							
KS20-14		1400							
KS20-16		1600							

3. 可关断晶闸管的型号及主要参数（表 8-1-10）

表 8-1-10　可关断晶闸管的型号及主要参数

型号	额定电流 I_T(A)	重复峰值电压 U_{DR}(V)	重复平均电流 I_{DRM}(mA)	通态平均电压 U_T(V)	控制极 触发电流 I_{GT}(mA)	控制极 开通时间 t_{gt}(μs)	换向关断时间 t_q(μs)	关断增益 Boff	外形图
KG20-2		200							
KG20-3		300							
KG20-4		400							
KG20-5		500							
KG20-6		600							
KG20-7	20	700	3	2	200~1000	5	6	3	
KG20-8		800							
KG20-9		900							
KG20-10		1000							
KG20-12		1200							
KG30-1		100			200~1000				
KG30-2		200							
KG30-3		300							
KG30-4		400							
KG30-5	30	500							
KG30-6		600							
KG30-7		700	3	2		5	6	3	
KG30-8		800			1000				
KG30-9		900							
KG30-10		1000							
KG40-2		200							
KG40-3		300							
KG40-4	40	400							
KG40-5		500							
KG40-6		600							
KG40-8		800							
KG40-10		1000							
KG50	50	200~1000							

4. 光控晶闸管的型号及主要参数（表 8-1-11）

表 8-1-11　光控晶闸管的型号及主要参数

型号		最高工作电压 U_M（V）	最大工作电流 I_M（mA）	导通压降 U_F（V）	漏电流 I_R（μF）	导通光照度 E（clx）	光谱范围 $\Lambda_1 \sim \Lambda_B$	峰值波长 Λ_P（nm）
2CTU–20	A	20	20	2.5	500	100	400 ~ 1100	850
	B							
	C							
2CTU–50	A	50	50					
	B							
	C							
2CTU–100	A	100	100					
	B							
	C							
3TU–100	A							
	B							
	C							

第二节　晶闸管的选用、代换与检测

一、晶闸管的选用与代换

1. 晶闸管的选用

（1）选择晶闸管的类型

晶闸管有多种类型，应根据应用电路的具体要求合理选用。

若用于交直流电压控制、可控整流、交流调压、逆变电源、开关电源保护电路等，可选用普通晶闸管。

若用于交流开关、交流调压、交流电动机线性调速、灯具线性调光及固态继电器、固态接触器等电路中，应选用双向晶闸管。

若用于交流电动机变频调速、斩波器、逆变电源及各种电子开关电路等，可选用门极关断晶闸管。

若用于锯齿波发生器、长时间延时器、过电压保护器及大功率晶体管触发电路等，可选用 BTG 晶闸管。

若用于电磁灶、电子镇流器、超声波电路、超导磁能储存系统及开关电源等电路，可选用逆导晶闸管。

若用于光电耦合器、光探测器、光报警器、光计数器、光电逻辑电路及自动生产线的运行监控电路，可选用光控晶闸管。

（2）选择晶闸管的主要参数

晶闸管的主要参数应根据应用电路的具体要求而定。

所选晶闸管应留有一定的功率裕量，其额定峰值电压和额定电流（通态平均电流）均应高于受控电路的最大工作电压和最大工作电流 1.5 ~ 2 倍。

晶闸管的正向压降、门极触发电流及触发电压等参数应符合应用电路（指门极的控制电路）的各项要求，不能偏高或偏低，否则会影响晶闸管的正常工作。

2. 晶闸管的代换

晶闸管损坏后，若无同型号的晶闸管更换，可以选用与其性能参数相近的其他型号晶闸管来代换。

应用电路在设计时，一般均留有较大的裕量。在更换晶闸管时，只要注意其额定峰值电压（重复峰值电压）、额定电流（通态平均电流）、门极触发电压和门极触发电流即可，尤其是额定峰值电压与额定电流这两个指标。

代换晶闸管应与损坏晶闸管的开关速度一致。例如，在脉冲电路、高速逆变电路中使用的高速晶闸管损坏后，只能选用同类型的快速晶闸管，而不能用普通晶闸管来代换。

选取代用晶闸管时，不管什么参数，都不必留有过大的裕量，应尽可能与被代换晶闸管的参数相近，因为过大的裕量不仅是一种浪费，而且有时还会起副作用，出现不触发或触发不灵敏等现象。

另外，还要注意两个晶闸管的外形要相同，否则会给安装工作带来不利。

二、晶闸管的检测

1. 单向晶闸管的检测

（1）判别各电极

根据普通晶闸管的结构可知，其门极 G 与阴极 K 之间为一个 PN 结，具有单向导电特性，而阳极 A 与门极之间有两个反极性串联的 PN 结。因此，通过用万用表的 R×100 挡或 R×1k 挡测量普通晶闸管各引脚之间的电阻值，即能确定三个电极。

具体方法是：将万用表黑表笔任接晶闸管某一极，红表笔依次去触碰另外两个电极。若测量结果有一次阻值为几千欧姆，而另一次阻值为几百欧姆，则可判定黑表笔接的是门极 G。在阻值为几百欧姆的测量中，红表笔接的是阴极 K，而在阻值为几千欧姆的测量中，红表笔接的是阳极 A，若两次测出的阻值均很大，则说明黑表笔接的不是门极 G，应用同样方法改测其他电极，直到找出三个电极为止。

也可以测任两脚之间的正、反向电阻，若正、反向电阻均接近无穷大，则两极即为阳极 A 和阴极 K，而另一脚即为门极 G。图 8-2-1 为几种普通晶闸管的引脚排列。

普通晶闸管也可以根据其封装形式来判断出各电极。例如：螺栓形普通晶闸管的螺栓一

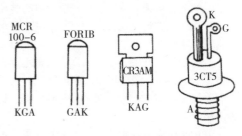

图 8-2-1　几种普通晶闸管的引脚排列

端为阳极 A，较细的引线端为门极 G，较粗的引线端为阴极 K；平板形普通晶闸管的引出线端为门极 G，平面端为阳极 A，另一端为阴极 K；金属壳封装（T₀-3）的普通晶闸管，其外壳为阳极 A；塑封（T₀-220）的普通晶闸管的中间引脚为阳极 A，且多与自带散热片相连。

（2）判断其好坏

用万用表 R×1k 挡测量普通晶闸管阳极 A 与阴极 K 之间的正、反向电阻，正常时均应为无穷大（∞）；若测得 A、K 之间的正、反向电阻值为零或阻值均较小，则说明晶闸管内部击穿短路或漏电。

测量门极 G 与阴极 K 之间的正、反向电阻值，正常时应有类似二极管的正、反向电阻值（实际测量结果要较普通二极管的正、反向电阻值小一些），即正向电阻值较小（小于 2kΩ），反向电阻值较大（大于 80kΩ）。若两次测量的电阻值均很大或均很小，则说明该晶闸管 G、K 极之间开路或短路。若正、反向电阻值均相等或接近，则说明该晶闸管已失效，其 G、K 极间 PN 结已失去单向导电作用。

测量阳极 A 与门极 G 之间的正、反向电阻，正常时两个阻值均应为几百千欧姆或无穷大，若出现正、反向电阻值不一样（有类似二极管的单向导电），则是 G、A 极之间反向串联的两个 PN 结中的一个已击穿短路。

（3）触发能力检测

对于小功率（工作电流为 5A 以下）的普通晶闸管，可用万用表 R×1 挡测量。测量时黑表笔接阳极 A，红表笔接阴极 K，此时表针不动，显示阻值为无穷大（∞）。用镊子或导线将晶闸管的阳极 A 与门极短路（见图 8-2-2），相当于给 G 极加上正向触发电压，此时若电阻值为几欧姆至几十欧姆（具体阻值根据晶闸管的型号不同会有所差异），则表明晶闸管因正向触发而导通。再断开 A 极与 G 极的连接（A、K 极上的表笔不动，只将 G 极的触发电压断掉），若表针示值仍保持在几欧姆至几十欧姆的位置不动，则说明此晶闸管的触发性能良好。

对于工作电流在 5A 以上的中、大功率普通晶闸管，因其通态压降 V_T、维持电流 I_H 及门极触发电压 V_G 均相对较大，万用表 R×1 挡所提供的电流偏低，晶闸管不能完全导通，故检测时可在黑表笔端串接一只 200Ω 可调电阻和 1～3 节 1.5V 干电池（视被测晶闸管的容量而定，其工作电流大于 100A 的，应用 3 节 1.5V 干电池），如图 8-2-3 所示。

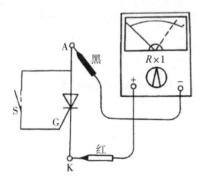
图 8-2-2　用万用表测量小功率单向晶闸管的触发能力

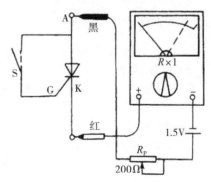
图 8-2-3　用万用表测量大功率普通晶闸管的触发能力

也可以用图 8-2-4 所示的测试电路测试普通晶闸管的触发能力。电路中，VT 为被测晶闸管，HL 为 6.3V 指示灯（手电筒中的小电珠），GB 为 6V 电源（可使用 4 节 1.5V 干电池或 6V 稳压电源），S 为按钮，R 为限流电阻。

当按钮S未接通时,晶闸管VT处于阻断状态,指示灯HL不亮(若此时HL亮,则是VT击穿或漏电损坏)。按动一下按钮S后(使S接通一下,为晶闸管VT的门极G提供触发电压),若指示灯HL一直点亮,则说明晶闸管的触发能力良好。若指示灯亮度偏低,则表明晶闸管性能不良、导通压降大(正常时导通压降应为1V左右)。若按钮S接通时,指示灯亮,而按钮S断开时,指示灯熄灭,则说明晶闸管已损坏,触发性能不良。

图 8-2-4　普通晶闸管的测试电路

2. 双向晶闸管的检测

（1）判别各电极

用万用表R×1挡或R×10挡分别测量双向晶闸管三个引脚间的正、反向电阻值,若测得某一管脚与其他两脚均不通,则此脚便是主电极 T_2。

找出 T_2 极之后,剩下的两脚便是主电极 T_1 和门极G。测量这两脚之间的正、反向电阻值,会测得两个均较小的电阻值。在电阻值较小（几十欧姆）的一次测量中,黑表笔接的是主电极 T_1,红表笔接的是门极G。

螺栓形双向晶闸管的螺栓一端为主电极 T_2,较细的引线端为门极G,较粗的引线端为主电极T。

金属封装（TO-3）双向晶闸管的外壳为主电极 T_2。

塑封（TO-220）双向晶闸管的中间引脚为主电极 T_2,该极通常与自带小散热片相连。

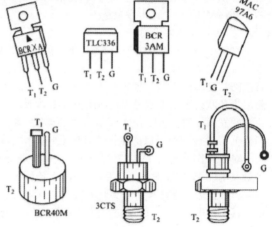

图 8-2-5　几种双向晶闸管的引脚排列

图 8-2-5是几种双向晶闸管的引脚排列。

（2）判别其好坏

用万用表R×1挡或R×10挡测量双向晶闸管的主电极 T_1 与主电极 T_2 之间、主电极 T_2 与门极G之间的正、反向电阻值,正常时均应接近无穷大。若测得电阻值均很小,则说明该晶闸管电极间已击穿或漏电短路。测量主电极T与门极G之间的正、反向电阻值,正常时均应在几欧姆至一百欧姆（黑表笔接 T_1 极,红表笔接G极时,测得的正向电阻值较反向电阻值略小一些）。若测得 T_1 极与G极之间的正、反向电阻值均为无穷大,则说明该晶闸管已开路损坏。

（3）触发能力检测

对于工作电流为8A以下的小功率双向晶闸管,可用万用表R×1挡直接测量。测量时先将黑表笔接主电极 T_2,红表笔接主电极 T_1,然后用镊子将 T_2 极与门极G短路,给G极加上正极性触发信号。若此时测得的电阻值由无穷大变为十几欧姆,则说明该晶闸管已被触发导通,导通方向为 $T_2 \rightarrow T_1$。

再将黑表笔接主电极 T_1，红表笔接主电极 T_2，用镊子将 T_2 极与门极 G 之间短路。若给 G 极加上负极性触发信号时，测得的电阻值由无穷大变为十几欧姆，则说明该晶闸管已被触发导通，导通方向为 $T_1 \rightarrow T_2$。

若在晶闸管被触发导通后断开 G 极，T_2、T_1 极间不能维持低阻导通状态而阻值变为无穷大，则说明该双向晶闸管性能不良或已经损坏。若给 G 极加上正（或负）极性触发信号后，晶闸管仍不导通（T_1 与 T_2 间的正、反向电阻值仍为无穷大），则说明该晶闸管已损坏，无触发导通能力。

对于工作电流在 8A 以上的中、大功率双向晶闸管，在测量其触发能力时，可先在万用表的某支表笔上串接 1～3 节 1.5V 干电池，然后再用 R×1 挡按上述方法测量。

对于耐压为 400V 以上的双向晶闸管，也可以用 220V 交流电压来测试其触发能力及性能好坏。

图 8-2-6 是双向晶闸管的测试电路。电路中，EL 为 60W/220V 白炽灯泡，VT 为被测双向晶闸管，R 为 100Ω 限流电阻，S 为按钮。

将电源插头接入市电后，双向晶闸管处于截止状态，灯泡不亮（若此时灯泡正常发光，则说明被测晶闸管的 T_1、T_2 极之间已击穿短路；若灯泡微亮，则说明被测晶闸管漏电损坏）。按一下按钮 S，为晶闸管的门极 G 提供触发电压信号，正常时晶闸管应立即被触发导通，灯泡正常发光。若灯泡不能发光，则说明被测晶闸管内部开路损坏。若按按钮 S 时灯泡点亮，松手后灯泡又熄灭，则表明被测晶闸管的触发性能不良。

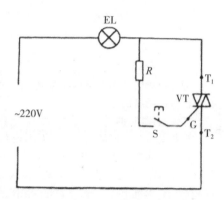

图 8-2-6　双向晶闸管的测试电路

3. 门极关断晶闸管的检测

（1）判别各电极

门极关断晶闸管三个电极的判别方法与普通晶闸管相同，即用万用表的 R×100 挡，找出具有二极管特性的两个电极，其中一次为低阻值（几百欧姆），另一次阻值较大。在阻值小的那一次测量中，红表笔接的是阴极 K，黑表笔接的是门极 G，剩下的一只引脚即为阳极 A。

（2）触发能力和关断能力的检测

可关断晶闸管触发能力的检测方法与普通晶闸管相同。检测门极关断晶闸管的关断能力时，可先按检测触发能力的方法使晶闸管处于导通状态，即用万用表 R×1 挡，黑表笔接阳极 A，红表笔接阴极 K，测得电阻值为无穷大。再将 A 极与门极 G 短路，给 G 极加上正向触发信号时，晶闸管被触发导通，其 A、K 极间电阻值由无穷大变为低阻状态。断开 A 极与 G 极的短路点后，晶闸管维持低阻导通状态，说明其触发能力正常。再在晶闸管的门极 G 与阳极 A 之间加上反向触发信号，若此时 A 极与 K 极间电阻值由低阻值变为无穷大，则说明晶闸管的关断能力正常，图 8-2-7 是关断能力的检测示意图。

也可以用图 8-2-8 所示电路来检测门极关断晶闸管的触发能力和关断能力。电路中，EL 为 6.3V 指示灯（小电珠），S 为转换开关，VT 为被测晶闸管。当开关 S 关断时，晶闸管不导通，指示灯不亮。将开关 S 的 K_1 触点接通时，为 G 极加上正向触发信号，指示灯亮，说明晶闸管已被触发导通。若将开关 S 断开，指示灯维持发光，则说明晶闸管的触发能力正常。若将开关 S 的 K_2 触点接通，为 G 极加上反向触发信号，指示灯熄灭，则说明晶闸管的关断能力正常。

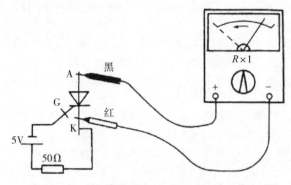
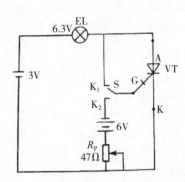

图 8-2-7　用万用表检测门极关断晶闸管的关断能力　　图 8-2-8　门极关断晶闸管的检测电路

4. 温控晶闸管的检测

（1）判别各电极

温控晶闸管的内部结构与普通晶闸管相似，因此也可以用判别普通晶闸管电极的方法来找出温控晶闸管的各电极。

（2）性能检测

温控晶闸管的好坏也可以用万用表大致测出来，具体方法可参考普通晶闸管的检测方法。

图 8-2-9 所示为温控晶闸管的检测电路。电路中，R 是分流电阻，用来设定晶闸管 VT 的开关温度，其阻值越小，开关温度设置值就越高。C 为抗干扰电容，可防止晶闸管 VT 误触发。HL 为 6.3V 指示灯（小电珠），S 为电源开关。接通电源开关 S 后，晶闸管 VT 不导通，指示灯 HL 不亮。用电吹风"热风"挡给晶闸管 VT 加温，当其温度达到设定温度值时，指示灯亮，说明晶闸管 VT 已被触发导通。若再用电吹风"冷风"挡给晶闸管 VT 降温（或待其自然冷却）至一定温度值时，指示灯能熄灭，则说明该晶闸管性能良好。

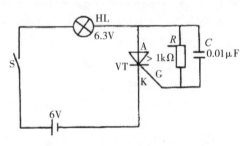

图 8-2-9　温控晶闸管的检测电路

若接通电源开关后指示灯即亮或给晶闸管加温后指示灯不亮、或给晶闸管降温后指示灯不熄灭，则是被测晶闸管击穿损坏或性能不良。

5. 光控晶闸管的检测

用万用表检测小功率光控晶闸管时，可将万用表置于 R×1 挡，在黑表笔上串接 1～3 节 1.5V 干电池，测量两引脚之间的正、反向电阻值，正常时均应为无穷大。然后再用小手电筒或激光笔照射光控晶闸管的受光窗口，此时应能测出一个较小的正向电阻值，但反向电阻值仍为无穷大。在较小电阻值的一次测量中，黑表笔接的是阳极 A，

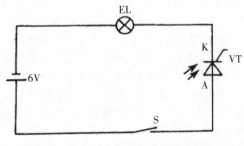

图 8-2-10　光控晶闸管的检测电路

红表笔接的是阴极 K。

也可用图 8-2-10 中电路对光控晶闸管进行测量。接通电源开关 S，用手电筒照射晶闸管 VT 的受光窗口，为其加上触发光源（大功率光控晶闸管自带光源，只要将其光缆中的发光二极管或半导体激光器加上工作电压即可，不用外加光源）后，指示灯 EL 应点亮，撤离光源后指示灯 EL 应维持发光。

若接通电源开关 S 后（尚未加光源），指示灯 EL 即点亮，则说明被测晶闸管已击穿短路。若接通电源开关并加上触发光源后，指示灯 EL 仍不亮，在被测晶闸管电极连接正确的情况下，则是该晶闸管内部损坏。若加上触发光源后，指示灯发光，但取消光源后指示灯即熄灭，则说明该晶闸管触发性能不良。

（1）判别各电极

根据 BTG 晶闸管的内部结构可知，其阳极 A、阴极 K 之间和门极 G、阴极 K 之间均包含多个正、反向串联的 PN 结，而阳极 A 与门极 G 之间却只有一个 PN 结。因此，只要用万用表测出 A 极和 G 极即可。

将万用表置于 R×1k 挡，两表笔任接被测晶闸管的某两个引脚（测其正、反向电阻值），若测出某对引脚为低阻值时，则黑表笔接的是阳极 A，而红表笔接的是门极 G，另外一个引脚即是阴极 K。

（2）判断其好坏

用万用表 R×1k 挡测量 BTG 晶闸管各电极之间的正、反向电阻值。正常时，阳极 A 与阴极 K 之间的正、反向电阻均为无穷大；阳极 A 与门极 G 之间的正向电阻值（指黑表笔接 A 极时）为几百欧姆至几千欧姆，反向电阻值为无穷大。若测得某两极之间的正、反向电阻值均很小，则说明该晶闸管已短路损坏。

（3）触发能力检测

将万用表置于 R×1 挡，黑表笔接阳极 A，红表笔接阴极 K，测得阻值应为无穷大。然后用手指触摸门极 G，给其加一个人体感应信号，若此时 A、K 极之间的电阻值由无穷大变为低阻值（数欧姆），则说明晶闸管的触发能力良好，否则说明此晶闸管的性能不良。

6. 逆导晶闸管的检测

（1）判别各电极

根据逆导晶闸管内部结构可知，在阳极 A 与阴极 K 之间并接有一只二极管（正极接 K 极），而门极 G 与阴极 K 之间有一个 PN 结，阳极 A 与门极之间有多个反向串联的 PN 结。

用万用表 R×100 挡测量各电极之间的正、反向电阻值时，会发现有一个电极与另外两个电极之间正、反向测量时均会有一个低阻值，这就是阴极 K。将黑表笔接阴极 K，红表笔依次去触碰另外两个电极，显示为低阻值的一次测量中，红表笔接的是阳极 A。再将红表笔接阴极 K，黑表笔依次触碰另外两个电极，显示低阻值二次测量中，黑表笔接的便是门极 G。

（2）测量其好坏

用万用表 R×100 挡或 R×1k 挡测量逆导通晶闸管的阳极 A 与阴极 K 之间的正、反电阻值，正常时，正向电阻值（用黑表笔接 A 极）为无穷大，反向电阻值为几百欧姆至几千欧姆（用 R×1k 挡测量为 7kΩ 左右，用 R×100 挡测量为 9000Ω 左右）。若正、反向电阻值均为无穷大，则说明晶闸管内部并接的二极管已开路损坏；若正、反向的电阻很小，则晶闸管短路损坏。

正常时逆导晶闸管的阳极 A 与门极 G 之间的正、反向电阻值均为无穷大。若测得 A、G 极之间的正、反向电阻值均很小，则说明晶闸管的 A、G 极之间击穿短路。

正常的逆导晶闸管的门极 G 与阴极 K 之间的正向电阻值（黑表笔接 G 极）为几百欧姆

至几千欧姆，反向电阻值为无穷大。若测得正、反向电阻值均为无穷大或均很小，则说明该晶闸管 G、K 极间已开路或短路损坏。

（3）触发能力检测

逆导晶闸管的触发能力的检测方法与普通晶闸管相同。用万用表 R×1 挡，黑表笔和接阳极 A，红表笔接阴极 K（大功率晶闸管应在黑表笔上串接 1～3 节 1.5V 干电池），将 A、G 极间瞬间短路，晶闸管即能被触发导通，万用表上的读数会由无穷大变为低阻值。若不能由无穷大变为低阻值，则说明被测晶闸管的触发能力不良。

7. 四端晶闸管的检测

（1）判别各电极

四端晶闸管多采用金属壳封装，图 8-2-11 是其管脚排列底视图。从管键（管壳上的凸起处）开始看，顺时针方向依次为阴极 K、阴极门极 G_K、阳极门极 G_A、阳极 A。

（2）判断其好坏

用万用表 R×1k 挡，分别测量四端晶闸管各电极之间的正、反向电阻值。正常地，阳极 A 与阳极门极 G_A 之间的正向电阻值（黑表笔接 A 极）为无穷大，反向电阻值为 4～12kΩ；阳极门极 G_A 与阴极门极 G_K 之间的正向电阻值（黑表笔接 G_A）为无穷大，反向电阻值为 2～10kΩ；阴极 K 与阴极门极 G_K 之间的正向电阻值（黑表笔接 K）为无穷大，反向电阻值为 4～12kΩ。

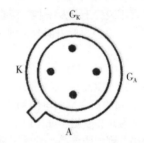

图 8-2-11　四端晶闸管管脚排列底视图

若测得某两极之间的正、反向电阻值均较小或均为无穷大，则说明该晶闸管内部短路或开路。

（3）触发能力检测

用万用表 R×1k 挡，黑表笔接阳极 A，红表笔接阴极 K，此时电阻值为无穷大。若将 K 极与阳极门极 G_A 瞬间短路，给 G_A 极加上负触发脉冲电压时，A、K 极间电阻值由无穷大迅速变为低阻值，则说明该晶闸管 G_A 极的触发能力良好。

断开黑表笔后，再将其阳极 A 连接好，红表笔仍接阴极 K，万用表显示阻值为无穷大。若将 A 极与 G_K 极瞬间短路，给 G_K 极加上正向触发电压时，晶闸管 A、K 极之间的电阻值由无穷大变为低阻值，则可判定该晶闸管 G_K 极的触发能力良好。

（4）关断性能检测

在四端晶闸管被触发导通状态时，若将阳极 A 与阳极门极 G_A 或阴极 K 与阴极门极 G_K 瞬间短路，A、K 极之间的电阻值由低阻值变为无穷大，则说明被测晶闸管的关断性能良好。

（5）反向导通性能检测

分别将晶闸管的阳极 A 与阳极门极 G_A、阴极 K 与阴极门极 G_K 短接后，用万用表 R×1k 挡，黑表笔接 A 极，红表笔接 K 极，正常时阻值应为无穷大；再将两表笔对调测量，K、A 极间正常电阻值应为低阻值（数千欧姆）。

第九章 开关、接插件及继电路

第一节 开关及接插件

一、机械开关

借助机械操作使触点断开电路、接通电路或转换电路的元件称为机械开关。

1. 开关的参数

开关的主要参数有额定电压、额定电流、接触电阻、绝缘电阻及寿命等。

额定电压：开关断开时所允许施加在动、静触头间的最高电压。

额定电流：开关在正常工作时所允许流过触点的最大电流。

接触电阻：开关接通后，两连接触点之间的接触电阻值。该值越小越好，一般在 $20m\Omega$ 以下，某些开关及使用长久的开关则其值为 $0.1 \sim 0.8\Omega$。

绝缘电阻：不相接触的开关导体之间的电阻值或开关导体与金属外壳之间的电阻值。该值一般在 $100M\Omega$ 以上。

寿命：开关在正常工作条件下的有效工作次数。该值一般为 $5000 \sim 10000$ 次，要求高的开关为 $5 \times 10^4 \sim 5 \times 10^5$ 次。

2. 开关的分类及图形符号

开关可按极、位分类，也可按结构、功能及大小分类。图 9-1-1 是开关的图形符号。下面着重介绍开关按极、位分类和按结构分类两种情况。

（1）按极（刀）、位（掷）分类

可以机械操作的开关触点（触头、触刀、刷片）称为极（刀），也就是可活动的触点（动触点）称为极。固定触点（定触点）称为位（掷）。

① 单极开关。单极开关只有一个动触点，可分为单极单位开关，如图 9-1-1（a）所示。单极多位开关如图 9-1-1（f）所示。单极单位开关只有一个动触点和一个静触点，所以只接通或断开一条电路。单极双位开关可以接通（或断开）两条电路中的一条。其他单极多位开关的功能可依此类推。

② 多极开关。多极开关有二极、三极及四极等。操作开关时，各极是同步动作的，图 9-1-1（g）是三极单位开关。

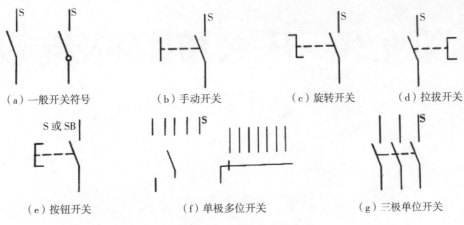

（a）一般开关符号　（b）手动开关　（c）旋转开关　（d）拉拔开关

（e）按钮开关　　（f）单极多位开关　　（g）三极单位开关

图 9-1-1　开关的图形符号

（2）按结构分类

① 旋转式波段开关。旋转式波段开关采用切入式咬合接触结构或者采用套入式流动跳步结构，有胶质板和高频瓷板两种。

旋转式波段开关的型号命名如下。

第一位：主称（旧标准用字母 K 表示，新标准用 S 表示）。

第二位：材料（C—瓷质，Z—纸质，H—环氧玻璃布板）。

第三位：大小（T—大型，Z—中型，X—小型）。

第四位：位数（如 3W）。

第五位：极（刀）数（如 2D）。

型号示例：KCT-2W2D 型为大型瓷质 2 极（刀）2 位波段开关。

常用旋转式波段开关型号及主要参数见表 9-1-1。旋转式波段开关外形如图 9-1-2 所示。

表 9-1-1　常用旋转式波段开关型号及主要参数

型号	名称	额定电压（V）	额定电流（A）	接触电阻（Ω）	绝缘电阻（MΩ）	试验电压（V）	寿命	结构特点
KZX	小型胶质板波段开关	250	0.05	≤ 0.02	≥ 1000	500	10000	用螺钉安装
KZX-1								用轴套安装
KZZ	中型胶质板波段开关	300	0.3	≤ 0.02	≥ 100	1500	10000	采用切入式咬合接触结构，绝缘板的表面经混合型树脂涂覆处理
KZT	大型胶质板波段开关	300	0.3	≤ 0.02	≥ 100	1500	10000	
KCZ	中型胶质板波段开关	300	0.3	≤ 0.02	≥ 1000	1500	10000	采用切入式咬合接触结构，开关板以高频瓷为绝缘基体，再以有机硅涂覆处理
KCT	大型胶质板波段开关	300	0.3	≤ 0.02	≥ 1000	1500	10000	

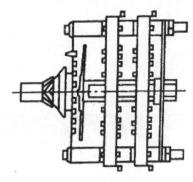

图 9-1-2 旋转式波段开关外形

旋转式波段开关主要用在收音机、收录机、电视机及各种仪器仪表中，一般都是多极多位开关，有些波段开关的位数可多达十几位，可变换十几个挡位。波段开关的各个触点都固定在绝缘基片上。绝缘基片常用 3 种材料制成，即高频瓷、环氧玻璃布胶板和纸质胶板。高频瓷质波段开关主要适用于高频和超高频电路，因为其高频损耗最小。但这种波段开关的价格也高。环氧玻璃布胶板波段开关适用于高频电路和一般电路，其价格适中，在普通收录机及收音机中采用较多。纸质胶板波段开关的高频性能及绝缘性能均不如上述两种开关，但价格低廉，故在普及型收音机、收录机和仪器仪表中的应用很多。

② 直键（琴键）式波段开关。直键式波段开关较旋转式波段开关使用方便，外形美观。直键式波段开关是一种采用积木组合结构，能做多刀多位组合的转换开关，这种开关的应用十分广泛。直键式波段开关大多是多挡组合式，也有单挡的，单挡开关通常用作电源开关。直键式波段开关除了开关挡数及极位数有所不同之外，还有锁紧形式和开关组成形式之分。锁紧形式可分自锁、互锁、无锁三种，锁定是指按下开关键后位置即被固定，复位需另按复位键或其他键。开关组成形式主要分为带指示灯、带电源开关和不带灯（电源开关）数种，可根据电路设计实际需要选择。国产直键式开关的型号用 KZJ—×××表示。KZJ 之后的数字表示开关挡数，字母代表锁紧形式，其中 H 为互锁互复位，Z 为自锁自复位，W 为无锁，ZF 为自锁共复位，HF 为互锁复位。型号中带有 D 的为带指示灯直键式开关，带有 A 的为带电源接触组（开关）的直键式开关。常用直键式波段开关的主要参数见表 9-1-2，直键式波段开关外形如图 9-1-3 所示。

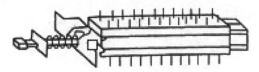

图 9-1-3 直键式波段开关外形

表 9-1-2 直键式波段开关主要参数

型号	部位	额定电压（V）	额定电流（A）	接触电阻（Ω）	绝缘电阻（MΩ）	试验电压（V）	按力（N）	寿命（次）
KZJ	接点间	90	0.05	≤ 0.02	≥ 1000	80	2	10000
	电源开关间	250	0.08	≤ 0.05		1000		

③ 拨动式波段开关。拨动式波段开关是一种小型化的波段开关，拨动式波段开关一般用于电路状态转换和低压电源控制等。部分拨动式波段开关的型号规格及主要参数见表9-1-3，外形结构如图9-1-4所示。

图9-1-4　拨动开关外形

表9-1-3　部分拨动式波段开关的型号规格及主要参数

型号	规格		额定电压（V）	额定电流（A）	接触电阻（Ω）	绝缘电阻（MΩ）	换向力（N）	寿命（次）
	位数 W	刀数 D						
KB	6			0.05				
KB-1				0.1	≤ 0.02	≥ 100	0.5 ～ 2	10000
KB-2	2	2	250					
KBK	4			0.05				
KBBK-2	6				≤ 0.015		0.5 ～ 1.5	

④ 拨码（拨盘）开关。常用的有KBP1型拨盘开关及KL4型小型指轮拨盘开关。两种开关的工作电压均为27V，额定电流为0.05A。KBP1型包括KBP1-1型单刀十位（"0 ～ 9"）拨盘开关；KBP1-2型二刀二位（"+""-"）拨盘开关；KBP1-3型按8421编码的拨盘开关；KBP1-4型十位六点拨盘开关。KL4型开关按8421编码，外形尺寸为38.5mm×30mm×200mm。图9-1-5（c）为KBP1-3型8421编码拨盘开关的外形，有五个输出端，分别为A（选择端）和8、4、2、1四个数据端。在拨到"0"时，A和四个数据端断路。拨到"1"时，A仅和1数据端相连。其余依此类推，如图9-1-5（d）所示。有外形更小的拨盘开关，如高度为24mm的KAS型等，其拨动原理相同。8421编码拨动开关通常用以设置数据，是拨动开关中应用最广泛的一种。图9-1-5（a）、（b）为拨盘开关和LSTT1器件连接的两种

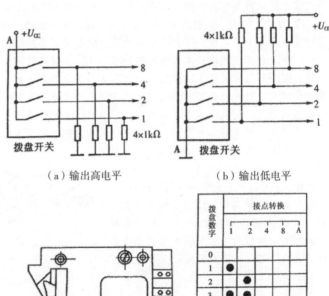

（a）输出高电平　　　（b）输出低电平

（c）外形　　　（d）拨动原理

图9-1-5　KBP1-3型8421编码拨盘开关的外形

电路，图 9-1-5（a）使用了四只下接电阻，输出为高电平，但下拉电阻耗电较多；图 9-1-5（b）使用了四只上拉电阻，上拉电阻耗电较少，但输出为低电平。

⑤ 钮子开关。常用的钮子开关有 KN-3A、KN-2B 型钮子开关，KNX-2WID、KNX2W2D 小型钮子开关，KNC2WID、KNC2W2D 超小型钮子开关。其主要参数见表 9-1-4，外形如图 9-1-6 所示。钮子开关主要用作电源开关和状态转换开关。

表 9-1-4　几种钮子开关的型号及主要参数

名称	型号	额定电压（V）	额定电流（A）	接触电阻（Ω）	绝缘电阻（MΩ）	力矩（N·m）	试验电压（V）	寿命（次）	结构特点
钮子开关	KN3-A KN3-B	DC 27 DC330 AC110 AC220	6 0.5 5 3	≤ 0.01	10	0.5 ～ 2	1500	10000	A 型板、柄材料为铜 B 型板、柄材料为塑料
小型钮子开关	KNX-2W1D KNX-2W2D	DC 30 AC220	1 2	≤ 0.01	1000	0.2 ～ 1.5	1500	10000	
超小型钮子开关	KNC-2W1D KNC-2W2D	DC 25 AC220	0.5 1	≤ 0.01	100	0.2 ～ 1	1000	10000	
拨动开关	KND2（KSZ）	DC 30 AC220	1.5 3	≤ 0.01	1000		1500	10000	由塑料船形按钮、塑料外壳及导电触头组成

⑥ 拨动开关。KND2（KSZ）型拨动开关主要参数和规格见表 9-1-4，外形如图 9-1-7 所示。

图 9-1-6　钮子开关外形　　图 9-1-7　波动开关外形

拨动开关多为单极双位和双极双位开关，主要用于电源电路及工作状态电路的切换。拨动开关在小家电产品中应用较多。这种开关因被人经常触摸，故安全性特别重要，其接点都隐藏在开关绝缘外壳里面，接线时需打开外壳。国产拨动开关的型号为 KND×× 。拨动开关的外壳上通常标注有产品商标、型号、额定值和生产年月。

⑦ 微动开关。微动开关是一种小型化的电源开关，常用的型号及主要技术参数见表 9-1-5，外形如图 9-1-8 所示。

表 9-1-5　常用微动开关的型号及主要技术参数

名称	型号	额定电压（V）	额定电流（A）	接触电阻（Ω）	绝缘电阻（MΩ）	寿命（次）	结构特点
KWX	DC 30 AC 250	0.5 1	≤ 0.01	≥ 1000	1000	DC 20 AC 3	外壳、体积甚小，起动灵敏
KWX-1	DC 48 AC 220	0.5 1	≤ 0.01	≥ 1000	1000	20	
KWX-2	DC 115 AC220	2 2	≤ 0.01	≥ 1000	1000	20	

图 9-1-8　微动开关外形

⑧ 按键开关。按键开关如图 9-1-9 所示，该开关分大型和小型，形状多为圆形和方形。按键开关与单组直键开关较为相似，是通过按动键帽，使开关触头接通或断开，从而达到电路切换的目的。按键开关常用于电信设备、电话机、自控设备、计算机及各种家电中。按键开关主要有两种：一种是用于通、断电源的开关，现多见的为推推式开关（彩电上常见），这种开关按一下即接通自锁，再按一下便断开复位，开关动作均为"推"，故称为推推式开关，推推式开关也有带电源指示灯的品种。另一种是轻触式按键开关，其主要特点是体积小、按动轻便、手感舒适和价格低廉，主要用于小信号及低压电路转换，不可用在高压和大功率电路中。国产按键开关的主要型号有 KAD×× 、KJJ×× 、KAQ×× 等。

（a）外形

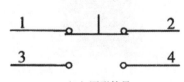

（b）图形符号

图 9-1-9　按键开关

二、薄膜按键开关

薄膜按键开关简称薄膜开关。它是近年来国际流行的一种集装饰与功能为一体的新型开关。与传统的机械式开关相比，具有结构简单、外形美观、密封性好、保新性强、性能稳定、寿命长（达100万次以上）等优点，目前被广泛用于各种微电脑控制的电子设备中，图9-1-10是一种薄膜开关的结构图。

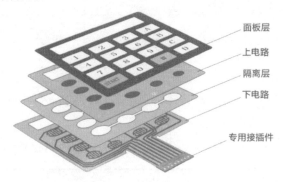

图 9-1-10　薄膜开关的结构图

1. 结构

薄膜开关由表面装潢面板、上部电极电路、下部电极电路和中间隔层、显示窗口、出线专用插座等组成。

薄膜开关按其材料不同可分为软性（R）和硬性（Y）两种，按面板类型不同可分为平面型和凹凸型，按操作感受可分为触觉有感式和无感式。

2. 特点

薄膜开关除了体积小、重量轻、密封性好和寿命长外，还具有以下特点。

（1）设计灵活

薄膜开关的面板可以根据整机设计者的构思自行设计安排，面板的基色、按键的字符、显示窗口、商标等可自由选择搭配，这样可以很容易地将薄膜开关融入整机中使之一体化。

（2）使用方便

薄膜开关内部线路的连接及其引出线均在一个平面上，通过丝网印刷一次印制而成，使产品的一致性得到保障。其连接安装相当方便，并有专用插座连接装配，只需揭去背面的防粘纸就可牢固地粘贴在整机的表面上。

3. 使用注意事项

（1）薄膜开关是一种低压、小电流操作开关，电压一般为36V，电流为40mA，适用于逻辑电路（COMS.TT1电路）。

（2）薄膜开关只能用于常断、瞬时接通的电路，不能用作自锁（推上、脱开）、交替动作或按钮连锁机构。

（3）若要以此开关控制强电流，则在后续电路中略加变动即可达到弱电控制强电。

三、按键开关的技术数据

按键开关的技术数据见表9-1-6。

表 9-1-6　按键开关的技术数据

型号	行程(mm)	额定电压（DC）	额定电流或功率	寿命	接触电阻	拦抖动
KJJ001	4	60V	0.3W	20×10^7（次）	<100mΩ	<2ms
KJJ002	2.5	60V	0.3W			
KJJ003	4	60V	0.3W			
KJJ020	4	20V	50mA	1×10^6（次）	≤ 100mΩ	max5ms
KJJ021						
KJX001	0.9	12V	10mA	105	Max20mΩ	max10ms
KJJ101	2.5	60V	0.3W	2×10^7（次）	<100mΩ	<2ms
KJJ102	4	60V	0.3W			
KJJ010	0.3	12V	50mA	5×10^5（次）	≤ 200mΩ	max10ms
KJJ011						

四、接插件

1. 接插件的分类

习惯上，常按照接插件的工作频率和外形结构特征来分类。

按接插件的工作频率分类，低频接插件通常是指适合在频率 100MHz 以下工作的连接器。而适合在频率 100MHz 以上工作的高频接插件，在结构上需要考虑高频电场的泄漏、反射等问题，一般都采用同轴结构，以便与同轴电缆连接，所以也称为同轴连接器。按照外形结构特征分类，常见的有圆形接插件、矩形接插件、印制板接插件、带状电缆接插件等。

2. 常用接插件

（1）圆形接插件

圆形接插件俗称航空插头、插座，它有一个标准的螺旋锁紧装置，特点是接点多和插拔力较大，连接较方便，抗振性极好，容易实现防水密封及电磁屏蔽等特殊要求。其适用于大电流连通，广泛用于不需要经常插拔的电路板之间或设备整机（插座紧固在金属机箱上）之间的电气连接。这类连接器的接点数目从两个到近百个，额定电流可从1A到数百安培，工作电压在 300 ～ 500V。

（2）矩形接插件

矩形接插件的体积较大，电流容量也较大，并且矩形排列能够充分利用空间，所以这种接插件被广泛用于印制电路板上安培级电流信号的互相连接。有些矩形接插件带有金属外壳及锁紧装置，可以用于机外的电缆之间和电路板与面板之间的电气连接。

（3）印制板接插件

印制板接插件用于直接连接印制电路板，结构形式有直接型、绕接型、间接型等。目前印制板插座的型号很多，可分为单排、双排两种，引线数目从 7 线到一百多线不等。从计算机的主机板上最容易见到印制板插座，用户选择的显卡、声卡等就是通过这种插座与主机板实现连接的。

（4）同轴接插件

同轴接插件又叫作射频接插件或微波接插件，用于同轴电缆之间的连接，工作频率均在数千兆赫以上。

（5）带状电缆接插件

带状电缆接插件是一种扁平电缆，从外观看像是几十条塑料导线并排黏合在一起。带状电缆占用空间小，轻巧柔韧，布线方便，不易混淆。带状电缆插头是电缆两端的连接器，它与电缆的连接不用焊接，而是靠压力使连接端内的刀口刺破电缆的绝缘层实现电气连接，工艺简单可靠，带状电缆接插件的插座部分直接装配焊接在印制电路板上。

带状电缆接插件用于低电压、小电流的场合，能够可靠地同时连接几种到几十种微弱信号，但不适合用在高频电路中。在高密度的印制电路板之间已经越来越多地使用了带状电缆接插件，特别是在微型计算机中，主机板与硬盘、软盘驱动器等外部设备之间的电气连接几乎全部使用这种接插件。

（6）插针式接插件

插座可以装配焊接在印制电路板上，这种插接方式多在小型仪器中用于印制电路板的对外连接。

五、接插件的技术数据

电子线路常用接插件的技术数据见表9-1-7～表9-1-11。

表9-1-7 CS型接插件的技术数据

技术参数 型号	电压（V）	电流（A）			接触电阻			绝缘电阻（Ω）	寿命（次）	A（mm）	B（mm）	C（mm）	D（mm）	E（mm）
		Φ0.8	Φ1	Φ1.5	Φ0.8（Ω）	Φ1（Ω）	Φ1.5（Ω）							
TCS-8Z（8线）	300	2	3	8	0.01	0.005	0.005	10^9	5000	5.08	5.08×7	43.2±0.1	φ2.7	50.8
TCS-14Z（14线）	300	2	3	8	0.01	0.005	0.005	10^9	5000			24±0.1	φ3.2	32
TCS-20Z（20线）	300	2	3	8	0.01	0.005	0.005	10^9	5000	2.54		30±0.1	φ2.7	35
TCS-27Z（27线）	300	2	3	8	0.01	0.005	0.005	10^9	5000	3.75		62		70

注：1. Φ0.8、Φ1.0、Φ50为接插件触件直径；
2. 绝缘电阻为常温下阻值；
3. A为插件接触件间距，B为接插件有效长度，D为安装孔径，E为接插件最大长度

表 9-1-8   CY4 型接插件的技术数据

型号 参数	线性 n	工作电压	工作电流	接触电阻	绝缘电阻	寿命	插头			插座			
							H_0	L_0	I_0	H_2	L_2	I_2	D
CY4–2.54–26	13×2						48	35.5	41	54	40	46.5	38
CY4–2.54–30	15×2						53	40.5	46	59	45	51.5	43
CY4–2.54–38	19×2						63	50.5	56	69	55	61.5	53
CY4–2.54–44	22×2						71	58.5	64	77	63	69.5	61
CY4–2.54–46	23×2		2A/ 30℃				73	61	66	79	65	72	63
CY4–2.54–50	25×2					插拔	78	66	71	84	70	77	68
CY4–2.54–60	30×2	300V	5A	≤3Ω	≤10^9Ω	1000	91	78.5	84	97	83	89.5	85
CY4–2.54–62	31×2		1A/ +85℃			次	94	82	87	100	86	93	84
CY4–2.54–72	36×2						106	94	99	112	98	105	96
CY4–2.54–86	43×2						124	112	117	130	116	123	114
CY4–2.54–100	50×2						142	130	135	148	134	141	132
CY4–2.54–120	60×2						167	155	160	173	159	166	157
CY4–2.54–140	70×2						193	181	186	199	185	192	183

注：H_0 为插头总长度，H_2 为插座总长度，L_0 为插头插口长度，L_2 为插座插口长度，I_0 为插头安装孔距，I_2 为插座安装孔距

表 9-1-9   DC$_2$ 型带状电缆接插件的技术数据

型号	线数	工作电压	工作电流	接触电阻	绝缘电阻	寿命	H_0	g_0	*E_0	F_0
DC2–10ZY DC2–10ZYW DC2–10ZYR	10						21.84	32	$\dfrac{23.19}{53\text{max}}$	17.9
DC2–14ZY DC2–14ZYW DC2–14ZYR	14						26.92	37.1	$\dfrac{28.99}{58.1\text{max}}$	23
DC2–16ZY DC2–16ZYW DC2–16ZYR	16	300V	1A	≤0.05Ω	5×10^9Ω	插拔 500 次	29.46	39.6	$\dfrac{31.53}{60.6\text{max}}$	25.5
DC2–20ZY DC2–20ZYW DC2–20ZYR	20						34.51	44.7	$\dfrac{36.61}{65.7\text{max}}$	30.6
DC2–14ZY DC2–14ZYW DC2–14ZYR	26						42.16	52.3	$\dfrac{44.23}{73.3\text{max}}$	38.2

续表

型号	线数	工作电压	工作电流	接触电阻	绝缘电阻	寿命	H_0	g_0	$*E_0$	F_0
DC2-264ZY DC2-26ZYW DC2-26ZYR	34						52.32	62.5	$\dfrac{54.39}{83.5max}$	48.4
DC2-40ZY DC2-40ZYW DC2-40ZYR	40						59.94	70.1	$\dfrac{62.01}{91.1max}$	56
DC2-50ZY DC2-50ZYW DC2-50ZYR	50						72.64	8.28	$\dfrac{74.71}{103.8max}$	68.7

注：H_0 为插件安装孔距，g_0 为插件长度，$*E_0$ 为插口长度，F_0 为插口间距，插件接触件间距为 2.54mm

表9-1-10 DC_3 型带状电缆接插件的技术数据

型号	线数	AC	BC	CC	DC	电压（V）	电流（I）	接触电阻	寿命（次）	绝缘电阻
DC3-14	14	19.5	15.24	10.7	7.62					
DC3-16	16	22	17.78	10.7	7.62	300V	1A	≤ 0.5Ω	插拔500次	5×10^9Ω
DC3-24	24	32.2	27.94	18.3	15.24					
DC3-40	40	52.5	48.26	18.3	15.24					

注：AC 为插件长度，BC 为接触件纵向最大长度，CC 为插件宽度，DC 为接触件横向间距（跨度）

表9-1-11 集成块插座的技术数据

参数 型号	引脚数	结构尺寸（mm）				参数				总拔出分离力（N）	质量（g）
		跨度 A	宽度 B	槽柜 C	长度 D	环境温度（℃）	工作电压（V）	工作电流（mA）	接触电阻（mΩ）		
SZX-8	8	7.5	11.2		11	-4～+70	50	100	≤ 30	2～20	1
SZX-10	10	7.5	11.2	5	13	-4～+70	50	100	≤ 30	2～20	1
SZX-12	12	7.5	11.2	6	16	-4～+70	50	100	≤ 30	4～25	1
SZX-14	14	7.5	11.2	8	18.5	-4～+70	50	100	≤ 30	4～25	1.2

续表

参数 型号	引脚数	结构尺寸（mm）				参数				总拔出分离力（N）	质量（g）
		跨度 A	宽度 B	槽柜 C	长度 D	环境温度（℃）	工作电压（V）	工作电流（mA）	接触电阻（mΩ）		
SZX-14Z	14	10	13.7	8.5	18.5	-4 ～ +70	50	100	≤ 30	4 ～ 25	1.3
SZX-16	16	7.5	11.2	10	21	-4 ～ +70	50	100	≤ 30	6 ～ 30	1.3
SZX-18	18	7.5	11.2	12	23.5	-4 ～ +70	50	100	≤ 30	6 ～ 30	1.5
SZX-18特	18	7.5	11.2	12	23.5	-4 ～ +70	50	100	≤ 30	2 ～ 20	1.5
SZX-24	24	15	18.7		31	-4 ～ +70	50	100	≤ 30	8 ～ 40	3
SZX-28	28	15	18.7		36	-4 ～ +70	50	100	≤ 30	8 ～ 40	3
SZX-40	40	15	18.7		31	-4 ～ +70	50	100	≤ 30	12 ～ 50	4

注：A 为接触件横向间距（跨度），B 为集成块插座宽度，C 为接触件纵向间距（槽距），D 为插座长度

第二节　继电器

继电器也属于开关的范畴，它是利用电磁原理、机电原理或其他（如热电或电子）方法实现自动接通一个或一组接点，完成电路的开关功能。它可以用小电流去控制大电流或高电压的转换变换。继电器的合理组合也可以构成逻辑、时序电路。

一、常用继电器的工作原理

1. 电磁式继电器

电磁式继电器是继电器中应用最早、最广泛的一种继电器，电磁式继电器的外形如图9-2-1所示。电磁式继电器的结构及符号如图9-2-2所示。

图 9-2-1　电磁式继电器的外形

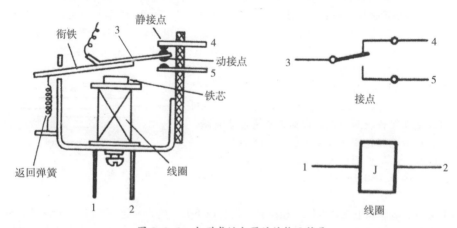

图 9-2-2　电磁式继电器的结构及符号

电磁式继电器的工作原理很简单，它利用了电磁式感应原理。当线圈中通以直流电流时，线圈产生磁场，线圈中的铁芯被磁化产生磁力，吸引衔接（动铁）带动接点簧片 3，从而使静接点分开、动接点闭合，使 3 和 5 之间接通。当线圈断开电流时，铁芯失去磁性，衔铁被返回弹簧拉起，接点 5 断开，接点 4 与 3 接通。

继电器线圈未通电时处于断开状态的静接点，称为"常开接点"（图中的 5 接点），处于接通状态的静接点称为"常闭接点"（图中 4 接点）。一个动接点与一个静接点闭合，而同时与另一个静接点常开，就称为"转换接点"（图中 3 接点）。在一个继电器中，可以具有一个或数个（组）常驻机构开接点、常闭接点和相应的转换接点。电磁继电器中一般只设一个线圈（也有设多个线圈的），线圈通电便可实现多组接点的同时转换。为了在电路上清楚而简便地将继电器表示出来，通常用一个文字符号表示继电器线圈和属于它的接点，各组接点则标以角标注明。

图 9-2-2 中也画出了继电器的图形符号，在电路图上线圈和其可以分开画，以使电路更清晰、明了。

2. 舌簧继电器

舌簧继电器是另一种小型断电器，也叫作干簧管继电器。舌簧继电器的结构及外形如图 9-2-3 所示，它由线圈和舌簧管组成。

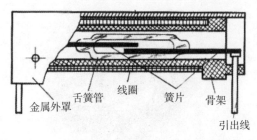

金属外罩　　舌簧管　线圈　　簧片　　骨架

引出线

图 9-2-3　舌簧继电器的结构及外形

当线圈通过电流时，在线圈内部会产生磁场，由导磁材料做成的舌簧管内的舌簧片便会磁化，使两片分别为 N 极和 S 极，N 极、S 极的相互吸引，使两个舌簧片相碰，接点接通；线圈断电后利用舌簧片本身的弹性使接点断开，电路切断。舌簧继电器同样可以完成电磁继电器的功能。由于舌簧片接点面积较小，接点允许通过的电流较小。但舌簧继电器具有灵敏度高、动作速度快、结构简单、体积小、成本低的优点，再加上其接点是密封在保护气体（通常充以干燥氮气）之中的，因而寿命很长，故在各种自动控制系统及仪表中广泛应用。

利用舌簧管舌簧片磁化后接通导电的特点，也可以用永久磁铁代替线圈与舌簧管构成干簧管继电器。永磁干簧管继电器如图 9-2-4 所示。这种继电器不再有通电线圈，而是利用永久磁铁的位置变化来控制继电器，达到接通或切断电路的目的，来完成继电器的功能。

舌簧管

N　　S

永久磁铁

图 9-2-4　永磁干簧管继电器

干簧管继电器和电磁式继电器相比较，具有以下几个特点：① 干簧管继电器是密封在玻璃管内与大气隔绝的，管内充有惰性气体，这样就大大减少了接点开、关过程中可能发生的火花，接点不易氧化和碳化。同时防止外界尘埃及有害体对接点的污染，从而大大提高了继电器的寿命。② 干簧管继电器的几何尺寸可以做得很小，这样的簧片可以有较快的通断速度，一般通断时间为 1～3ms，比电磁继电器快 5～10 倍。小的干簧管继电器的干簧管可以做到比牙签还细，整个干簧管继电器比电磁继电器轻得多，很适合在超小型电子设备中采用。③ 干簧管继电器的缺点是接点电流容量小，接通、断开时簧片会产生抖动，接触电阻也相对较大。

二、继电器的主要技术参数

线圈额定工作电压或额定工作电流。它是指继电器能保持正常工作时，线圈所需电压或电流值。同一种类型（或外形）的继电器，为适应不同的工作电路，可以有多种额定电压（或电流）。例如 FZC—21F 小型继电器的工作电压有 3～48V 多种挡次。

线圈电阻。它是指线圈的直流电阻数值，不同电压的继电器的直流电阻各不相同，可以从几十欧姆至几千欧姆。

吸合电压或电流。它是指继电器能产生吸合动作的最小电压或电流。一般吸合电压为正常工作电压的 75% 左右。

释放电压或电流。当继电器线圈两端所加电压下降到一定数值时，继电器就要由吸合状态变为释放状态。一般释放电压比吸合电压小得多。

接点负荷。它是指继电器的接点负载能力。当通过接点电流过大时，接点就可能烧毁。

接点负荷还同接点工作电压有一定关系，电压高、电流大，接点负荷承受不了就可能烧毁。所以接点电流负荷能力，都是在一定电压下的数值或是在一定电压下的继电器接点所承受的最大允许电流值。

三、继电器的附加电路

在使用继电器时，为了保证继电器及相关元件更安全可靠地工作，常在继电器应用电路中加入一些附加电路。继电器的附加电路如图 9-2-5 所示。最常用的是在继电器线圈电路内串联 RC 电路，如图 9-2-5（a）所示。由于 RC 电路的接入，在继电器通电闭合瞬间，电流通过 C，使继电器的线圈两端所加电压比正常值时高，从而使继电器可以更加迅速地吸合。电流稳定后，电容 C 失去作用，对电路无影响。

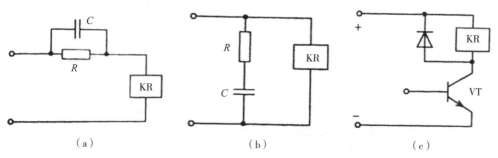

图 9-2-5　继电器的附加电路

另外一种附加电路是继电器线圈并联 RC 串联电路，当断开继电器线圈电源时，线圈中自感电动势产生的电流通过 RC 放电，使电流衰减缓慢，从而延长衔铁的释放时间。还有的在继电器线圈两端反向接一个二极管［如图 9-2-5（c）所示］。它的作用是保护驱动继电器的三极管。因为当继电器线圈电流突然减少的瞬间，在它的两端会产生一个感应电动势，它会与原电源电压叠加在输出晶体管的发射极和集电极之间，造成晶体管 c-e 击穿。二极管的接入可以消除感应电动势的有害影响，起到保护作用。除了电磁式继电器和干簧管继电器之外，还有一种不同电的继电器——双金属片温度继电器。双金属片温度继电器的结构如图 9-2-6 所示，将两种热膨胀系数显著不同的金属片叠合在一起，就成了双金属片。利用升温时两金属片伸长值不同，双金属片会发生弯曲的特性，可以构成反映温度或热量的热继电器。当向电阻丝通以电流时，电阻丝对双金属片加热，双金属片上层的金属热膨胀系数大，变长得快，从而使双金属片向下弯曲，从原来的 1-2 接点接通，变为 1-3 接点接通，完成继电器的功能。

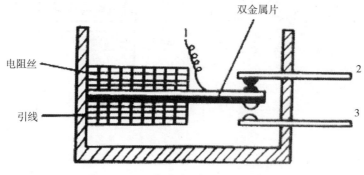

图 9-2-6　双金属片温度继电器的结构

四、继电器应用举例与维护

一个继电器虽然有很多技术参数，各种继电器的技术参数也不尽相同，但对继电器的基本技术要求则是相同的。这主要是：① 工作可靠。继电器在电气装置中担任很重要的角色，它的失控不仅会影响电器工作，还会造成更严重的后果。不但在室温下要正常工作，还要在一定温度、湿度、气压及振动等条件下正常工作。② 动作灵敏。不同继电器的灵敏度不同，但总希望继电器在很小驱动电压（电流）下就可以工作，当然要保证可靠稳定。③ 性能稳定。继电器不但在出厂时性能应该满足要求，长时间使用后继电器性能也应变化不大，并希望继电器有很长的寿命（一般寿命为数十万至数百万次）。

1. 采用继电器的水位自动告警电路。

在蓄水池中放入浮子，水位上升时浮子上升。当水位上升至警戒水位时，接点 K 闭合，继电器电路接通，继电器常开接点接通使指示灯发光，同时电铃发出声响。采用继电器的水位自动告警电路如图 9-2-7 所示。

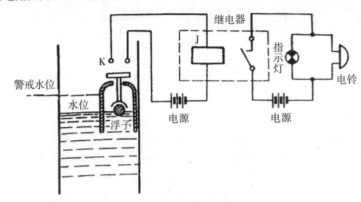

图 9-2-7　采用继电器的水位告警电路

2. 采用双金属片继电器组成的自动控温电路

电源开关闭合时，电源接通，加热装置通过继电器常闭接点进行加热。在加热装置上安装的双金属片热继电器也同时加温，双金属片受热后，下边一片热膨胀系数大，金属片上翘，使接点 1、2 接通。这时继电器线圈电路接通，使继电器常闭接点 3 断开，切断向加热装置通电的通路，停止加热。温度下降时，双金属片恢复常态，1、2 接点分离，接点 3 重新闭合，复向加热装置加热。这样周而复始，就可以使加热温度保持一定。采用双金属片继电器的自动控温电路如图 9-2-8 所示。

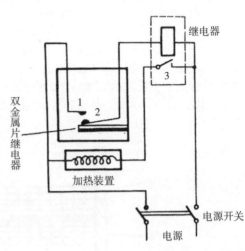

图 9-2-8　采用双金属片继电器的自动控温电路

3. 采用干簧管继电器的自动称重装置

秤的一端装有一个永久磁铁。当秤盘轻时，磁铁靠近干簧管继电器，继电器接点接通，连动的送料斗开关打开，粉料不断流入秤盘。当到达砝码预置重量时，秤盘压平杠杆，永久磁铁离开干簧管继电器，电路断开，连动的送料即可平杠，永久磁铁离开干簧继电器，电路断开，连动的送料斗开关关闭，停止送料，即可完成自动称重的功能。干簧管继电器自动称重电路装置如图9-2-9所示。

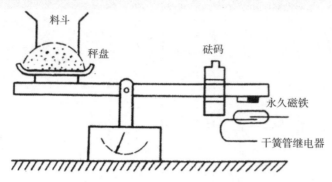

图9-2-9　干簧管继电器自动称重电路装置

4.采用继电器的自动关灯电路

继电器选常开接点的，接点额定工作电压250V，电流1A。线圈电压选用6V直流。其工作原理从图中很容易看清。当按钮SB按下时，电源电压瞬时加于晶体管VT的基极，晶体管导通，导通后VT管c-e压降仅为0.15V，大部分电压（6～0.15V）加到继电器线圈上，继电器吸合，电灯点亮。在按钮接通瞬间，同时向电容C充电，电容C上的电压维持VT导通。但随着时间延长，C上的电荷会通过R及晶体管b-e极不断减放。当电容两端电压不再能维持VT导通时，VT管截止。电源电压大部分降落在晶体管c-e极之间。继电器失去工作电流而释放，接点断开，电灯熄灭。自动关灯的时间由RC放电的时间常数决定。C越大，R越大，延时越长。反之时间越短。当然这一电路也可以控制其他适时开关的电气装置。自动关灯电路如图9-2-10所示。

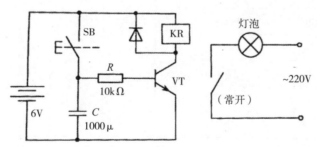

图9-2-10　自动关灯电路

五、继电器型号及触点代号

继电器型号组成及含义见表9-2-1，触点代号见表9-2-2。

表 9-2-1 继电器型号组成及含义

主称		外形		序号	防护特征	
意义	符号	意义	符号		意义	符号
微功率直流电磁继电器	JW	微型	W		密封式继电器	M
弱功率直流电磁继电器	JR	超小型	C		封闭式继电器	F
中功率直流电磁继电器	JZ	小型	X		敞开式继电器	–
大功率直流电磁继电器	JQ					
交流电磁继电器	JL					
固体继电器	JG					
高频继电器	JP					
同轴射频继电器	JPT					
温度继电器	JU					
电热式继电器	JE					
仪表式继电器	JB					
光电继电器	JF					
声继电器	JV					
霍尔效应继电器	JO					
谐振继电器	JN					
电子时间继电器	JSB					
干簧继电器	JAG					
特种继电器	JT					
极化继电器	JH					
磁保持继电器	JM					

举例说明：

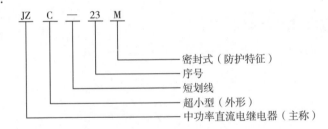

表9-2-2 继电器触点代号

名称	动合触点（常开）	动断触点（常闭）	先断后合的转换触点	延迟闭合的动合触点（常开）	延迟断开的动断触点（常闭）
代号	H	D	Z		
图形符号				或	或

六、部分继电器规格参数

部分继电器规格参数见表9-2-3～表9-2-6。

表9-2-3 JZC-21F型超小型中功率继电器的主要参数

名称 参数值 规格	额定电压（DC.V）	线圈电阻（Ω±10%）	吸合电压（V）	释放电压（V）	接点负荷	线圈消耗额定功率(W)
003	3	25	2.25	0.36	28VDC	0.36
005	5	70	3.75	0.6	120VAC	
006	6	100	4.50	0.72	3A	
009	9	225	6.75	1.08	（220VAC1.5A）	
012	12	400	9.00	1.44	–	
024	24	1600	18	2.88	–	
048	48	6400	36	5.76	–	

表9-2-4 JZC-6F超小型中功率直流电磁继电器的规格参数

额定电压（V）	线圈电阻（Ω）	吸合电压≤V	释放电压≥V	吸合时间（ms）	释放时间（ms）	触点负载
6	100±10%	4.50	0.6	13	9	
9	220±10%	6.75	0.9	13	9	阻性28V（DC）1A
12	400±10%	9.00	1.2	13	9	
24	1600±10%	18.00	2.4	13	9	

注：一般继电器的吸合电压为额定工作电压的72%；额定工作电压除以线圈直流电阻，即可算出额定工作电流；吸合电流为额定工作电流的60%

表9-2-5　JRW-1M 微型小功率密封直流电磁继电器的规格参数

规格代号	触点形式	额定电压（V）	线圈电阻（Ω）	吸合电压（V）	释放电压（V）	吸合时间（ms）	释放时间（ms）	触点负载
SRM4.523.161	2Z	24	1152 ± 10%	18	1	6	3	阻性 24V（DC）0.5A
SRM4.523.162	2Z	12	270 ± 10%	9	1	6	3	
SRM4.523.163	2Z	6	67.5 ± 10%	4.5	0.5	6	3	
注：上海无线电八厂产品数据								

表9-2-6　JRX-13F-1 小型弱功率直流电磁继电器的规格参数

规格代号	触点形式	额定电压（V）	线圈电阻（Ω）	吸合电压（V）	触点负载
SRM4.524.000	2Z.4Z	6	41 ± 10%	14.5	50Hz，48V（AC），0.5A
SRM4.524.001	2Z.4Z	12	170 ± 10%	9	
SRM4.524.002	2Z.4Z	24	670 ± 10%	18.5	
SRM4.524.003	2Z.4Z	48	2300 ± 10%	36	
SRM4.524.004	2Z.4Z	60	3350 ± 10%	45	
SRM4.524.005	2Z.4Z	110	1300 ± 10%	82	

注：① 所列继电器触点耐压交流48V，接点电流0.5A；
② 触点形式 2Z 表示有 2 组一开一闭转换触点，4Z 表示有 4 组一样一开一闭的转换触点

七、干簧管继电器

　　干簧管继电器是用干簧管与磁钢（或线圈）配合制成的一种继电器。干簧管继电器的结构示意如图 9-2-11 所示。表 9-2-7 列出了 JAG-2 型干式舌簧继电器的规格参数。

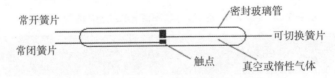

图 9-2-11　干簧管继电器的结构

表9-2-7　JAG-2型干式舌簧继电器的规格参数

规格代号	触点形式	额定电压（V）	线圈电阻（Ω）	吸合电流（mA）	释放电流（mA）	吸合时间（ms）	触点负载
SRM4.562.007A	1Z	6	93 ± 10%	41	9	2.5	24V（DC）0.1A
SRM4.562.007B	1Z	12	370 ± 10%	22	4.5	2.5	
SRM4.562.007C	1Z	24	1200 ± 10%	13.5	3	2.5	
SRM4.562.007A	2Z		140 ± 10%	28	7	3.5	
SRM4.562.007B	2Z		430 ± 10%	18	4	3.5	
SRM4.562.007C	2Z		1700 ± 10%	9	2.2	3.5	

续表

规格 代号	触点 形式	额定 电压（V）	线圈 电阻（Ω）	吸合 电流（mA）	释放 电流（mA）	吸合 时间（ms）	触点 负载
SRM4.562.008A	3Z		87 ± 10%	48	8	4.5	
SRM4.562.008B	3Z		320 ± 10%	25	4.5	4.5	
SRM4.562.008C	3Z		108 ± 10%	15	2.5	4.5	
SRM4.562.010A	4Z		87 ± 10%	48	8	5	
SRM4.562.010B	4Z		320 ± 10%	25	4.5	5	
SRM4.562.010C	4Z		108 ± 10%	15	2.5	5	
SRM4.562.002A	1H		93 ± 10%	44	9	1.7	
SRM4.562.002B	1H		370 ± 10%	22	4.5	1.7	
SRM4.562.002C	1H		1200 ± 10%	13.5	3	1.7	
SRM4.562.001A	2H		140 ± 10%	28	7	2.5	24V（DC）
SRM4.562.001B	2H		430 ± 10%	18	4	2.5	0.1A
SRM4.562.001C	2H		1700 ± 10%	9	2.2	2.5	
SRM4.562.015A	3H		87 ± 10%	48	8	3.5	
SRM4.562.015B	3H		320 ± 10%	25	4.5	3.5	
SRM4.562.015C	3H		1080 ± 10%	15	2.5	3.5	
SRM4.562.000A	4H		87 ± 10%	48	8	4.5	
SRM4.562.000B	4H		320 ± 10%	25	4.5	4.5	
SRM4.562.000C	4H		1080 ± 10%	15	2.5	4.5	

注：上海无线电八厂产品数据

八、固体继电器

固体继电器是一种无触点电子开关，它由输入电路、驱动电路、输出电路三部分组成。它是一个四端组件，两个为输入端（控制端），接控制信号，两个为输出端（受控端），接负载和电源。控制信号可以是直流信号也可以是交流信号。如果输出端接的电源是直流电源，则称为直流固体继电器；若接的电源是交流电源，则称为交流固体继电器。由于它是无触点开关元件，故具有抗振性好、工作可靠、寿命长、抗干扰能力强、开关速度快、对外干扰小、能与逻辑电路兼容等优点，它的应用很广泛，并逐步扩展到电磁继电器无法应用的领域，如计算机终端接口、数据处理系统的终端装置、程控装置、测量仪表及要求防爆场合。但它也有缺点，如有导通压降、有输出漏电流、交直流通用性差，以及不易实现多刀多掷等。

表 9-2-8 列出了 JGX-1FX，2FA 小型，1A，2A 直流固体继电器主要参数。

表 9-2-8 JGX-1FX，2FA 小型 1A，2A 直流固体继电器的主要参数（T_a=25℃）

参数	规格特征	最小值	最大值	参数	规格特征	最小值	最大值
输入电压范围 DC（V）	014	3.0		输入 电流 （mA）	5V 时	014，50V		5
						014，110V		10
						014，220V		10
	030	10			30V 时	030		15
	032	3.8			32V 时	032		15

参数	规格特征	最小值	最大值	参数	规格特征	最小值	最大值
保证接通电压 DC（V）	014	3.0		输出电压降 DC（V）			1.5
	030	10		输出电流（A）2FA	1FA		1
	32	3.8			2FA		2
保证关断电压 DC（V）	014		0.8	过负载（A）2FA	1FA		1.5
保证关断电压 DC（V）	030		5.0		2FA		3
	032		0.8	输出漏电流（mA）	1FA		1.0
反极性电压 DC（V）	014		14	输出漏电流（mA）	2FA		5.0
	030		30	接通时间（ms）2FA	1FA		0.1
	032		32		2FA		0.5
绝缘电阻（MΩ）		100		关断时间（ms）	1FA		1.0
隔离（Pf）	100				2FA		2.0
介质耐压 AC（V）	6（典型值）						
瞬态电压（V）	50	550					
	110	110					
	220	220					

表 9-2-9 列出了 JGC-3FA 超小型 1A 直流固体继电器主要参数。

表 9-2-9　JGC-3FA 超小型 1A 直流固体继电器的主要参数（T_a=25℃）

参数	规格特征	最小值	最大值	参数	规格特征	最小值	最大值
输入电压范围 DC（V）	3		7	瞬态电压（V）	50		60
输入电流 5V 时 /mA 时			5		80		85
保证接通电压 DC（V）	3				110		120
保证关断电压 DC（V）			0.8		150		160
反极性电压 DC（V）			7	输出电压降 DC（V）			1.5
绝缘电阻（MΩ）	100			输出电流（A）		0.05	1
介质耐压 AC（V）	1000			过负载（A）			3
	50	15	50	输出漏电流（mA）			5
	80	15	80	接通时间（ms）			0.1
	110	15	110	关断时间（ms）			1
	150	15	150	功耗（W）			1.5

第三节　开关、继电器的选用与检测

一、开关的选用与检测

1. 开关的选用

（1）根据用途选用开关

开关的种类很多，选择哪种类型的开关，应根据具体用途而定。例如，按钮开关常用于起动电路、复位电路、触发电路及状态选择电路等，按键开关、旋转开关和拨动开关常用于电源控制及功能控制等电路，水银开关常用于各种报警电路，行程开关常用于状态控制电路。

（2）选择开关的规格

根据用途选出开关的类型后，还应按应用电路的要求选择开关的规格，例如开关的外形尺寸及额定电流、额定电压、绝缘电阻等主要参数。要求所选用开关的额定电压和额定电流应为应用电路的工作电压和工作电流的 1～2 倍。

2. 开关的检测

（1）检测开关触点是否接触良好

开关的触点是否接触良好，可用万用表 R×1 挡来测量判断。当旋动或按动开关使其处于接通状态时，其各组常开触点应闭合，测量各常开触点的接触电阻值为 0。将开关置于关断位置时，其常开触点应断开，接触电阻值应变为无穷大。若开关在接通状态下，其常开触点有一定的接触电阻值（不为 0）且不稳定，则说明该开关接触不良。

（2）检测开关是否漏电

将万用表置于 R×10k 挡，测量开关各触点的外部引脚与外壳之间、各组独立触点之间的电阻值（开关应处于断开状态），正常值均应为无穷大。若测出一定的电阻值，则说明该开关存在漏电故障。

二、继电器的选用

1. 电磁式继电器的选用

（1）选择线圈电源电压

选用电磁式继电器时，首先应选择继电器线圈电源电压是交流还是直流。

继电器的额定工作电压一般应小于或等于基控制电路的工作电压。

（2）选择线圈的额定工作电流

用晶体管或集成电路驱动的直流电磁继电器，其线圈额定工作电流（一般为吸合电流的 2 倍）应在驱动电路的输出电流范围之内。

（3）选择接点类型及接点负荷

同一种型号的继电器通常有多种接点的形式可供选用（电磁继电器有单组接点、双组接点、多组接点及常开式接点、常闭式接点等），应选用适合应用电路的接点类型。

所选继电器的接点负荷应高于其接点所控制电路的最高电压和最大电流，否则会烧毁继电器接点。

（4）选择合适的体积

继电器体积的大小通常与继电器接点负荷的大小有关，选用多大体积的继电器，还应根据应用电路的要求而定。

2. 干簧管继电器的选用

（1）选择干簧管继电器的触点形式

干簧管继电器的触点有常开型（只有1组常开触点）、常闭型（只有1组常闭触点）和转换型（常开触点和常闭触点各1组）。应根据应用电路的具体要求选择合适的触点形式。

（2）选择干簧管触点的电压形式及电流容量

根据应用电路的受控电源选择干簧管触点两端的电压与电流，确定它的触点电压（是交流电压还是直流电压以及电压值）和触点电流（指触点闭合时，所允许通过触点的最大电流）。

三、继电器的检测

1. 电磁式继电器的检测

（1）检测触点的接触电阻

用万用表 R×1Ω 挡，测量继电器常闭触点的电阻值，正常值应为0。再将衔铁按下，同时用万用表测量常开触点的电阻值，正常值也应为0。若测出某组触点有一定阻值或为无穷大，则说明该触点已氧化或触点已被烧蚀。

（2）检测电磁线圈的电阻值

继电器正常时，其电磁线圈的电阻值为 $25\Omega \sim 6k\Omega$。额定电压较低的电磁式继电器，其线圈的电阻值较小；额定电压较高的继电器，线圈的电阻值相对较大。表9-3-1是常用的JZC—21F型超小型直流电磁式继电器（0.3W）的主要参数，供选用和测量时参考。

表9-3-1　JZC—21F 型直流电磁继电器的主要参数

规格代号	额定电压（DC）（V）	线圈电阻值（Ω）（±10%）	吸合电压（V）	释放电压（V）	接点负载
003	3	25	2.25	0.36	直流28V(3A)或交流120V（3A）、220V（1.5A）
005	5	70	2.75	0.6	
006	6	100	4.5	0.72	
009	9	225	6.75	1.08	
012	12	400	9	1.44	
024	24	1600	18	2.88	
048	48	6400	36	5.75	

若测得继电器电磁线圈的电阻值为无穷大，则说明该继电器的线圈已开路损坏。若测得线圈的电阻值低于正常值许多，则是线圈内部有短路故障。

（3）估测吸合电压与释放电压

将被测继电器电磁线圈的两端接上 0～35V 可调式直流稳压电源（电流为2A）后，再将稳压电源的电压从低逐步调高，当听到继电器触点吸合动作声时，此时的电压值即为（或接近）继电器的吸合电压。额定工作电压一般为吸合电压的 1.3～1.5 倍。

在继电器触点吸合后，再逐渐降低电磁线圈两端的电压。当调至某一电压值时继电器触点释放，此电压即是继电器的释放电压（一般为吸合电压的10%～50%）。

（4）估测吸合电流和释放电流

将被测继电器电磁线圈的一端串接1只毫安电流表（可用万用表毫安挡）后再接直流稳压电源（20～30V）正极，将电磁线圈的另一端串接1只10kΩ的线绕电位器后与稳压电源的负极相连，如图9-3-1所示。接通电源后，将电位器的阻值由最大逐渐调小，当调至某一阻值时继电器工作，其常开触点闭合，此时电流表的读数即是继电器的吸合电流（继电器的工作电流一般为吸合电流的2倍）。再缓慢增大电位器的阻值，当继电器触点由吸合状态突然释放时，此时电流表的读数即为继电器的释放电流。

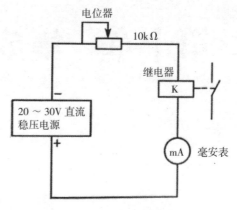

图 9-3-1 电磁继电器的测试电路

将继电器与测量电路断开，用万用表的电阻挡测量电磁线圈的直流电电位器阻值，将测得的电阻值乘以继电器的工作电流，得到的即是继电器的工作电压值。

2. 干簧管继电器的检测

用万用表 R×1 挡，两表笔分别接干簧管继电器的两端，若将干簧管继电器靠近永久磁铁（或万用表中心调节螺钉处）时，万用表指示阻值为0；而将干簧管继电器离开永久磁铁后，万用表指针返回，阻值变为无穷大，则说明干簧管继电器正常，其触点能在磁场的作用下正常接通与断开。若将干簧管继电器靠近永久磁铁后，其触点不能闭合，则说明该干簧继电器已损坏。

第十章 集成电路

第一节 集成电路基本知识

集成电路是利用半导体工艺或厚膜、薄膜工艺,将电阻、电容、二极管、双极型三极管、场效应晶体管等元器件按照设计要求连接起来,制作在同一硅片上,成为具有特定功能的电路。这种器件打破了电路的传统概念,实现了材料、元器件、电路的三位一体,与分立元器件组成的电路相比,具有体积小、功耗低、性能好、重量轻、可靠性高、成本低等许多优点。几十年来,集成电路的生产技术取得了迅速的发展,集成电路得到了极其广泛的应用。

一、集成电路的基本类别

按照集成电路的制造工艺分类,可以分为半导体集成电路、薄膜集成电路、厚膜集成电路、混合集成电路。

用平面工艺(氧化、光刻、扩散、外延工艺)在半导体晶片上制成的电路称为半导体集成电路(也称单片集成电路)。

用厚膜工艺(真空蒸发、溅射)或薄膜工艺(丝网印刷、烧结)将电阻、电容等无源元件连接制作在同一片绝缘衬底上,再焊接上晶体管管芯,使其具有特定的功能,叫作厚膜或薄膜集成电路。如果再装焊上单片集成电路,则称为混合集成电路。

目前使用最多的是半导体集成电路。半导体集成电路按有源器分类为双极型、MOS 型和双极 –MOS 型集成电路;按集成度分类,有小规模(集成了同个门或几十个元器件)、中规模(集成了一百个门或几百个元器件以上)、大规模(集成了一万个门或十万个元器件)、超大规模(集成了十万个以上元器件)集成电路;按照功能分类,有数字集成电路和模拟集成电路两大类,见表 10-1-1。

表 10-1-1　半导体集成电路按照功能分类

数字集成电路	门电路(与、或、非、与非、或非、与或非门等)	
	触发器(R–S、D、J–K 触发器等)	
	功能部件(半加器、全加器、译码器、计数器等)	
	存储器	随机存储器(RAM)
		只读存储器(ROM)

续表

数字集成电路	存储器	移位存储器（SR）
	微处理器（CPU）	
	可编程器件	PROM，EPROM，E2PROM
		PLA
		PAL
		GAL，FPGA，EPLD
		Hardwire LCA
		其他
	其他	
模拟集成电路	线性集成电路	直流运算放大器
		音频放大器
		宽带放大器
		高频放大器
		其他
	非线性集成电路	电压调整器
		比较器
		读出放大器
		模数（数模）转换器
		模拟乘法器
		可控硅触发器
		其他

二、集成电路的型号与命名

　　近年来，集成电路的发展十分迅速，特别是中、大规模电路的发展，使各种性能的通用、专用集成电路大量涌现，类别之广、型号之多令人眼花缭乱。国外各大公司生产的集成电路在序号上基本是一致的。大部分数字序号相同的器件，功能差别不大且可以代换。因此，在使用国外集成电路时，应该查阅手册或几家公司的产品型号对照表，以便正确选用器件。

　　在国内，半导体集成电路研制生产的起步并不算晚，但由于设备条件落后和工艺水平低下，除了产品类型不如国外多样，更主要的问题在于质量不够稳定，特别是大多数品种的生产成品率很低，使平均成本过高，无法在市场竞争中处于有利地位。近年来，国内半导体器件的生产厂家通过技术设备引进，在发展微电子技术方面取得了一些进步。国家标准规定，国产集成电路的型号命名由四部分组成，见表 10-1-2。

表 10-1-2　国家标准规定的国产集成电路的型号命名

第一部分		第二部分	第三部分	第四部分	
用字母 表示电路的类型		用三位数字表示电路的系列和品种号	用字母 表示电路的规格	用字母 表示电路的封装	
符号	意义			符号	意义
T H E I P N C F W J …	TTL HTL ECL IIL PMOS NMOS CMOS 线性放大器 集成稳压器 接口电路 …			A B C D Y F	陶瓷扁平 塑料扁平 陶瓷双列 塑料双列 金属圆壳 F 型

例如，T063AB——TTL 中速 4 输入端双与非门：

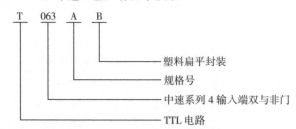

又如，C180BC——CMOS 二 – 十进制同步加法计数器：

再如，FO31CY——低功耗运算放大器：

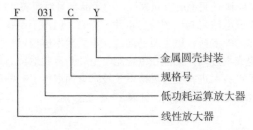

过去，国产集成电路大部分按照国家标准命名，也有一些是按照企业自己规定的标准命名的；现在，国产集成电路的命名方法有和国际系列靠拢的趋势，已经生产出 4000 系列和

74 系列的集成电路。因此，如果选用按照国家标准命名的集成电路，应该检索厂家的产品手册以及性能对照表。不过，采用国家标准命名的集成电路目前在市场上不易见到。

常见的集成电路多为美国 IEC、德国 DIN 或日本 JIS 标准系列的产品，例如：54 系列、74 系列和 74LS 系列 TTL 电路；4000 系列、74HC 系列 TTL 电路；其他电路。

三、集成电路的封装

集成电路的封装，按材料基本分为金属、陶瓷、塑料三类，按电极引脚的形式分为通孔插装式及表面安装式两类。这几种封装形式各有特点，应用领域也有区别。这里主要介绍通孔插装式引脚的集成电路封装，也介绍若干表面安装式引脚的封装形式。

1. 金属封装

金属封装散热性好，可靠性高，但安装使用不够方便，成本较高。这种封装形式常见于高精度集成电路或大功耗器件。符合国家标准的金属封装有 Y 型和 F 型两种，外形尺寸如图 10-1-1 所示。

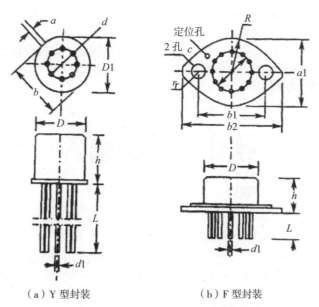

（a）Y 型封装　　　　　（b）F 型封装

图 10-1-1　金属封装集成电路

2. 陶瓷封装

国家标准规定的陶瓷封装集成电路可分为扁平型[A 型，见图 10-1-2(a)]和双列直插型[C 型，国外一般称为 DIP 型，见图 10-1-2（b ）] 两种。但 A 型封装的陶瓷扁平集成电路的水平引脚较长，现在被引脚较短的 SMT 封装所取代，已经很少见到。双列直插型陶瓷封装的集成电路随着引脚数的增加，已经发展到 PGA（Ceramic Pin Grid Array）形式，图 10-1-2（c ）是 80586（Pentium CPU）的陶瓷 PGA 型封装。

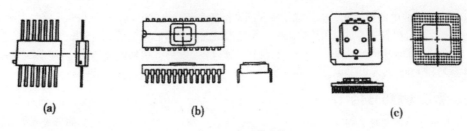

图 10-1-2　陶瓷封装集成电路

3. 塑料封装

塑料封装是目前最常见的封装形式，最大特点是工艺简单、成本低，因而被广泛使用。国家材料规定的塑料封装的形式，可分为扁平型（B 型）和双列直插型（D 型）两种。

随着集成电路品种规格的增加和集成度的提高，电路的封装已经成为一个专业性很强的工艺技术领域。现在，国内外的集成电路封装名称逐渐趋于一致，不论是陶瓷材料的还是塑料材料的，均按集成电路的引脚布置形式来区分。图 10-1-3 是常见的各种典型的集成电路封装，图（a）是塑料单列封装 plastic SIP（Single In-line Package）；图（b）是塑料 V-DIP 型封装 Plastic V-DIP（Vertical Dual In-line Package）；图（c）是塑料 ZIP 型封装 Plastic ZIP（Zigzag In-line Package）。以上三种封装，多用于音频前置放大、功率放大集成电路。图（d）是塑料 DIP 型封装 Plastic DIP（Dual In-line Package）。

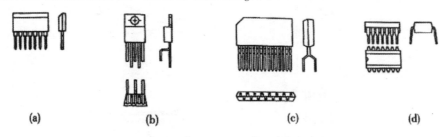

图 10-1-3　常见典型的塑料封装集成电路

中功率器件为降低成本、方便使用，现在也大量采用塑料封装形式。但为了限制温升并有利于散热，通常都同时封装一块导热金属板，便于散热。

四、使用集成电路的注意事项

1. 工艺筛选

工艺筛选的目的，是将一些可能早期失效的电路及时淘汰，保证整机产品的可靠性。由于从正常渠道供货的集成电路出厂前都要进行多项筛选试验，可靠性通常都很高，用户在一般情况下也就不需要进行老化或筛选了。但问题在于，近年来集成电路的市场情况比较混乱，常有一些从非正常渠道进货的次品鱼目混珠。所以，实行了科学质量管理的企业，都把元器件的使用筛选作为整机产品生产的第一道工序，特别是那些对设备及系统的可靠性要求很高的产品，更必须对元器件进行使用筛选。

事实上，每一种集成电路都有多项技术指标，而对于使用这些集成电路的具体产品，往往并不需要用到它的全部功能以及技术指标的极限。这样，就为元器件的使用筛选留出了很宽的余地。有经验的电子工程技术人员都知道，对廉价元器件进行关键指标的使用筛选，既可以保证产品的可靠性，也有利于降低产品的成本。

2. 正确使用

在使用集成电路时，其负荷不允许超过极限值；当电源电压变化不超出额定值 ±10% 的范围时，集成电路的电气参数应符合规定标准；在接通或断开电源的瞬间，不得有高电压产生，否则将会击穿集成电路。

输入信号的电平不得超出集成电路电源电压的范围（即输入信号的上限不得高于电源电压的上限，输入信号的下限不得低于电源电压的下限；对于单个正电源供电的集成电路，输入电平不得为负）。必要时，应在集成电路的输入端增加输入信号电平转换电路。

一般情况下，数字集成电路的多余端不允许悬空，否则容易造成逻辑错误。"与门""与非门"的多余输入端应该接电源正端；"或门""或非门"的多余输入端应该接地（或电源负端）。为避免多余端，也可以把几个输入端并联起来，不过这样会增大前级电路的驱动电流，影响前级的负载能力。

数字集成电路的负载能力一般用扇出系数 N_0 表示，但它所指的情况是用同类门电路作为负载。当负载是继电器或发光二极管等需要大电流的元器件时，应该在集成电路的输出端增加驱动电路。

使用模拟集成电路前，要仔细查阅它的技术说明书和典型应用电路，特别注意外围元件的配置，保证工作电路符合规范。对线性放大集成电路，要注意调整零点漂移、防止信号堵塞、消除自激振荡。

集成电路的使用温度一般在 $-30 \sim +80℃$，在系统布局时，应使集成电路尽量远离热源。

在手工焊接电子产品时，一般应该最后装配焊接集成电路；不得使用大于 45W 的电烙铁，每次焊接时间不得超过 10s。

对于 MOS 集成电路，要特别防止栅极静电感应击穿。一切测试仪器（特别是信号发生器和交流测量仪器）、电烙铁和线路本身，均须良好接地。当 MOS 电路的源—漏电压加载输入状态的电路，为避免输入端在拨动开关的瞬间悬空，应该在输入端接一个几十千欧的电阻到电源正极（或负极）上。此外，在存储 MOS 集成电路时，必须将其收藏在金属盒内或用金属箔包装起来，防止外界电场将栅极击穿。

五、模拟集成电路

模拟集成电路可按其特点分为集成运算放大器、集成稳压器、集成功率放大器以及其他一些种类的集成电路。

在模拟集成电路中，发展最早、应用最广的是集成运算放大器（简称集成运放或运放）。这是一种性能良好，应用广泛的电子器件。

（一）集成运算放大器

1. 功能及电路组成

集成运算放大器是一种高放大倍数、高输入电阻、低输出电阻的直接耦合放大电路。在信号放大、信号运算（加、减、乘、除、对数、反对数、平方、开方）、信号处理（滤波、调制），以及波形的产生和变换的单元中，集成运算放大器是它们的核心部分。由于直接耦合电路存在温漂问题，所以对温漂影响最大的第一级几乎毫无例外地采用了差动放大形式，为了得到高放大倍数，中间级几大多采用共射（共源）放大电路，并常常设计成有源负载以获得更高的放大倍数，同时为了提高带负载能力，多采用互补型跟随式输出级电路。集成运放 CF741

结构具有一定代表性，其电路原理如图 10-1-4 所示，集成运放符号如图 10-1-5 所示。现将各部分作用简述如下。

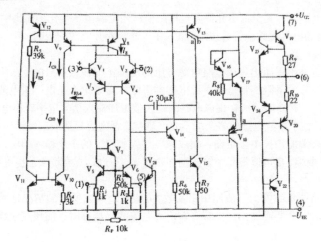

图 10-1-4　CF741 内部电路原理图

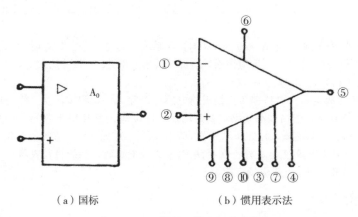

（a）国标　　　　　（b）惯用表示法

图 10-1-5　集成运算放大器的符号

（1）输入级

由晶体管 $V_1 \sim V_9$、电阻 $R_1 \sim R_3$ 组成输入级，其中 V_1、V_2 是共集电极接法，用以提高输入电阻，V_3、V_4 是横向 PNP 管，接成共基放大电路，用以改善高频特性，并利用横向 PNP 管发射结击穿电压高的特点来增大差模输入信号的允许电压范围，$V_1 \sim V_4$ 组成了共集—共基组合的差放电路；$V_5 \sim V_7$ 构成多路电流源作为 V_3、V_4 管的集电极有源负载，同时完成对差模信号的双端输出变成单端输出的转换，并把单端输出的放大倍数提高了 1 倍，在输入共模信号时，电路仍保持双端输出方式对共模信号的良好抑制作用；从 1 和 5 外接调零电路，用以补偿差放的失调误差。V_5、V_9 组成镜像电流源，I_8 为 V_1、V_2 提供静态集电极电流，I_{C9} 与微电流源 V_{10}、V_{11} 的输出电流 I_{C10} 配合为 V_3、V_4 提供基极偏置电流 I_{B3}，I_{B4}。

（2）中间放大级

晶体管 V_{14}、V_{15}，电阻 R_6、R_7 组成中间放大级，V_{14} 管接射极输出器，具有输入电阻高、输出电阻低的特点，起缓冲隔离作用；V_{15} 管接共射极放大电路，R_7 的作用即提高输入电阻，又能稳定该级的放大倍数；V_{12}、V_{13} 构成镜像电流源，V_{13} 是一个双集电极横向 PNP 管，集电极电流即按这个比例分配；V_{13a} 作为 V_{15} 的有源负载，这一级的放大倍数很高，输入级与中间级放大级合在一起的放大倍数可高达 105 以上；跨接于这一级的输入与输出端的电容 C 是相位补偿电容，它的作用是消除自激振荡。

（3）输出级

晶体管 V_{19}、V_{20} 组成 OCL 互补对称功率放大电路，二极管 V_{16} 和三极管 V_{17} 保证 V_{19}、V_{20} 静态时处于微导通状态，这样可以消除交越失真；V_{18} 是输出级电路的缓冲驱动级，它是一个双发射横向 PNP 管，V_{18a} 接射极输出器，起缓冲隔离作用及阻抗变换作用。同时，V_{18} 作为功率放大电路的驱动级还完成了从前两级的小信号放大到功率放大电路的信号放大之间的过渡。

V_{18} 管发射极 b 用来防止输入信号过大时，使 V_{14} 管电流过大而损坏，并且防止 V_{15} 管进入深度饱和，正常情况下 V_{18b} 是不导通的。当 V_{15} 集电极电位低于 V_{14} 的基极电位一个 UBE 时，V_{18b} 是不导通的，V_{15b} 导通，它一方面分流 V_{14} 的基极电流，另一方面起钳位作用，使 V_{15} 集电极电位不会低于基极电位进入深饱和区。

$V_{21} \sim V_{24}$ 管及 R_9、R_{10} 组成过电流保护电路，正常情况下，电流在输出额定值以内时，这些管子是截止的；当从 V_{19} 管输出的正向电流过大时，R_9 上的压降超过 UBE，使 V_{23} 导通，分流 V_{19} 的基极电流，起限流保护作用；当从 V_{20} 输出的负向电流过大时，R_{10} 上压降使 V_{24}、V_{22} 和 V_{21} 导通，分流输出电流及 V_{14} 的基极电流，起限流保护作用。

电流源 V_{12} 和 V_{13b} 作为驱动级 V_{18} 的射级有源负载，并为恒压偏置电路 V_{16}、V_{17}、R_5 组成镜像电流源，V_{10}、V_{11}、R_4 组成微电流源，它们都以 I_{R5} 作为参考基准电流。I_{C10} 除了为 V_3、V_4 提供基极偏置电流外，还要影响镜像电流源 V_8、V_9 中的电流，因此，流经 R_5 的电流 I_{R5} 是否恒定就至关重要。由 V_{12}、R_5、V_{11} 形成的主参考电路支路，I_{R5} 应为

$$I_{R5}= \left[U_{CC}- \left(-U_{EE} \right) -U_{BE12}-U_{BE11} \right] /R_5$$

当正负电源远远大于 UBE 且稳定时，I_{R5} 趋于恒定，具有良好的恒流特性。

2. 主要参数

开环差模电压增益 A_{0d}。开环差模电压增益是指在集成运放本身不引入反馈的情况下，输出电压与输入差模电压的增量之比，常以分贝（dB）为单位表示，即

$$A_{0d}=20lg \left| \frac{\Delta U_o}{\Delta U_{Id}} \right|$$

A_{0d} 是决定集成运放运算精度的重要因素，高增益集成运放的 A_{0d} 可达 140dB 以上。

输入失调电压 U_{IO}。在运放两个输入端补偿电压，使运放输出电压为零，输入端补偿电压的数值即为输入失调电压，高质量的产品 U_{IO} 在 1mV 以下。

输入失调电压的温漂 dU_{IO}/d_T。输入失调电压的温漂是指在规定的工作范围内 U_{IO} 的温度系数，是衡量电路温漂的重要指标。这个指标往往比 U_{IO} 更为重要，因为 U_{IO} 可以通过调零的办法来补偿，而 dU_{IO}/d_T 却不能被补偿，高质量的集成运放的 $dU_{IO}/d_T < 1\mu s/℃$。

输入偏置电流 I_{IB}。当集成运放输出电压为零时，两个输入端所需偏置电流的平均值即为输入偏置电流。一般集成运放的 I_{IB} 为微安量级，高质量的为纳安量级。

输入失调电流 I_{IO}。输入失调是当集成运放输出电压为零时，两个输入端的偏置电流之差。

输入失调电流的温漂 dI_{IO}/d_T。输入失调电流的温漂是指在规定的工作范围内 I_{IO} 的温度系数，高质量的集成运放 dI_{IO}/d_T 可为几个皮皮每度（pA/℃）。

开环共模电压增益 A_{Od}。开环共模电压增益是指集成运放本身在不引入反馈情况下输入共模电压对输出电压变化的影响，即 $A_{Od} = \Delta U_o / \Delta U_{IC}$。它是衡量前置参数是否对称的标志，也是衡量抗温漂、抗共模干扰能力的标志，优质集成运放其 A_{Od} 应接近于零。

共模抑制比 K_{CMR}。共模抑制比是指开环差模电压增益与开环共模电压增益之比，用以全面衡量集成运放，其 K_{CMR} 值应在 100dB 以上，高质量的集成运放 K_{CMR} 可达 100dB 以上。

差模输入电阻 r_{id}。差模输入电阻是指集成运放开环时输入电压的变化与由它引起的输入电流的变化之比，也就是从放大器两个输入端看到的动态电阻。

开环输出电阻 r_o。集成运放开环的动态输出电阻即为开环输出电阻。

共模输入电压 U_{Icmax}。最大共模输入电压是指当集成运放的共模抑制特性显著变坏（有的规定为下降 6dB）时的共模输入电压幅度。不同类型集成运放的共模输入电压范围也不同，如 F004 为 ±10V、F007 为 ±13V。

差模输入电压 U_{Idmax}。最大差模输入电压指同相输入端与反相输入端之间所能承受的最大电压值，输入差模电压超过 U_{Idmax} 时，差放一侧管子的发射结可能出现反相向击穿现象，一般集成电路中 NPN 管的发射结反向击穿电压小于 7V，横向 PNP 管可达 30V 以上。

单位增益带宽 f_{BWG}。单位增益带宽是指 A_{Od} 幅值下降到 1dB 时的频率，一般运放的 f_{BWG} 为几兆赫至几十兆赫，宽频带运放可达 100MHz 以上。

转换速度 S_R。转换速度是指运算放大器在大信号输入条件下，输出电压从负峰值到正峰值的最大变化速率。它是衡量运放对高速变化信号适应能力的指标，一般运放为每微秒几伏，高速运放为每微秒几十伏，若输入信号变化速率大于此值，则输出波形将严重失真。

静态功耗 P_C。静态功耗是指集成运放在输出电压为零时所消耗的电源功率。

3. 分类

集成运放因用途不同有以下几种类型。

通用型。其性能指标适合于一般性使用，产品量大、应用面广。

低功耗型。静态功耗在 1mW 左右。

高精度型。失调电压温度系数在 1μV/℃左右。

高速型。转换速率在 10μV/℃左右。

高阻型。输入电阻在 1012Ω 左右。

宽带型。带宽在 100MHz 左右。

高压型。允许供电电压在 ±30V 左右。

跨导型。输入为电压，输出为电流。

电流型。输入为差动电流，输出为电压。

其他。如程控型、斩波稳零型等。

4. 选择集成运放应考虑的问题

选择集成运放的一般原则是，在满足电气性能的前提下，选择性能价格比高的器件，具体考虑如下。

一是如果没有特殊的要求，应尽量选用通用型，既降低设备费用，又易保证货源；如果一个电路中有多个运放时，则应考虑选择双运放、四运放，例如，CF324 和 CF14573 都是将四个运放封装在一起的集成电路，这样有助于简化电路、缩小体积、降低成本。

二是如果系统使用中对能源有严格的限制，可选择低功耗集成运放；如果系统要求比较精密、漂移小、噪声低，则应选择高精度低漂移、低噪声集成运放；如果系统的工作频率很高，则要选择高速及宽带集成运放；如果系统的工作电压很高而要求运算放大器的输出电压也很高，可选择高压运算放大器。

三是不要盲目追求指标先进，必须根据实际要求，综合考虑，合理选用。事实上不存在尽善尽美的集成运放，例如，低功耗的运放，其转换速率必然低；场效应管作输入级的运放，其输入电阻虽然高，但失调电压也较大；等等。

四是使用前要了解集成运放产品的类别及电参数，弄清楚封装形式、外接线排法、管脚接线、供电电压范围等，特别要注意手册中给出的性能指标是在某一条件下测出的，如果使用条件与所规定的条件不一致，则将影响指标的正确性。例如，当输入共模电压较高时，失调电压和失调电流的指标将显著恶化；又如，在消振补偿所加的电容器容量比规定的值大时，将会影响集成运放的频宽和转换频率。

五是要注意在系统中各单元之间的电压配合问题。例如，若运放的输出接到数字电路，则应按后者的输入逻辑电平选择供电电压及能适应供电电压的集成运放型号，否则它们之间应加电平转换电路。

六是集成运放是电子电路的核心，为了减少损坏，最好能采取适当保护措施，特别是当工作环境常有冲击电压和电流出现时，或在试验调试阶段，应尽量选用带有过电压、过电流、过热保护的型号。如果集成运放内部不具备上述措施，则应外接。

（二）集成稳压器

集成稳压器是利用半导体工艺，把基准电压、取样电路、比较放大电路、调整管和保护电路等全部元件集中地制作在一块硅片上。它具有体积小、稳定性高、性能指标好等优点，特别适用于小型化设备与分散供电场合。

1. 集成稳压器的分类

按工作方式分为串联调整式稳压器、并联调整式稳压器、开关调整式稳压器。

按输出电压是否可调分为固定式稳压器（输出电压在出厂前已调整在标准值，使用时不能调整）、可调式稳压器（用户可通过外接元件调整输出电压）。

按输出端多少分为三端稳压器、多端稳压器。

2. 各类集成稳压器的主要特点（见表 10-1-3 ）

表 10-1-3 各类集成稳压器的主要特点

工作方式	名称	型号	特点
串联式	三端固定正稳压器	CW780 系列	输出电压较稳定，使用简单，安装方便，保护功能全，价格便宜
	三端固定负稳压器	CW790 系列	
	三端可调正稳压器	CW117/217/317 CW150/250/350 CW138/238/338	输出电压稳定度高，输出电压可调范围较广，纹波电压小，使用简单，保护功能全，安全可靠，效率低，价格较贵
	三端可调负稳压器	CW396/CW496 CW137/237/337	
	正负双路稳压器	CW1468/1568	优点同上，安装较麻烦，效率低，价格便宜

工作方式	名称	型号	特点
并联式	高精度基准电压源	能隙式 CJ313/336/385 隐埋齐纳式 CW199/299/399	输出电压稳定度高, 外接元件少, 输出电压固定, 效率低, 一般用作基准电压
	可调基准	CW431	
	彩电专用基准	CW574	
	精密电压基准	5G1403 F1403	
开关式	集成可调脉宽型调制器	CW1524/2524/3524	自身功耗小, 一般不需散热器; 输出电压可在很宽范围内调整; 输出电流范围很广, 能满足各种功率的要求; 最重要的特点是效率高, 但输出电压稳定度较低, 纹波电压也较大
	开关稳压器	CW296	
	脉宽调制器	CW2018	
	开关型电压调整器	CW497	

3. 主要参数

（1）稳压值

对性能良好的集成稳压器稳压值基本上为一个常数, 如果是可调式稳压器, 调节电位器时, 稳压值在某一范围内改变。如三端固定正稳压 W7800 系列, 后两位表示稳压值, W7805 的稳压值为 5V, 三端可调整稳压器 W317 稳压值调范围为 $1.2 \sim 3.7V$。

（2）电压调整率 S_U

当负载不变时, 输入电压变化为 ΔU_1 时产生输出电压变化为 ΔU_0, 则

$$S_U = \frac{\Delta U_0 / \Delta U_1}{U_0} \mid I_0 \times 100\%$$

其意义是在额定输出电流 I_0 为恒定时, 单位输出电压 U_0 的电压变化 ΔU_0 时的电压变化为 ΔU_1 的百分比, 是检验电网电压变化对输出电压影响的指标。

（3）电流调整 S_1

当输入电压 U_1 保持不变, 负载电流变化引起输出电压变化 ΔU_0, 则

$$S_1 = \frac{\Delta U_0}{U_0} \mid U_1 \times 100\%$$

其意义是输入电压 U_1（电网电压经整流、滤波后）为恒定时, 表征输出电流变化所引起的输出电压变化的程度。

（4）输出阻抗 Z_0

输出阻抗所表示的意义与电流调整率在本质上是一致的, 其意义为

$$Z_0 = \frac{\Delta U_0}{\Delta I_0} \mid U_1 \times 100\%$$

稳压器本身的输出阻抗（内阻）越小, 负载变动时的输出电压变化量就越小。

（5）纹波抑制比 S_{rip}

其定义是

$$S_{rip} = 20 \lg \frac{U_{ipp}}{U_{opp}}$$

其中，U_{ipp} 和 U_{opp} 分别是输入电压交流部分的双峰值和输出电压交流部分的双峰值，它反映了稳压电源对输入电压纹波的抑制能力。

（6）温度系数 S_T

温度系数表征稳压器随环境温度变化输出电压变化的情况，其定义为

$$S_T = \frac{\Delta U_0}{\Delta U - U_0} \times 100\% \quad (100\%/℃)$$

稳压器工作在所允许的温度范围情况下，当输入电压和负载电流保持不变时，单位温度变化 ΔT 引起的电压变化量 ΔU_0，考虑到输出电压基准值 U_0 的不同，所以按输出电压的单位变化率来计算。

（7）最小、最大输入电压 U_{imin}、U_{imax}

为保证集成稳压器正常工作所需输入电压的最低值即为最小输入电压 U_{imin}；当输入电压增大到一定程度时，集成稳压器将发生击穿或过损耗，以致造成损坏，一般取击穿电压值的 $70\% \sim 75\%$ 定为最大输入电压 U_{imax}。

4. 集成稳压器使用注意事项

使用前应从产品手册中查出有关型号的参数、性能指标及外形尺寸，以便正确使用。

安装时若集成稳压器位置离电源的滤波电容较远，在输入端应接入旁电容（CW7800 系列为 $0.33\mu F$，CW7900 系列为 $2.2\mu F$），目的是用来改善部件的瞬态响应，不是滤波用的。如负载电流脉动较大，应在输出端或负载端加接大容量滤波电容。三端集成稳压器接入一些外接元件，可以得到可调输出电压和电流，也可以扩大输出。

使用时应注意不得大于最大功耗 P_{CM}。若实际功耗 $\geq P_{CM}$，必须附加适当的散热器。

（三）集成功率放大器

在实际电路中，往往要求放大电路的末级（即输出级）输出一定的功耗，以驱动负载。能够向负载提供足够信号功率的放大电路称为功率放大器。功率放大器要求输出尽可能大的功率和提高转换效率，常用的功率放大电路有推挽式无输出变压器功率放大电路（Output Transformer Less，OTL）、桥式推挽功率放大电路（Output Capacitor Less，OTL）、桥式推挽功率放大电路（Balanced Transformer Less，BTL）。OTL、OCL 和 BTL 电路均有各种不同输出功率和不同电压增益的多种型号的集成电路，本节介绍几种音频集成功率放大器。

1. 集成功率放大电路的主要性能指标

由表 10-1-4 可知一种集成功放的电源电压有一定的范围，对于同一负载，当电源电压不同时，最大输出功率的数值将不同；对于同一电源电压，当负载不同时，最大输出功率的数值也将不同。已知电源的静态电源（可查阅手册）和负载电流最大值（通过最大输出功率和负载可求出），可求出电源的功耗，从而得到转换效率。

表 10-1-4　几种集成功放的主要参数

型号	LM386-4	LM2877	TDA1514A	TDA1556
电路	OTL	OTL（双通道）	OCL	BTL（双通道）
电源电压范围（V）	$5.0 \sim 18$	$6.0 \sim 24$	$\pm 10 \sim \pm 30$	$6.0 \sim 18$
静态电源电流（MA）	4	25	56	80

续表

型号	LM386-4	LM2877	TDA1514A	TDA1556
输入阻抗（kΩ）	50		1000	120
	1 （UCC=16V, RL=32Ω）	4.5	48 （UCC=±23v, RL=4Ω）	22 （UCC=14.4V RL=4Ω）
输出功率（W）	26～46	70（开环）	89（开环） 30（闭环）	26（闭环）
电压增益（dB）	300 （1，8 开路）		0.02～25	0.02～15
增益带宽积（kHz）		65		
总谐波失真（%） （或 dB）	0.2	0.07	-90dB	0.1

表 10-1-4 所示电压增益均在信号频率为 1kHz 条件下测试所得，表中所示均为典型数据，使用时应进一步查阅手册，以便获得更确切的数据。

2. 集成功耗放大电路的典型应用

（1）LM386

LM386 是一种音频集成功放，具有自身功耗低、电压增益可调整、电源电压范围大、外接元件少和总谐波失真小等优点，广泛应用于录音机和收音机之中。

LM386 内部电路原理图如图 10-1-6 所示，它是一个三级放大电路，输入级为差分放大电路，信号从 V_3、V_4 管的基极输入，从 V_2 管集电极输出，为双端输入单端输出差分电路。中间级为共射级放大电路，V_7 为放大管，恒流源作有源负载。输出级 V_8 和 V_9 复合成 PNP 型管，与 NPN 型管 V_{10} 构成准互补输出级。电路由单电源供电，引脚 2 为反相输入端，引脚 3 为同相输入端，是 OTL 电路，输出端（引脚 5）应外接输出电容后再接负载。图 10-1-7 所示为 LM386 的外形和引脚的排列图。

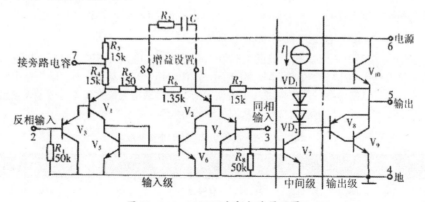

图 10-1-6　LM386 内部电路原理图

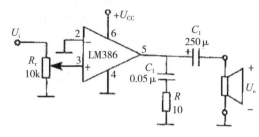

图 10-1-7 LM386 的外形和引脚排列图

图 10-1-8 LM386 的一种基本用法

图 10-1-8 所示为 LM386 的一种基本用法，也是外接元件最少的一种用法，C_1 为输出电容。由于引脚 1 和引脚 8 开路，集成功放的电压增益为 26dB，即电压放大倍数为 20。利用 RP 可调节扬声器的音量。R 和 C_2 串联构成校正网络用来进行相位补偿。

（2）TDA1521

TDA1521 是 2 通道 OCL 电路，可作为立体声扩音机左、右两个声道的功放。其内部引入了深度串联负反馈，闭环电压增益为 30dB，并具有待机、静噪，以及短路和过热保护等功能。图 10-1-9 所示为 TDA1521 的基本用法。当 $\pm U_{CC} = \pm 16V$，$R_L = 18\Omega$ 时，若要求总谐波失真为 0.5%，则 $P_{om} \approx 12W$，最大不失真输出电压 $U_{om} \approx 19.8V$，其峰值约为 13.9V，当输出功率为 P_{om} 时，输入电压有效值 $U_{im} \approx 327mV$。

（3）TDA1556

TDA1556 为 2 通道 BT1 电路，也可作为立体声扩音机左右两个声道的功放。TDA1556 内部具有待机、静噪功能，并有短路、电压反相、过电压、过热和扬声器保护等功能。

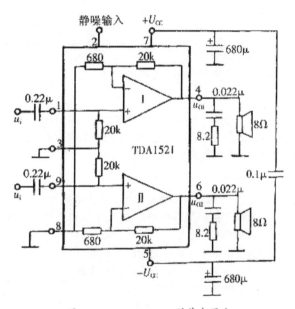

图 10-1-9 TDA1521 的基本用法

图 10-1-10 为 TDA1556 的基本用法。为使最大不失真输出电压的峰值接近电源电压 U_{CC}，静态时，应设置放大电路的同相输入端和反相输入端均为 $U_{CC}/2$，输出电位也为 $U_{CC}/2$，因此内部提供的基准电压 U_{REF} 为 $U_{CC}/2$。当 u_i 由零逐渐增大时，u_{o1} 从 $U_{CC}/2$ 逐渐减小；当 u_i 增大到峰值时，u_{o1} 和 u_{o2} 的变化与上述过程相反，当 u_i 减小到负峰值时，负载上电压可接近 $-U_{CC}$。因此，最大不失真输出电压的峰值可接近电源电压 U_{CC}。

查阅手册可知，当 $U_{CC} = 14.4V$、$R_L = 4\Omega$ 时，若总谐波失真为 10%，则 $P_{om} \approx 22W$。最大不失真输出电压 $U_{om} \approx 9.8V$，其峰值约为 13.3V。

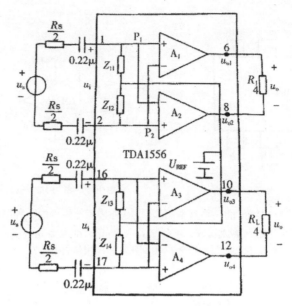

图 10-1-10　TDA1556 的基本用法

六、半导体数字集成电路

半导体数字集成电路是与计算机相互依存、相互推动而发展起来的。因为计算机需要大量的逻辑电路，这种电路形式简单，但数量很大；集成电路的生产特点正好是要求电路形式单一，而数量大。可以这样说，没有数字集成电路就没有计算机，而没有计算机，数字集成电路也不可能有大发展。

1. 双极型数字集成电路

（1）双极型数字集成电路的内部结构与类型

双极型数字集成电路是由双极型 NPN 管和电阻构成的。PN 结隔离的双极型电路如图
10-1-11 所示，这是一个典型双极型电路的例子。图中元器件之间的电的隔离是靠施加反向的 PN 结来完成的，这种隔离方法称为 PN 结隔离。

从图中可以清楚地看到，P 型硅片表面有一层很薄的 N 型层，这个 N 型层被若干个 P 型隔离槽分隔成若干个小 N 型层，称为隔离岛。元器件就分别制作在各隔离岛内。从电特性上讲，元件与元件之间要经过两个反向（背靠背）的 PN 结。PN 结在反向电压下是不导电的隔离。整个硅片表面覆盖一层二氧化硅（SiO_2）绝缘层。元件之间的连接是靠绝缘层上的铝条来完成的。引线孔把元器件及铝条连通。当然，实际电路比这

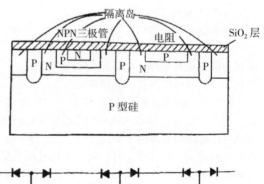

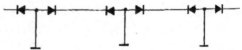

图 10-1-11　PN 结隔离的双极型电路

个例子复杂得多，但从此图中可见双极型电路结构的特点。

双极型数字集成电路（逻辑电路）有饱和型逻辑电路、抗饱和型逻辑电路和非饱和型逻辑电路三类。它们的开关速度是依次加快的。饱和型逻辑电路有以下六种：① 直接耦合晶体管逻辑（DCTL）电路；② 电阻—晶体管逻辑（RTL）电路；③ 二极管—晶体管逻辑（DTL）电路；④ 晶体管—晶体管逻辑（TTL）电路；⑤ 高抗干扰逻辑（HTL）电路；⑥ 集成注入逻辑（I^2L）电路。抗饱和型逻辑电路有以下两种：① 浅饱和型逻辑电路（改进 TTL 电路）；② 肖特基二极管 TTL（STTL）电路。非饱和型逻辑电路为发射极耦合（ECL）电路。其中以 TTL 系列电路应用最为广泛，系列最全。

（2）TTL 门电路工作原理

TTL "与非门" 电路是 TTL 系列电路中最基本的单元逻辑电路。典型 TTL 与非门电路如图 10-1-12 所示。它是由五只晶体管组成的 TTL "与非门" 电路。图中 VT_1 是一个有多个发射极的特殊的三极管，起到逻辑 "与" 门的作用。VT_2 起到逻辑 "非" 门的作用。VT_3 起扩大负载能力的作用，VT_3、VT_4 管和 R_5 的有源负载结构起到改善输出特性的作用。VT_5 与 VT_3、VT_4 构成的这种输出结构形式，称为 "图腾柱" 输出电路，又称为 "标准输出"。这个门电路有五个输入端，称为五输入端与非门。将两个与非门封装在一个管壳内时称为双与非门。此外还有四与非门等。为了改善五管型 TTL 电路的瞬时开关特性，目前广泛

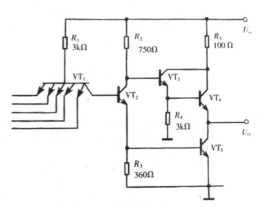

图 10-1-12　典型 TTL 与非门电路

采用的是 TTL 典型与非门的六管电路，六管 TTL 与非门电路如图 10-1-13 所示。为了改善一般 TTL 电路功耗较大的缺点，又有低功耗 TTL 电路。低功耗与非门电路如图 10-1-14 所示。它与六管 TTL 与非门电路的主要区别是各电阻阻值加大，电阻 R_4 改接于电路输出端。

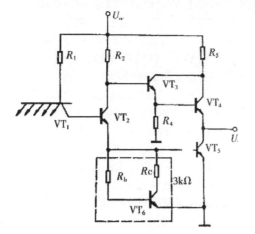

图 10-1-13　六管 TTL 与非门电路

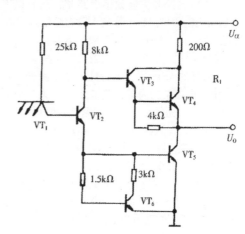

图 10-1-14　低功耗与非门电路

利用上述典型的 TTL 门电路，可以组成触发器、计数器等 TTL 系列数字电路。

（3）其他双极型数字电路

除了应用最广泛的 TTL 系列电路之外，DTL 电路是早期发展起来的低速数字集成电路，而 ECL 是高速数字集成电路，HTL 电路是高抗干扰能力的数字集成电路。

2. MOS 数字集成电路

（1）MOS 数字集成电路的结构及特点

由 MOS 晶体管组成的集成电路中，目前以 C-MOS 集成电路最为普通。C-MOS 集成电路的结构示意图如图 10-1-15 所示。其中 P 沟道 MOS 管是由弱掺杂的 N 型硅衬底，用工艺扩散重掺杂 P$^+$ 区形成漏极和源极。

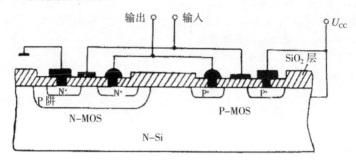

图 10-1-15　C-MOS 集成电路的结构示意图

在两个 P$^+$ 区之间是栅极氧化区，用它作为金属栅和衬底之间的绝缘层。P-MOS 管的基本工作原理是金属栅上加相对于衬底是负的电位，金属栅下感应的电场使 N 型衬底内形成 P 型导电沟道。P 沟道的载流子是空穴。

N-MOS 管是在 N 型硅片衬底上先进行 P 区（又称 P 阱）扩散，然后再进行 N$^+$ 的重掺杂，形成源和漏极。其间的氧化层及金属形成栅极。当金属栅相对 P 阱是正电位时，源极和漏极之间形成 N 沟道，产生电子电流。

C-MOS 电路中的 P-MOS 管和 N-MOS 管一定要在上述供电状态下才能正常工作。

MOS 电路和双极数字电路相比较有以下几个特点：① MOS 电路中除了 MOS 管外，很少用电阻。因为 MOS 管输入输出阻抗均很高，利用 MOS 管取代高电阻，可以简化电路，提高集成度。② MOS 电路一般不需要特殊隔离。这是由于 MOS 管在正常工作电压下，被偏压形成的耗尽层把 MOS 管包围，而这些耗尽层就把 MOS 管的工作区域和衬底隔离开来了。所以同类型的 MOS 管在电特性上是绝缘的，不需要像双极型电路那样特别安置隔离槽。这使得 MOS 电路结构简单，集成度高。③ MOS 集成电路可以进行"地下铁道"式的布线。因为 MOS 集成电路的整个硅片都覆盖着氧化膜，在膜的上面可以用铝膜作为引线（这和双极型电路一样），在膜的下面，做 MOS 管的同时，可以做成扩散区作为"地下"引线。由于 MOS 管阻抗很高，扩散层本身形成的电阻对 MOS 电路的连接影响很小，在氧化膜适当位置开出上下层间的引线孔，就可以形成氧化膜上、下的双层引线。对于功能复杂的大规模集成电路，多层布线可以有效减少硅片面积，提高集成度。正是由于 MOS 集成电路具有以上特点，所以 MOS 电路更易于向大规模方向发展。④ MOS 集成电路具有很高的输入阻抗。驱动 MOS 集成电路几乎不需要电流，所以 MOS 集成是电压（或电压）驱动器件。

（2）C-MOS 反相器和门电路

反相器是构成 C-MOS 数字集成电路的基本部件。C-MOS 反相器电路如图 10-1-16 所示。它由以推挽方式连接的 N 沟道 VT$_1$ 和 P 沟道 VT$_2$ 组成。典型工作电压为 10V（一般 3 ～ 18V

均为正常工作）。当输入电压 U_{in} 为高电平（8～10V）时，VT_2 管截止，VT_1 管导通，输出电压 V_0 为低电平，对地呈现低阻（1～2kΩ），而对电源呈现高阻（1000MΩ以上），所以流过电路的静态电流很小（约 10μA），静态功耗很低。当输入电压 U_{in} 为低电平（0～2V）时，VT_1 截止，VT_1 导通，输出呈高电平。只有电路在从导通状态转为截止状态时（或相反）才有较大电流通过 VT_1、VT_2 管，可见 C-MOS 电路的静态功耗很低。动态功耗和电路工作的信号频率有关，工作频率越高，电路功耗也越大。

用 C-MOS 反相器组成"或非门"和"与非门"的电路如图 10-1-17 所示。同样它可以组成其他逻辑电路。

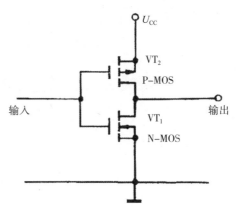

图 10-1-16　C-MOS 反相器电路

（3）P-MOS 反相器和门电路

P-MOS 反相器是由 P 沟道的增强型 MOS 管组成的。P-MOS 反相器电路如图 10-1-18 所示。其中 VT_1 管为驱动管（又称工作管），VT_2 为负载管。对增强型 P-MOS 管，其开启电压（阈值电压 U_T）为负，电源电压 U_{cc} 为负，VT_2 管的栅漏电极连接在一起，使它永远处于饱和区工作——相当于一个高电阻。当 VT_1 导通时（输入负电压使它开启），输出端电压很小；当 VT_1 截止时，VT_1、VT_2 管对电源 U_{cc} 分压，输出端会有较大的负电压。可见 P-MOS 反相器不论是工作在导通或截止时，均会有电流流过 VT_1、VT_2 管，所以 P-MOS 反相器具有比 C-MOS 反相器高的静态功耗。P-MOS 反相器的开关特性及响应时间均不如 C-MOS 反相器好，但由于 P-MOS 电路的制造工艺简单、成本低，目前仍有部分产品生产和应用。用 P-MOS 反相器也可以构成与非门和或非门以及更复杂的逻辑电路。P-MOS 与非门和或非门电路如图 10-1-19 所示。

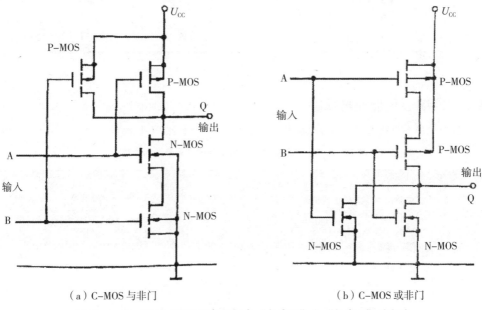

（a）C-MOS 与非门　　　　　　　　　　（b）C-MOS 或非门

图 10-1-17　用 C-MOS 反相器组成"或非门"和"与非门"的电路

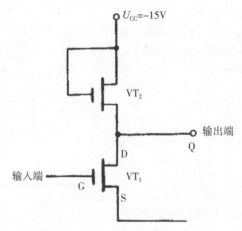

图 10-1-18　P-MOS 反相器电路

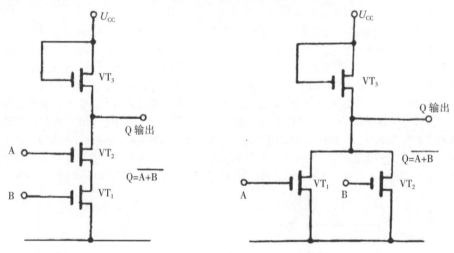

图 10-1-19　P-MOS 与非门和或非门电路

七、常用集成电路技术数据

通用集成运算放大器的型号及技术参数见表 10-1-5 ～表 10-1-8。

表 10-1-5　通用集成运算放大器的型号及技术参数

型号	输入失调电压 U_{10} (μA)	输入失调电流 I_{10} (μA)	输入偏置电流 I_{1B} (μA)	最大输出电压 U_{opp} (V)	开环电压增益 A_u (dB)	共模抑制比 K_{CMR} (dB)	静态功耗 P_D (mW)	输入电阻 R_1 (kΩ)	开环带宽 BW (kHz)	最大共模输入电压 U_{ICM} (V)	最大输入差模电压 U_{IDM} (V)	电源电压范围 U_{SR} (V)	外引线排列	国外同类型产品型号
A	≤ 8	≤ 0.4	≤ 2	± 10	≥ 80	≥ 65							Y82	
F005B	≤ 5	≤ 0.2	≤ 1.2	± 10	≥ 80	≥ 70	≤ 150	≥ 50	≥ 10	≥ ± 8	± 6	± 9 ～ ± 13	D82	μ A709
C	≤ 2	≤ 0.1	≤ 0.7	± 12	≥ 86	≥ 80								

续表

型号	输入失调电压 U_{10} (μA)	输入失调电流 I_{10} (μA)	输入偏置电流 I_{1B} (μA)	最大输出电压 U_{opp} (V)	开环电压增益 A_u (dB)	共模抑制比 K_{CMR} (dB)	静态功耗 P_D (mW)	输入电阻 R_1 (kΩ)	开环带宽 BW (kHz)	最大共模输入电压 U_{ICM} (V)	最大输入差模电压 U_{IDM} (V)	电源电压范围 U_{SR} (V)	外引线排列	国外同类型产品型号
A	≤ 10	≤ 0.3	≤ 1	± 10	≥ 86	≥ 70								
F006B	≤ 5	≤ 0.2	≤ 0.5	± 10	≥ 94	≥ 80	≤ 120	≥ 500	≥ 7	± 12	± 30	±9 ~ ±18	Y101	
C	≤ 2	≤ 0.1	≤ 0.3	± 12	≥ 94	≥ 80								
A	≤ 10	≤ 0.3	≤ 1	± 10	≥ 86	≥ 70								
F007B	≤ 5	≤ 0.2	≤ 0.5	± 10	≥ 94	≥ 80	≤ 120	≥ 500	≥ 7	± 12	± 30	±9 ~ ±18	Y801 D81	μA752 LM741
C	≤ 2	≤ 0.1	≤ 0.3	± 12	≥ 94	≥ 80	≤ 85	≥ 300						
CF741	≤ 5	≤ 0.2	≤ 0.5	± 10	106	90								
A	≤ 10	≤ 0.3	≤ 0.8	± 10	≥ 86	≥ 80				± 6				
F008B	≤ 5	≤ 0.2	≤ 0.5	± 10	≥ 96	≥ 90	≤ 75	≥ 500		± 12	± 30	± 18	Y101	
C	≤ 2	≤ 0.1	≤ 0.3	± 12	≥ 100	≥ 90				± 12				
A	≤ 10	≤ 0.5	≤ 1	18	≥ 80	≥ 70								
8FC4B	≤ 5	≤ 0.2	≤ 0.5	24	≥ 94	≥ 80	≤ 120	≥ 1000		± 13	± 30		Y12	
C	≤ 2	≤ 0.05	≤ 0.2	24	≥ 94	≥ 80								

	型号	输入失调电压 U_{10}	输入失调电流 I_{10}	输入偏置电流 I_{1B}	最大输出电压 U_{opp}	开环电压增益 A_u	共模抑制比 K_{CMR}	静态功耗 P_D	输入电阻 R_1	开环带宽 BW	最大共模输入电压 U_{ICM}	最大输入差模电压 U_{IDM}	电源电压范围 U_{SR}	外引线排列	国外同类型产品型号
	F101/201	≤ 0.7	≤ 1.5n	≤ 30n	± 14	≥ 100	≥ 90	≤ 54	≥ 4000		± 13	± 30		Y83	LM101 /201
	301	≤ 2	≤ 3n	≤ 70n					≥ 2000		± 15				LM301
	F107/207	≤ 0.7	≤ 1.5n	≤ 30n	± 14	≥ 96		≤ 54	≥ 4000					Y82	LM101 /201
	F307	≤ 2	≤ 3n	≤ 70n	± 14	≥ 90			≥ 2000						LM307
双运放	F358 *	± 2	± 3	45	V+ ± 1.5	100	85	≤ 60			V+ ± 15	32	单 32 双 ± 12	Y86 D86	LM358
	CF747	1	20	80	± 13	106	95	50	2M	0.5	± 13	± 30	± 22	Y102 D141	LM747
	CF1558	1	30	200	± 13	106	90	70	1M	+20 −12	± 13	± 30	± 22	Y86 D86	MC1558 LM1558
	CF4558	1	20	80	± 13	106	90	70	2M	1.6	± 13			Y86 D86	MC4558
R四运放	F4156	0.5	15	60	± 13	100	80	135	0.5M	1.6	± 14	± 30	± 20	D142	RM4156
	F324 * 5G6324	± 2	± 5	−45	V+−2	100	70	≤ 45			V+ ± 15	32	3 ~ 30 ± 1.5 ~ ± 15	D142	LM324
	F348	1	4	30		104	90	72	2.5M	0.5	± 12	± 36	± 15	D142	LM348

注：*指可单电源使用。表中以"3"开头的型号温度范围为0 ~ ±70℃，以"2"开头的型号温度范围为 −25 ~ +85℃，以"1"开头的型号温度范围为 −55 ~ +125℃。

表10-1-6 特殊功能集成运算放大器的型号及参数

类别	型号	输入失调电压 U_{IO} (mV)	输入失调电流 I_{IO} (PA)	输入偏置电流 I_{IB} (PA)	最大输出电压 U_{opp} (V)	开环电压增益 A_u (dB)	共模抑制比 K_{CMR} (dB)	静态功耗 P_D (mW)	输入电阻 R_1 (kΩ)	转换速率 SR (V/μs)	单位增益带宽 GB (MHz)	最大共模输入电压 U_{ICM} (V)	最大差模输入电压 U_{IDM} (V)	电源电压范围 U_{SK} (V)	外引线排列	国外同类产品型号	备注
高输入阻抗	F080 F081	2	5	30	±13.5	106	86	50	10^{12}	13	3	±12	±30	±18	D_{81} Y_{81}	TL080 TL081	JFET输入
	F082 F084	2	5	30	±13.5	106	86	95 190	10^{12}	13	3		±30	±18		TL082 TL084	双运放 四运放
	CF3130 F3130	8	0.5	5	+13.3~ +0.002	110	90	150	1.5×10^{12}	30	15	V++18 ~V −0.5	±8	5~16 ±2.5~ ±8	Y_{84}	CA3130	可单电源 MOSEFT
	F357	3	3	30	±12	106	100	150	10^{12}	50	20	±16	±30	±18		LF357	
宽带	F507	0.5	15nA	15nA	±12	100	100	90	500M	35	35	±11	±12	±5~ ±20	Y_{85}	AD507	高速宽带
	CF347	5	20	50	±13	100	100	240	10^{12}	13	4	+15 −12	±30	±18		LF347 μA774	四运放
高压	F1436	5	5nA	15nA	±22	114	110	146	10M	2	1	V+~ (V−3)	±34			MC1436	
高速	F344	2	1nA	8nA	±25	105	90	112		2.5	1	±34	±34		Y_{84}	LM344	
	F318	4	30nA	150nA	±13	106	100	150	3M	70	15	±15	±20		Y8	LM318	
	F772	2	20nA	150nA	±13	110	96	150		65	12.5	±16	±18	±18	Y8	μA772	
低功耗	F444	33	5	10	±13	100	95	24	10^{12}	1	1	±15	±18	±18		LF4444	JFET四运放
	CF7622	2~15	0.5	1	±4.9	102	91	1	10^{12}	0.16	0.48	±Vs	±0.5~ ±8			ICL7622	CMOS双运放

表 10-1-7　圆形封装型集成运算放大器外引线排列

封装形式		型号	正电源端	负电源端	同相输入	反相输入	输出端固定端	调零		相位补偿
								中心端		
8 脚	Y81	F080，LF 系列，F007，μA741，TL080，F081，F357，F1436，CF741	7	4	3	2	6	1，5	4（10k）	
	Y82	F307、LM307，F0085，μA709	7	4	3	2	6			*
	Y83	F301、μA748、LM101，μA101	7	4	3	2	6	1，5		1-8
	Y84	F344，LM344/144，CF3130		4	3	2	6	1，5	4	1-8
	Y85	F507，AD507	7	4	3	2	6	1，5	7	8-6
	Y86	F082，TL082，F358，LM358，LF353，F442，F1558，μA749	8	3 5	4	2 6	1 7	双运放		
10 脚	Y101	F006，F008	8	5	4	3	7	2，6	5	9-10
	Y102	μA747，F747，LM747，CF747	2 8	5 5	4 6	3 7	1 9	双运放		

表 10-1-8　双列直插型运算放大器外引线排列

封装形式		型号	正电源端	负电源端	同相输入	反相输入	输出端固定端	调零		相位补偿
								中心端		
8 脚	D81	F080，LF 系列，F007，μA741，TL080，F081，F357，F1436，CF741	7	4	3	2	6	1，5	4（10k）	
	D82	F307、LM307，F0085，μA709	7	4	3	2	6			*
	D83	F301、μA748、LM101，μA101	7	4	3	2	6	1，5		1-8
	D86	F082，TL082，F358，LM358，LF353，F442，F1558，LM2904，μA772	8	4	3 5	2 6	1 7	双运放		
10 脚	D141	F006，F008	13 9	4 4	2 6	1 7	12 10	3，14 5.8	4	
	D142	F324，RC156，μA147，F747，LM747，CF747	4	11	3 5 10 12	2 6 9 13	1 7 8 14	四运放		

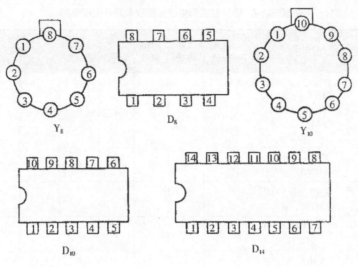

表 10-1-7，表 10-1-8 附图 集成电路外引线排列图

（一）集成稳压器

1. 三端固定输出电压稳压块

（1）W78 系列三端固定正输出稳压块

该系列稳压块内部有过流、过热和调整管安全工作区保护，以防过载而损坏。输出电压为 5～24V，分 9 挡（见表 10-1-9）。输出偏差为 ±4%。一般不需要外接元件即可工作，有时为改善性能也加少量元件。W78 系列又分为三个子系列，即 W78×× 、W78M×× 、

表 10-1-9 W7800、W7900 系列三端集成稳压电路参数

参数名称	输出电压	电压调整率	电流调整率	噪声电压	最小压差	输出电阻	峰值电流	输出温漂
符号 型号	U_O （V）	S_V （%/V）	S_i （mV） $5mV \leqslant IO \leqslant 1.5A$	U_N （μA）	$U_1 \sim U_0$ （V）	R_O （mΩ）	I_{OM} （A）	S_T （mV/℃）
W7805	5	0.0076	40	10	2	17		1.0
W7806	6	0.0086	43	10	2	17		1.0
W7808	8	0.01	45	10	2	18		
W7809	9	0.0098	50	10	2	18		1.2
W7810	10	0.0096	50	10	2	18	2.2	
W7812	12	0.008	52	10	2	18	2.2	1.2
W7815	15	0.0066	52	10	2	19	2.2	1.5
W7818	18	0.01	55	10	2	19	2.2	1.8
W7824	24	0.011	60	10	2	20	2.2	2.4
W7905	−5	0.0076	11	40	2	16	2.2	1.0
W7906	−6	0.086	13	45	2	20	2.2	1.0
W7908	−8	0.01	26	45	2	22	2.2	
W7909	−9	0.0091	30	52	2	26	2.2	1.2
W7912	−12	0.0069	46	75	2	33		1.2
W7915	−15	0.0073	68	90	2	40		1.5
W7918	−18	0.01	110	110	2	46		1.8
W7924	−24	0.011	150	170	2	60		2.4

W78L××。其差别只在输出电流和外形：输出电流 W78×× 为 1.5A，W78M×× 为 0.5A，W78L×× 为 0.1A；其外形见图 10-1-20 和图 10-1-21。

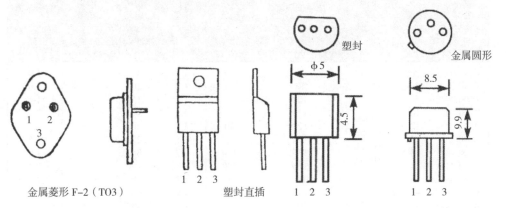

图 10-1-20　系列集成稳压电路的外形图　　　　图 10-1-21　稳压电路的外形图

W78、W78M 和 W78L 系列稳压块的主要参数分别见表 10-1-10、表 10-1-11 和表 10-1-12 的上半部分。

表 10-1-10　W78M00、W79M00 系列三端集成稳压电路参数

参数名称	输出电压	电压调整率	电流调整率	噪声电压	最小压差	输出电阻	峰值电流	输出温漂
符号 型号	U_O （V）	S_V （%/V）	S_i（mV） 5mV ≤ IO ≤ 1.5A	U_N （μA）	$U_1 \sim U_0$ （V）	R_O （mΩ）	I_{OM} （A）	S_T （mV/℃）
W78M05	5	0.0032	20	40	2	40	0.7	1.0
W78M06	6	0.0048	20	45	2	50	0.7	1.0
W78M08	8	0.0051	25	52	2	60	0.7	
W78M09	9	0.0061	25	65	2	70	0.7	1.2
W78M10	10	0.0051	25	70	2		0.7	
W78M12	12	0.0043	25	75	2	100	0.7	1.2
W78M15	15	0.0053	25	90	2	120	0.7	1.5
W78M18	18	0.0046	30	100	2	140	0.7	1.8
W78M24	24	0.0037	30	170	2	200	0.7	2.4
W79M05	−5	0.0076	7.5	25	−2	40	0.65	1.0
W79M06	−6	0.083	13	45	−2	50	0.65	1.0
W79M08	−8	0.0068	90	59	−2	60	065	
W79M09	−9	0.0068	65	250	−2	70	0.65	1.2
W79M12	−12	0.0048	65	300	−2	100	0.65	1.2
W79M15	−15	0.0032	65	375	−2	120	0.65	1.5
W79M18	−18	0.0088	68	400	−2	140	0.65	1.8
W79M24	−24	0.0091	90	400	−2	200	0.65	2.4

表 10-1-11　W78L00、W79L00 系列三端集成稳压电路参数

参数名称	输出电压	电压调整率	电流调整率	噪声电压	最小压差	输出电阻	峰值电流	输出温漂
符号 型号	U_O (V)	S_V (%/V)	S_i (mV) 5mV ≤ IO ≤ 1.5A	U_N (μA)	$U_1 \sim U_0$ (V)	R_O (mΩ)	I_{OM} (A)	S_T (mV/℃)
W78L05	5		11	40	1.7	85		1.0
W78L06	6		13	50	1.7	100		1.0
W78L09	9		100	60	1.7	150		1.2
W78L10	10	0.084	110	65	1.7			
W78L12	12	0.0053	120	80	1.7	200		1.2
W78L15	15	0.0061	125	90	1.7	250		1.5
W78L18	18	0.0067	130	150	1.7	300		1.8
W78L24	24	0.008	140	200	1.7	400		2.4
W79L05	−5	0.0066	60	40	1.7	85		1.0
W79L06	−6	0.02	70	60	1.7	100		1.0
W79L09	−9	0.02	100	80	1.7	150		1.2
W79L12	−12		100	80	1.7	200		1.2
W79L15	−15		150	90	1.7	250		1.5
W79L18	−18		170	150	1.7	300		1.8
W79L24	−24		200	200	1.7	400		2.4

表 10-1-12　W78、W79 系列稳压器的极限参数

系列 极限参数	W78、W78M	W78L	W79、W79M	W79L
最大输入电压 U_{Imax} (V)	35（U_o=5 ～ 18V） 40（U_o=24V）	30（U_o=5 ～ 9V） 35（U_o=12 ～ 18V） 40（U_o=24V）	−35（U_o=−5 ～−18V） −40（U_o=−24V）	−30（U_o=−5 ～ −9V） −35（U_o= −12 ～ −18V） −40（U_o= −24V）
结温范围 T_i (℃)	Ⅰ类：−55 ～ +150℃金属封装 Ⅱ类：−25 ～ +150℃金属封装 Ⅲ类：0 ～ +150℃金属封装			
功耗（足够散热片）P_D (W)	金属菱形 F-2 封装，P_D ≥ 15W 金属菱形 F-1 封装，P_D ≥ 7.5W 金属菱形 S-7 封装，P_D ≥ 7.5W 金属菱形 B-3D 封装，P_D ≥ 0.5W			

（2）W79 系列三端负输出稳压块

W79 系列与 W78 系列相比，除了输出电压极性（见表 10-1-11）、输出引脚（见图 10-1-20 和图 10-1-21）不同外，其他特点和电压分挡都相同。

2. 三端可调输出电压稳压块

（1）W117/217/317 系列三端可调正电压输出稳压块

W117/217/317 系列稳压块能在输出电压为 1.25 ～ 37V 的范围内连续可调，外部元件只需一个固定电阻和一只电位器。其芯片内也有过流、过热和安全工作区保护。

W117/217/317 型输出电流为 1.5A，W117M/217M/317M 为 0.5A，W117L/217L/317L 为 0.1A。

各 117 型、217 型和 317 型为 Ⅰ 类、Ⅱ 类和 Ⅲ 类。它们的外形与 W78 各系列相同，可参阅图 10-1-20 和图 10-1-21。

（2）W137/237/337 系列三端可调负电压输出稳压块

W137/237/337 各系列参数、封装与 W117/217/317 各系列一一对应，仅输出电压为负。各系列外引脚排列见表 10-1-13。

表 10-1-13　集成稳压器外引脚排列

型　号　＼　封装形式	金　属　封　装			塑　料　封　装		
	输入	公共端*	输出	输入	公共端*	输出
W78	1	3	2	1	2	3
W78M	1	3	2	1	2	3
W78L	1	3	2	3	2	1
W79	3	1	2	2	1	3
W79M	3	1	2	2	1	3
W79L	3	1	2	2	1	3
W117/217/37	2	1	3	3	1	2
W117/217/317M	2	1	3	3	1	2
W117/217/317L	1	2	3	3	1	2
W137/237/337	3	1	2	2	1	3
W137/237/337M	3	1	2	2	1	3
W137/237/337L	3	1	2	2	1	3

注：＊指可调输出稳压块为调整端。

（3）大电流集成稳压器的参数（表 10-1-14）

表 10-1-14　几种大电流稳压器的参数

型号	输出电流（A）	输出电压（V）	引出线	封装
LM323	3	5		
μA78H05	5	5		T03
μA78H12	5	12	1 输出端	F-2
μA78H15	5	15	2 输入端	10-1-20
μA78P5	10	5	3 公共端	
LM350K	3	1.2 ～ 37	1 调整端	
LM338K	5	1.2 ～ 37	2 输入端	T03
			3 输出端	F-2
LM396K	10	1.2 ～ 15	1 输出端 2 调整端 3 输入端	

（二）常用 TTL 集成电路型号和外引线功能端排列图

常用 TTL 集成电路等型号见表 10-1-15 及表 10-1-16，外引线功能端排列图见图 10-1-22 及图 10-1-23。

表 10-1-15　74 系列 TTL 集成电路功能、型号对照表

名称	型号	参考型号	外引线图号	备注
四 2 输入与非门	74LS00	T4000	①	$Y=\overline{A\cdot B}$
四 2 输入与非门（O、C）	74H01	T2001	①	
四 2 输入或非门	74LS02	T4002	②	$Y=\overline{A+B}$
四 2 输入与非门（O、C）	74LS03	T4003	①	
六反相器	74LS04	T4004	③	$Y=\overline{A+B}$
六反相器（O、C）	74LS05	T4005	③	
六高压输出反相缓冲器/驱动器（O、C）	7406	T1006	③	$Y=\overline{AB}$
六高压输出缓冲器/驱动器（O、C）	7407	T1007	③	$Y=\overline{A}$
四 2 输入与非门	74LS08	T4008	①	
四 2 输入与门（O、C）	74LS09	T4009	①	$Y=\overline{A\cdot}$
三 3 输入与非门	74LS10	T4010	④	
三 3 输入与门	74LS11	T4011	④	$Y=A$
三 3 输入与门非（O、C）	74LS12	T4012	④	
双 4 输入与非门（有斯密特触发器）	74LS13	T4013	⑤	$Y=\overline{A\cdot B\cdot C}$
六反相器（有斯密特触发器）	74LS14	T4014	③	$Y=\overline{A\cdot B\cdot C}$
三 3 输入与门	74LS15	T4015	④	

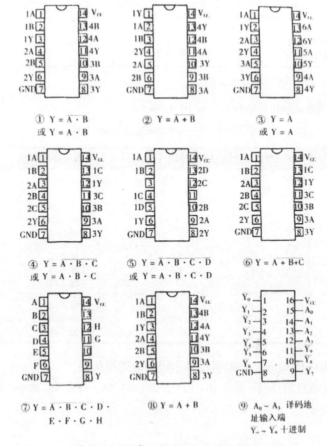

图 10-1-22　常用集成门电路外引线图

表 10-1-16　常用 TTL 集成电路功能、型号对照表

名称	型号	参考型号	外引线图号	备注
			③	
六反相缓冲器/驱动器（O、C15V）	7416	T106	③	
六正相缓冲器/驱动器（O、C15V）	7417	T107	⑤	
双 4 输入与非门			⑤	
双 4 输入与门	74LS20	T4020	⑤	
双 4 输入与非门（O、C）	74LS21	T4021	①	
四 2 输入与非门（O、C）	74LS22	T4022	⑥	
三 3 输入或非门	74LS26	T4026	②	
四 2 输入或非缓冲器	74LS27	T4027	⑦	
8 输入与非门	74LS28	T4028	⑧	A：输入 $\overline{Y}$：输出 $\overline{BI}/\overline{RBO}$ 灭灯输入/动态灭零输出 $\overline{LT}$ 类测试输入端 $\overline{RBI}$ 动态灭零输入 有预置、清零端置0、置9端并行存取
四 2 输入与非门	74LS30	T4030	②	
四 2 输入或非缓冲器（O、C）	74LS32	T4032	①	
四 2 输入或非缓冲器（O、C）	74LS33	T4033	①	
四 2 输入与非门	74LS37	T4037	⑤	
双 4 输入与非缓冲器	74LS38	T4038	⑨	
ECD 码 – 十进制译码器	74LS40	T4040		
BCD – 七段译码器/驱动器（有上拉电阻）	74LS42	T4042	①	
BCD – 七段译码器/驱动器（OC 输出）	74LS47		②	
双上升沿 D 触发器	74LS48	T4048	②	
四 2 输入异或门	74LS49		③	Rext、Cext 外接电阻、电容端，TR+ 上升沿触发 TR– 下降沿触发
二 – 五 – 十进制计数器	74LS74	T4074	④	
4 位移位寄存器	74LS86	T4086	⑤	
双下降沿 J-K 触发器（有清除端）	74LS90	T4090	⑥	
双上升沿 J-K 触发器（有预置、清除端）	74LS95	T4095	⑦	
双下降沿 J-K 触发器（有预置、清除端）	74LS107	T4109		
双下降沿 J-K 触发器（有预置、公共清除、公共时钟端）	74LS109		⑨	
可重触发单稳态触发器（有清除端）	74LS112	T4112	⑨	
双重触发单稳态触发器（有清除端）	74LS114	T4114		EN：三态允许端
四总线缓冲器（3S）	74LS122	T4122	⑩	
四总线缓冲器（3S、EN 高电平有效）	74LS123	T4123		
四 2 输入与非门（有斯密特触发器）	74LS125	T4125		ST：选通端 A0 ～ A2：译码地址输入端
3 线 – 8 线译码器	74LS126	T4126	⑪	
双 2 线 – 4 线译码器	74LS132	T4132	⑫	
4 线 – 10 线译码器/驱动器（BCD 输入，OC）	74LS138	T4138	⑬	$\overline{IN}_1$ ～ $\overline{IN}_9$ 编码输入端
10 线 – 4 线优先编码器（BCD 码输出）	74LS139	T4139	⑭	
8 线 – 3 线优先编码器	74LS145	T4145	⑮	$\overline{Y}_{EX}$ 扩展端，Y_S 选通输出端
8 选 1 数据选择器	74LS147	T4147	⑯	
双 4 选 1 数据选择器（有选通输入端）	74LS148	T4148	⑰	
双 2 线 – 4 线译码器（有公共地址输入端）	74LS151	T4151	⑱	$\overline{W}$ 反码数据输出端
四 2 选 1 数据选择器（有公共选通输入端）	74LS153	T4153	⑲	
	74LS155	T4155	⑳	
	74LS157	T4157	㉑	
			㉒	
			㉓	

名称	型号	参考型号	外引线图号	备注
十进制同步计数器（异步清除）	74LS160	T4160	㉔	$\overline{CR}$ 异步清零输入
4 位二进制同步计数器（异步清除）	74LS161	T4161	㉕	$\overline{LD}$ 同步并行置入控制端
十进制同步计数器（同步清除）	74LS162	T4162	㉕	CT_P、CT_T 计数控制端
4 位二进制同步计数器（同步清除）	74LS163	T4163	㉕	CO 进位输出端
十进制同步加 / 减计数器	74LS168	T4168	㉖	U/$\overline{D}$ 加 / 减计数方式控制端
4 位二进制同步加 / 减计数器	74LS169	T4169	㉘	A_{R0}、A_{R1} 读地址输入端，A_{W0}、A_{W1} 写地址输入端 EN_R、EN_W 读、写允许端
4×4 寄存器阵（OC）	74LS170	T4170	㉗	CO/BO 进位 / 借位输出端，$\overline{CT}$ 计数控制端
4 位 D 型寄存器（3S）	74LS173	T4173	㉘	$\overline{LD}$ 异步并行置入控制端，$\overline{RC}$ 行波时钟输出端
六上升沿触发器 D 触发器	74LS174	T4174	㉙	U/$\overline{D}$ 加 / 减计数方式控制端
四上升沿触发器 D 触发器	74LS175	T4175	㉚	CT_D 减计数时钟输入端（上升沿有效）
十进制同步加 / 减速计数器	74LS190	T4190	㉛	CT_U 加计数时钟输入端（上升沿有效）
4 位二进制同步加 / 减计数器	74LS191	T4191	㉛	D_{SL} 左移串行数据输入端
十进制同步加 / 减计数器（双时钟）	74LS192	T4192	㉜	D_{SR} 右移串行数据输入端
4 位双向移位寄存器（并行存取）	74LS194	T4194	㉝	M_0、M_1 工作方式控制端
二 - 五 - 十进制计数器（可预置）	74LS196	T4196	㉞	CR 异步清除端
二 - 八 - 十六进制计数器（可预置）	74LS197	T4197	㉞	
双单稳态触发器（有斯密特触发器）	74LS221	T4221	⑫	
八反相缓冲器 / 线驱动器 / 线接收器（3S，两组控制）	74LS240	T4240	㉟	
八缓冲器 / 线驱动器 / 线接收器（3S，两组控制）	74LS244	T4144	㉟	
八双向总线发送器 / 接收器（3S）	74LS245	T4245	㊱	
4 线 - 七段译码器 / 驱动器（BCD 输入，O，C，15V）	74LS247	T4247	①	
4 线 - 七段译码器 / 驱动器（BCD 输入，有上拉电阻）	74LS248	T4248	②	
双 4 选 1 数据选择器（3S）	74LS253	T4253	㉑	
四 2 选 1 数据选择器（3S）	74LS257	T4257	㉓	

续表

名称	型号	参考型号	外引线图号	备注
	74LS290	T4290	㊲	$\overline{CP_0}$ = 内容时钟输入端，$\overline{CP_1}$
二－五－十进制计数器	74LS293	T4293	㊳	五（或八）分频时钟输入端
二－八－十六进制计数器				$\overline{EN_A}$、$\overline{EN_B}$ 三态允许端
	74LS298	T4298	㊴	1A～8A A 总线端，1B～8B B 总线端
4 位 2 选 1 数据选择器（寄存器输出）			⑲	M 方向控制端，M=1，A→B；M=0，B→A
	74LS348	T4348		R_{OA}、R_{OB} 异步复位端，S_{qA}、S_{qB} 异步置 9 端
8 线 –3 线优先编码器			㉑	A0、A1 选择输入端，$1\overline{ST}$、$2\overline{ST}$ 选通输入端
	74LS352	T4352		
双 4 选 1 数据选择器（有选通输入端，反码输出）	74LS353	T4353	㉑	$\overline{IN_0}$ ～ $\overline{IN_7}$ 编码输入端，$\overline{Y}_{EX}$ 扩展输出 YS 输出选通端
双 4 选 1 数据选择器（3S，反码输出）			㊵	$1\overline{W}$、$2\overline{W}$ 反码数据输出端
六总线驱动器（3S、反码输出）	74LS365	T4365	㊷	LE 锁存允许端
六总线驱动器（3S、两组控制）	74LS367	T4367	㊷	D_0 ～ D_3 并行数据输入端
八 D 锁存器（3S,锁存允许输入有回环特性）	74LS373	T4373		D_S 串行数据输入端，Q_{CA} 级联输出端
八上升沿 D 触发器（3S, 时钟输入有回环特性）				$\overline{SH}$ /LD 移位控制 / 置入控制端
双 4 位二进制计数器（异步清除）	74LS377	T4374	㊷	
4 位可级联移位寄存器（3S，并行存取）	74LS393	T4393	㊶	
	74LS395	T4395	㊸	

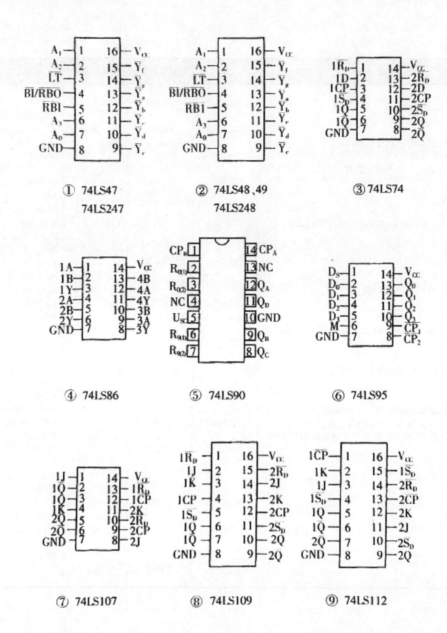

① 74LS47
74LS247

② 74LS48、49
74LS248

③ 74LS74

④ 74LS86

⑤ 74LS90

⑥ 74LS95

⑦ 74LS107

⑧ 74LS109

⑨ 74LS112

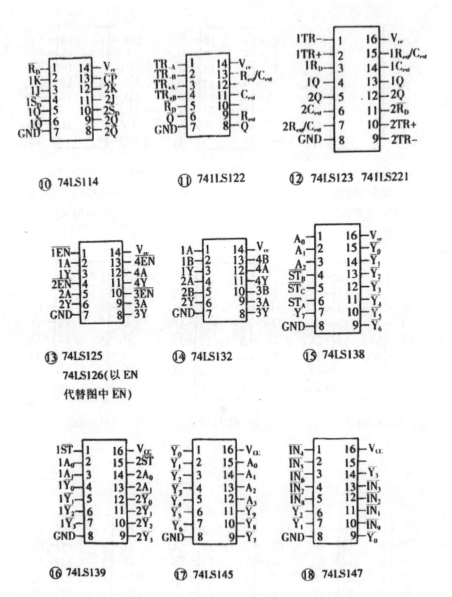

⑩ 74LS114

⑪ 741LS122

⑫ 74LS123 741LS221

⑬ 74LS125

74LS126(以 EN
代替图中 EN)

⑭ 74LS132

⑮ 74LS138

⑯ 74LS139

⑰ 741LS145

⑱ 74LS147

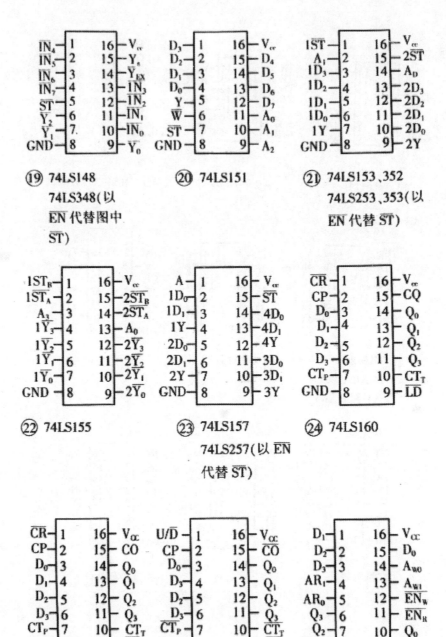

⑲ 74LS148
74LS348(以
$\overline{EN}$ 代替图中
$\overline{ST}$)

⑳ 74LS151

㉑ 74LS153、352
74LS253、353(以
$\overline{EN}$ 代替 $\overline{ST}$)

㉒ 74LS155

㉓ 74LS157
74LS257(以 $\overline{EN}$
代替 $\overline{ST}$)

㉔ 74LS160

㉕ 74LS161、
162、163

㉖ 74LS168、169

㉗ 74LS170

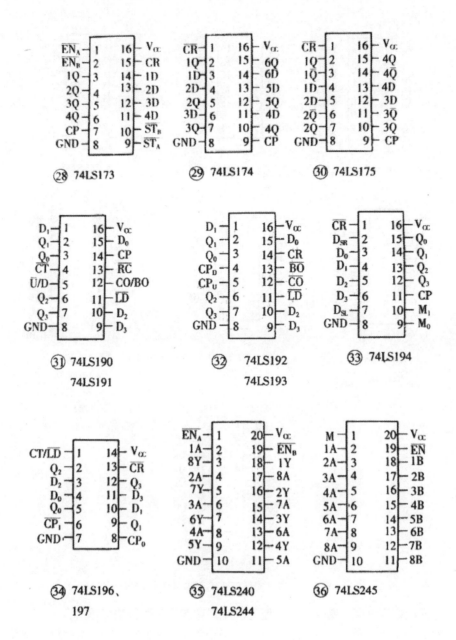

㉘ 74LS173

㉙ 74LS174

㉚ 74LS175

㉛ 74LS190
74LS191

㉜ 74LS192
74LS193

㉝ 74LS194

㉞ 74LS196、
197

㉟ 74LS240
74LS244

㊱ 74LS245

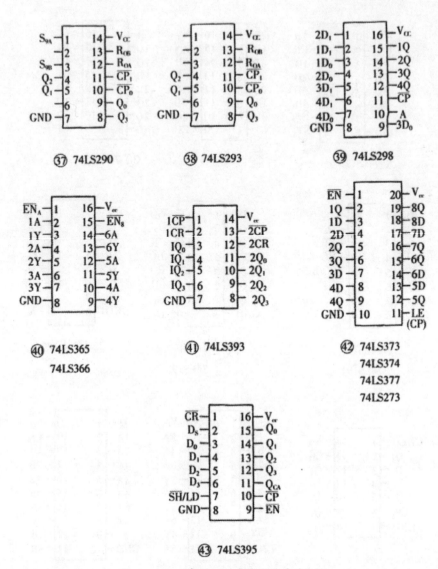

图 10-1-23　常用 TTL 集成电路外引线图

（三）常用 CMOS 集成电路的型号、逻辑功能及外引线功能端排列

常用 CMOS 集成电路的型号、逻辑功能及外引线功能端排列，见表 10-1-17 ～表 10-1-21 和图 10-1-24。

表 10-1-17 常用 CMOS 门电路、触发器的型号、逻辑功能及外引线功能端排列

类别	器件名称	型号	外引线功能端排列图
或非门	四 2 输入或非门 双 4 输入或非门 三 3 输入或非门 8 输入或非 / 或门	CC4001 CC4002 CC4025 CC4078	
与非门	四 2 输入与非门 双 4 输入与非门 三 3 输入与非门 8 输入与非 / 与门	CC4011 CC4012 CC4023 CC4068	
或门	四 2 输入或门 双 4 输入或门 三 3 输入或门	CC4071 CC4072 CC4075	
与门	三 3 输入与门 四 2 输入与门 双 4 输入与门	CC4073 CC4081 CC4082	
反相器	六反相器	CC4069	图 10-1-24
缓冲 / 变换器	六反相缓冲 / 电平转换器 六缓冲 / 电平转换器	CC4049 CC4050	
组合门	双 2 路 2-2 输入与或非门 4 路 2-2-2 输入与或门	CC4085 CC4086	
R–S 触发器	四 R–S 锁存器（3S） 四 R–S 锁存器（3S）	CC4043 CC4044	
主从 D 触发器	双上升沿 D 触发器 六上升沿 D 触发器	CC4013 CC40174	
JK 触发器	双上升沿 JK 触发器 上升沿 JK 触发器 上升沿 JK 触发器（有 J、$\overline{K}$）	CC4027 CC4095 CC4096	
单稳态触发器	双可重触发单稳触发器	CC4098	
斯密特触发器	四 2 输入与非门（有斯密特触发器） 六反相（有斯密特触发器）	CC4096 CC40106	

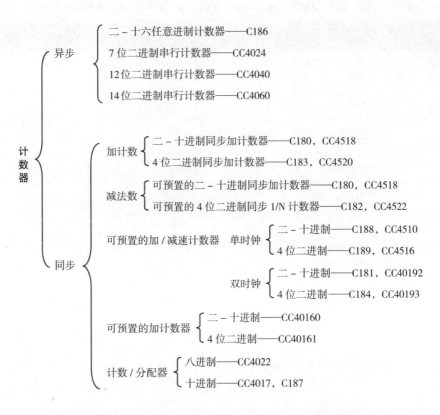

表10-1-18　国产CMOS开关和数据选择器的类别、型号和功能特点一览表

类别	型号	名称	特点
模拟开关	C544 CC4066	四双向模拟开关	四组独立开关，双向传输
多路模拟开关	C541 CC4051	单八路模拟开关	电位位移，双向传输，地址选择
	C542 C4052	双四路模拟开关	电平位移，双向传输，地址选择
	C543 CC4053	三组二路模拟开关	电平位移，双向传输，地址选择
	CC4067	单十六路模拟开关	双向传输，地址选择
	CC4097	双八路模拟开关	双向传输，地址选择
	CC14529	双四路/单八路模拟开关	双向传输，地址选择
数据选择器	C540 CC4019	四与或选择器	双选一
	CC4512	八路数据选择器	地址译码
	CC14539	双四路数据选择器	地址译码

表 10-1-19　CMOS 译码器的型号、品种和功能特点一览表

类别	型号	名称	特点
模拟开关	C544 CC4066	四双向模拟开关	四组独立开关，双向传输
多路模拟开关	C541 CC4051	单八路模拟开关	电位位移，双向传输，地址选择
	C542 C4052	双四路模拟开关	电平位移，双向传输，地址选择
	C543 CC4053	三组二路模拟开关	电平位移，双向传输，地址选择
	CC4067	单十六路模拟开关	双向传输，地址选择
	CC4097	双八路模拟开关	双向传输，地址选择
	CC14529	双四路 / 单八路模拟开关	双向传输，地址选择
数据选择器	C540 CC4019	四与或选择器	双选一
	CC4512	八路数据选择器	地址译码
	CC14539	双四路数据选择器	地址译码

表 10-1-20　CMOS 移位器的品种、型号一览表

型号	逻辑功能	位数	触发方式	移位方向	参考型号
CC4015	串入—并出 / 串出	4	上升沿	右移	C423
CC4014 CC4021	串入—并入—串出	8	上升沿	右移	
CC4035 CC40194 CC40195	并入 / 串入—并出 / 串出	4	上升沿	左、右移	
			上升沿	左、右移	C422
CC4034		8	上升沿	左、右移	

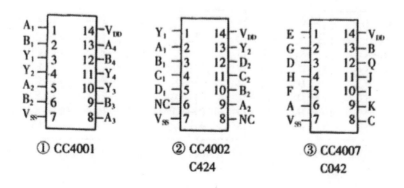

① CC4001　② CC4002　③ CC4007
　　　　　　C424　　　　C042

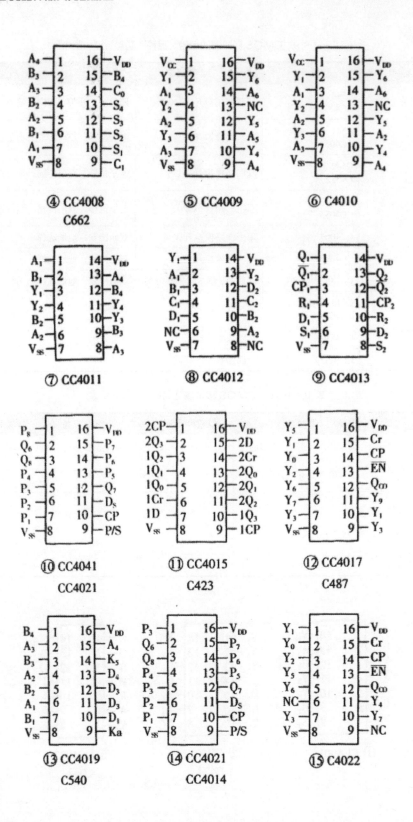

④ CC4008
C662

⑤ CC4009

⑥ C4010

⑦ CC4011

⑧ CC4012

⑨ CC4013

⑩ CC4041
CC4021

⑪ CC4015
C423

⑫ CC4017
C487

⑬ CC4019
C540

⑭ CC4021
CC4014

⑮ C4022

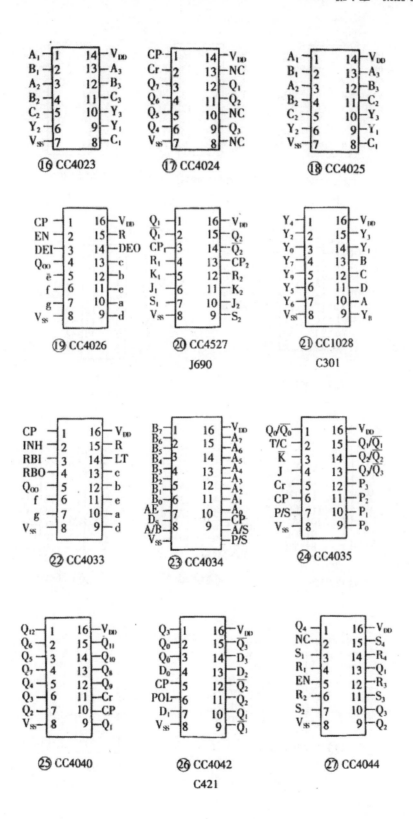

⑯ CC4023

⑰ CC4024

⑱ CC4025

⑲ CC4026

⑳ CC4527
J690

㉑ CC1028
C301

㉒ CC4033

㉓ CC4034

㉔ CC4035

㉕ CC4040

㉖ CC4042
C421

㉗ CC4044

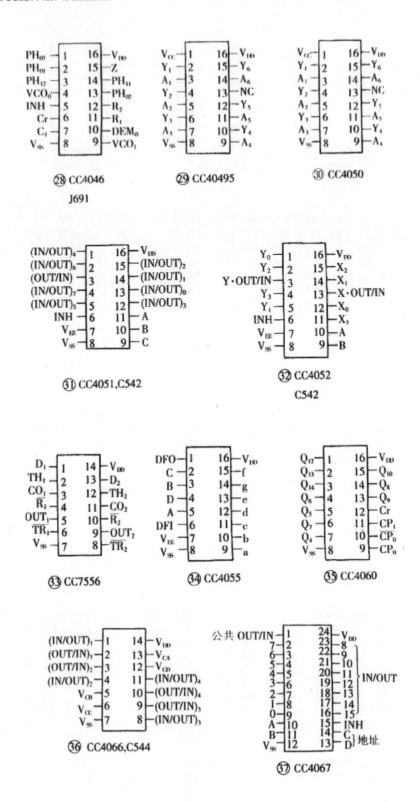

㉘ CC4046 J691

㉙ CC40495

㉚ CC4050

㉛ CC4051,C542

㉜ CC4052 C542

㉝ CC7556

㉞ CC4055

㉟ CC4060

㊱ CC4066,C544

㊲ CC4067

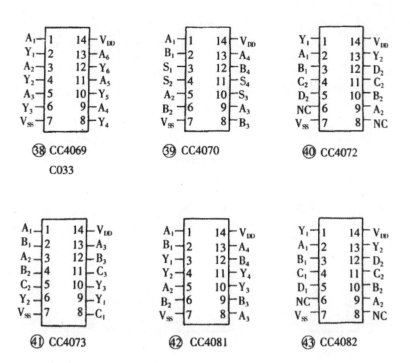

㊳ CC4069
C033

㊴ CC4070

㊵ CC4072

㊶ CC4073

㊷ CC4081

㊸ CC4082

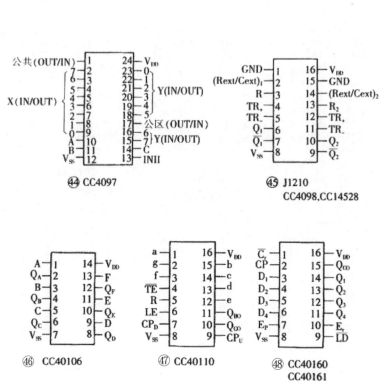

㊹ CC4097

㊺ J1210
CC4098,CC14528

㊻ CC40106

㊼ CC40110

㊽ CC40160
CC40161

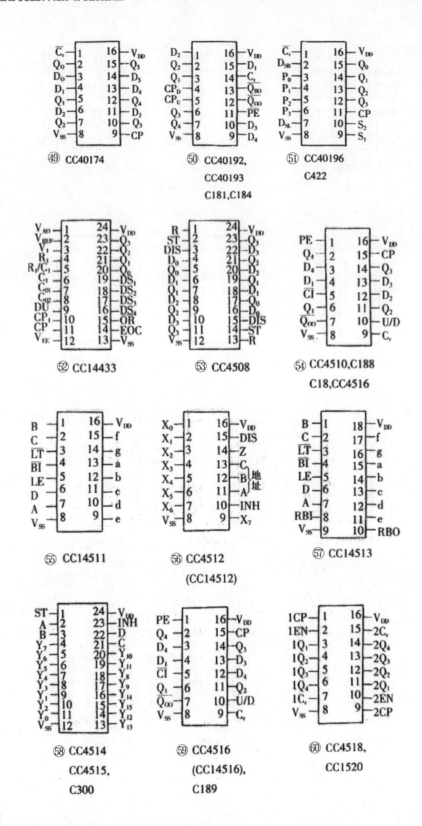

㊾ CC40174

㊿ CC40192,
　　CC40193
　　C181,C184

51 CC40196
　　C422

52 CC14433

53 CC4508

54 CC4510,C188
　　C18,CC4516

55 CC14511

56 CC4512
　　(CC14512)

57 CC14513

58 CC4514
　　CC4515,
　　C300

59 CC4516
　　(CC14516),
　　C189

60 CC4518,
　　CC1520

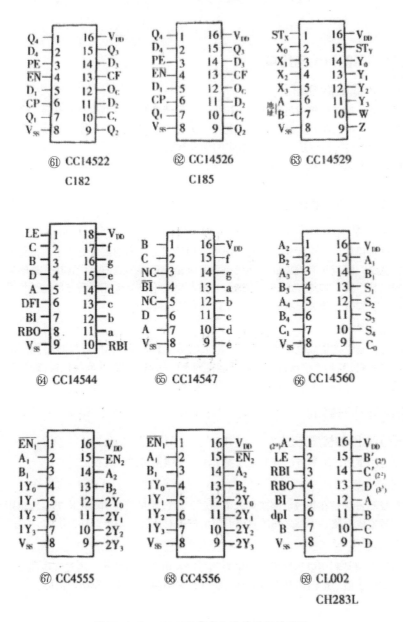

图 10-1-24 CMOS 集成电路外引线排列图

第二节　集成电路的选用、代换与检测

一、集成电路的选用与代换

（一）集成电路的选用

在选用某种类型的集成电路之前，应先认真看清产品说明书或有关资料，全面了解该集成电路的功能、电气参数、外形封装（包括引脚分布情况）及相关外围电路。绝对不允许集成电路的使用环境等指标超过厂家所规定的极限参数。

选用集成电路时，还应仔细观察其产品型号是否清晰，外形封装是否规范等，以免购买到假货。

（二）集成电路的代换

1. 直接代换

集成电路损坏后，应优先选用与其规格、型号完全相同的集成电路来直接更换。若无同型号集成电路，则应从有关集成电路代换手册或相关资料中查明允许直接代换的集成电路型号，在确定其引脚、功能、内部电路结构与损坏集成电路完全相同后方可进行代换，不可凭经验或仅因引脚数、外观形状等相同，便盲目直接代换。

2. 间接代换

在无可直接代换集成电路的情况下，也可以用与原集成电路的封装形式、内部电路结构、主要参数等相同，只是个别或部分引脚功能排列不同的集成电路来间接代换（通过改变引脚），作应急处理。

二、集成电路的检测

（一）常用的检测方法

集成电路常用的检测方法有非在线测量法、在线测量法和代换法。

1. 非在线测量法

非在线测量法是在集成电路未焊入电路时，通过测量其各引脚之间的直流电阻值与已知正常同型号集成电路各引脚之间的直流电阻值进行对比，以确定其是否正常。

2. 在线测量法

在线测量法是利用电压测量法、电阻测量法及电流测量法等，通过在电路上测量集成电路的各引脚电压值、电阻值和电流值是否正常，来判断该集成电路是否损坏。

3. 代换法

代换法是用已知完好的同型号、同规格集成电路来代换被测集成电路，可以判断出该集成电路是否损坏。

（二）常用集成电路的检测

1. 微处理器集成电路的检测

微处理器集成电路的关键测试引脚是 VDD 电源端、RESET 复位端、XIN 晶振信号输入端、

XOUT 晶振信号输出端及其他各线输入、输出端。

测量这些关键脚对地的电阻值和电压值,看是否与正常值(可从产品电路图或有关维修资料中查出)相同。

不同型号微处理器的 RESET 复位电压也不相同,有的是低电平复位,即在开机瞬间为低电平,复位后维持高电平;有的是高电平复位,即在开机瞬间为高电平,复位后维持低电平。

2. 开关电源集成电路的检测

开关电源集成电路的关键引脚电压是电源端(V_{CC})、激励脉冲输出端、电压检测输入端、电流检测输入端。测量各引脚对地的电压值和电阻值,若与正常值相差较大,在其外围元器件正常的情况下,可以确定是该集成电路已损坏。

内置大功率开关管的厚膜集成电路,还可通过测量开关管 C、B、CE 极之间的正、反向电阻值,来判断开关管是否正常。

3. 音频功放集成电路的检测

检查音频功放集成电路时,应先检测其电源端(正电源端和负电源端)、音频输入端、音频输出端及反馈端对地的电压值和电阻值。若测得各引脚的数据值与正常值相差较大,其外围元件也正常,则是该集成电路内部损坏。

对引起无声故障的音频功放集成电路,测量其电源电压正常时,可用信号干扰法来检查。测量时,万用表应置于 R×1 挡,将红表笔接地,用黑表笔去点触音频输入端,正常时扬声器中应有较强的"喀、喀"声。

4. 运算放大器集成电路的检测

用万用表直流电压挡,测量运算放大器输出端与负电源端之间的电压值(在静态时电压值较高)。用手持金属镊子依次点触运算放大器的两个输入端(加入干扰信号),若万用表表针有较大幅度的摆动,则说明该运算放大器完好;若万用表表针不动,则说明该运算放大器已损坏。

5. 时基集成电路的检测

时基集成电路内含数字和模拟电路,用万用表很难直接测出好坏。可以用如图 10-2-1 所示的测试电路来检测时基集成电路的好坏。测试电路由阻容元件、发光二极管 LED、6V 直流电流、电源开关 S 和 8 脚 IC 插座组成。将时基集成电路(例如 NE555)插入 IC 插座后,按下电源开关 S,若被测时基集成电路正常,则发光二极管 LED 将闪烁发光;若 LED 不亮或一直亮,则说明被测时基集成电路性能不良。

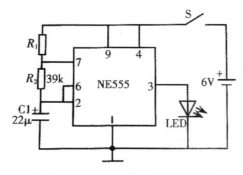

图 10-2-1 时基集成电路的测试电路

第十一章 其他电子元件

第一节 电声器件

一、基本概念

1. 声音的产生

声波：振动频率在 20 ~ 20000Hz 之间的机械波，能引起人耳鼓膜振动而被听见，这种机械波叫声波。

声源：一切声音都是因物体的振动而产生的，会发声的物体即为声源。

媒质：能传播声音的物质称为媒质。

2. 声波的波长、频率和声速

声波的波长：声波在媒质中传播是疏密相间的，两相邻密部（或相邻疏部）之间的距离称为波长。

频率：质点每秒钟振动的次数称为频率。

在标准大气压下，20℃时空气中的声速为 334m/s。

波长 λ、波速 v 和频率 f 三者的关系为

$$\lambda = \frac{v}{f}$$

3. 声音的反射、绕射、混响和共鸣

声反射：声波传播时碰到障碍物，就会发生反射，称为声反射。

声绕射：当障碍尺寸大于声波波长时，声波将受到反射。当障碍尺寸与声波波长相近时，声波将绕过障碍物向前继续传播，这种现象称为声绕射。

混响：在密闭室中，当声源振动终止后，声音不会马上停止，依然有衰减的音响，这种由于界面多次反射而产生的现象，称为混响。从声源振动停止，到混响强度减为原来的 60dB 的这段时间，称为混响时间。混响时间近于 0s 时（即吸声性强的环境），会使人感到声音干枯，但混响时间太长时，又会使声音含混不清。

共鸣：声音的共振现象就是共鸣。发生共鸣的条件是，两发声体的振动频率相同，或发声体振动频率等于有关物体的固有频率。

4. 声音的三要素

音调：声音的音调是由振动的频率决定的，频率越高，音调也越高。正常人耳的听觉频率范围为 20 ～ 20000Hz。随着年龄的增长，可听到的高频上限逐渐下降。

响度：声音的大小与声源振幅的大小有关，当声源的振幅大时，单位时间传播出去的能量也大。单位时间内，声波通过垂直于传播方向上单位面积的能量，叫作声强。声强是声音的客观强度。人的听觉判断声音的强弱的程度，叫作响度。响度除和声强有关外，还和人耳的灵敏度有关。响度常用声压表示，声压常用的单位为"微巴"。1"微巴"相当于人们大声谈话时的声压。

音色：又称音品，表明声源发声的特点，它决定于和基音同时发生的泛音的数目、频率和振幅。提琴和长笛以同样的响度和频率奏出的声音，人耳仍能察觉出它们的不同，这就是音色在起作用。

5. 高保真度与立体声

乐声：一般指的是乐器和歌唱发出的声音，它是一种复合音，在听觉上能产生明确的音调和音色。

噪声：是一种不希望有的不同频率和不同响度无规律组合在一起的声音。它影响人耳的正常收听，干扰人耳对其他声信号的感觉和鉴别。

高保真度：是一种高质量地、如实地重现原有声音的能力。高保真度要求准确而真实地记录或重放原有节目的声音，即要求频带宽、失真小、动态范围大（即噪声低而峰值储备大）和方位感真实。高保真度也是评价高质量电声器件和系统的术语。

立体声：人的双耳能分辨各种声源的方位，即听音有空间感和立体感。在放声系统中，应用两个或两个以上的声道，使听音者感到声源有相似的相对空间位置，即为立体声。

与单声道相比，立体声有如下优点：具有各声源的方位感和分布感；提高了信息的清晰度和可懂度；提高了节目的临场感、层次感和透明度。

6. 电声器件

电声器件（Electroacoustic Transducer）是指将电与声相互转换的器件，例如扬声器、耳机将电信号转换成声信号，话筒将声信号转换成电信号。

我国电声器件的型号命名按照"主称—（分类）—特征—序号"的顺序排列，主称中用 Y 表示扬声器，C 表示传声器，E 表示耳机，O 表示送话器，S 表示受话器。

二、 扬声器

扬声器又称为喇叭，是一种将电能转变为声能的电声器件。

扬声器的种类很多，可按不同的方式进行分类。例如，根据能量的转换方式，可分为电动式电磁式和压电式；按照磁场供给的方式，可以分为永磁式和励磁式；按照频率特性，可以分为高音喇叭和低音喇叭；按照声辐射方式，则可分为直射式（又称纸盆式）和反射式（又称号筒式）。在以上种类中，电动扬声器是人们使用最多的扬声器。下面主要以电动扬声器为例进行说明。

1. 电动扬声器的结构和工作原理

电动扬声器是应用最广泛的扬声器，其剖面结构如图 11-1-1 所示，音圈放置在由磁体和软铁芯构成的磁场中，当音圈中通过音频电流时，音圈会受到磁场力的作用而发生振动，从而带动发音膜发出声音。电动式扬声器是由于音圈的振动发出声音的，因此常称为动圈式扬声器。

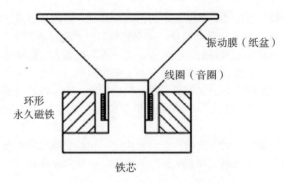

图 11-1-1　电动扬声器剖面结构图

2. 扬声器的性能参数

（1）额定功率

扬声器的额定功率是指扬声器的非线性失真不超过某一数值时所能输入的最大功率。它取决于扬声器音圈的散热和振动系统的机械强度。

通常为了获得较好的音质，喇叭的输入功率要小于其额定功率，往往取额定功率的 1/2 ～ 2/3。

（2）阻抗

扬声器的阻抗是指交流阻抗，它是频率的函数，其定义是指加在扬声器输入端的电压与流过音圈的电流之比，即 $Z=U/I$。在这个阻抗上，扬声器可获得最大的功率。一般在扬声器上均注明阻抗的大小，该数值一般表示在频率为 400Hz 时的阻抗值。

（3）扬声器的频率响应

给扬声器加一恒定电压，当电压的频率改变时，扬声器所产生的声压将随频率而改变，这种特性叫作扬声器的声压灵敏度频率特性，或称为频率响应。

为了获得好的音质，希望扬声器的灵敏度在很宽的频率范围内比较均匀。但在实际上，由于声波辐射时阻力的降低和振动系统惯性的影响，在低频端和高频端扬声器的灵敏度都要下降。另外，由于扬声器振动系统的固有谐振频率，也导致了灵敏度的不均匀。

基于上述原因，扬声器的灵敏度总是不均匀的。实际选用扬声器时，只能要求这种不均匀性限制在一定的范围内，频率响应就是为选用扬声器所提供的一项重要参数。

（4）效率

扬声器的效率是指输出的声功率和输入的电功率的比值。通常电动扬声器的效率为 2% ～ 5%，电磁式扬声器的效率为 7% ～ 8%，而高质量的号筒扬声器效率可达 25%。

由于测量效率比较困难，因此实际应用中常采用测量灵敏度来进行判断。

（5）灵敏度

扬声器的灵敏度指的是输入扬声器的视在功率为 0.1W 时，在扬声器轴线上距离 1m 处测出的平均声压。

（6）非线性失真

由于扬声器振动的幅度和输入的电平不成线性关系，故发出的声音除原来的声音外，还会产生不少谐波，因此产生了失真。这种失真称为非线性失真。

（7）方向性

扬声器的方向性是指扬声器放音时，声压在它周围空间分布的情况。

3. 扬声器的使用常识

（1）纸盆扬声器应安装在木箱或机壳内，这有利于扩展音量、改善音质，也有利于保护。

（2）扬声器应远离热源，否则磁铁长期受热容易退磁，晶体受热会改变性能。

（3）扬声器应防潮，潮湿的空气对各种扬声器都有损害，尤其是纸盆扬声器受潮干燥后纸盆会产生变形，而导致线圈位移，无法使用。

（4）扬声器在使用中严禁撞击和剧烈的振动，以防失磁、变形和损坏。

（5）扬声器接入电路时，一定要注意输入的电功率不应超过它的额定功率。

三、耳机与耳塞

目前，耳机和耳塞主要应用于袖珍式收音机、收放机、VCD 及 MP3 随身听中，代替扬声器放声，图 11-1-2 是常见的耳机和耳塞。

图 11-1-2　常见的耳机和耳塞

1. 结构

现在流行的耳机多为耳塞式。

耳机的形状和结构尽管不同，但其工作原理和过程与动圈式喇叭相似，借助磁场将音频电流转变为机械振动，从而产生声音。

2. 主要技术参数

与动圈喇叭类似，耳机的主要技术参数有频率响应、阻抗、灵敏度、谐波失真等。

一般耳机的阻抗多为 $1K\Omega$，$\sim 3k\Omega$，平膜动圈式耳机多为 $2 \times 20\Omega$ 和 $2 \times 32\Omega$（立体声双耳机）。耳塞有高阻（800Ω、$1.5k\Omega$）和低阻（8Ω、10Ω、16Ω）之分。

四、微型直流音响器

微型直流音响器是一种带集成电路的电磁式音响器，是为适应现代电子产品小型化需要而研制、生产的新一代发声器件，具有体积小、重量轻、耗能低、声效高、性能可靠、使用寿命长、安装方便等特点，可广泛应用于打印机、电话机、定时器、传呼机、电磁灶、电子现金出纳记账器、报警器、计算机终端、键盘、复印机、门铃、时钟、电子玩具、汽车电子设备、各类安全装置及用电池供电的小型装置中。

这些新颖的音响器内部不采用传统的压电陶瓷片，而采用一个微型发声器，其内部由线圈、磁铁、振动膜片和电路等组成。当振荡电流通过线圈时产生磁场，振动膜片周期性地被电磁铁所吸引，并在共鸣腔的作用下发出尖锐响亮的声音。

选购微型直流音响器时，要注意以下几点。

一是选用"自带音源"的微型直流音响器时，要根据工作电压进行选择。一般工作电压分为 1.5V、3V、6V、9V、12V 等规格，用户可根据自己需要选择。

二是"自带音源"的微型直流音响器，还分为"长音"和"短音"两种。发"长音"的蜂鸣器通电后发出连续的蜂鸣音，发"短音"的蜂鸣器通电后发出的是短促而断续的蜂鸣音。

三是选用"不带音源"的微型直流音响器时，要根据直流阻抗进行选择。YX 型的直流阻抗有 16Ω、42Ω、50Ω 等，选购时要注意分清。

四是要根据整机体积选用大小适宜的微型音响器，如对整机小型化要求高的就选用体积较小的微型音响器。

五是各种微型音响器都有正、负两根引出线，要注意分辨。由于引出线有硬插针和软引线之分，两引线的间距和长度也可以根据自己的需要选择，有特殊需要的可向生产厂家定制。

五、压电陶瓷扬声器

压电陶瓷扬声器主要由压电陶瓷片和振动片（或纸盆）组成，其符号与外形如图 11-1-3 所示。

压电陶瓷片是用氧化铅、氧化锆、氧化钛和少量的稀有金属作原料，加胶合剂经过混合、粗轧、切片和烧结等过程制成，所以有时又称为锆钛酸铅压电陶瓷片。锆钛酸铅陶瓷片的主要电特性是具有压电效应：在压电片上加电压，压电片会产生机械变形；反过来给压电片加上机械压力，它又会产生电压。

利用压电陶瓷片的压电效应，可以制成压电陶瓷喇叭及各种蜂鸣器。由于压电陶瓷喇叭

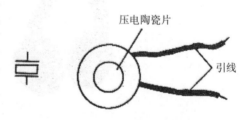

压电陶瓷片

引线

图 11-1-3　压电陶瓷片的符号与外形

的频率特性较差，低音频较少，目前应用较少，而蜂鸣器则被广泛应用于门铃、报警器及小型智能化电子装置中。实际使用中的压电陶瓷片一般采用双膜片结构，由压电陶瓷片与金属振动片复合而成。金属振动片的直径一般为 15 ~ 40mm，工作频率是 300 ~ 5000Hz。压电陶瓷片呈电容性质，电容量为 3 ~ 30nF。

六、传声器

传声器又称为话筒，按其结构不同，可分为驻极体式、动圈式、晶体式、铝带式、电容式等多种；按产生电压作用原理不同，可分为恒速式和恒幅式两类；按对传声器膜片作用力性质不同，可分为压力式和压差式两类。

传声器的主要技术参数有灵敏度、频率响应、固有噪声等。

下面介绍几种常用的传声器（话筒）。

1. 驻极体话筒

驻极体话筒具有体积小、结构简单、电声性能好、价格低的特点，广泛用于小型录音设备、无线话筒及声控等电路中。从结构上看，驻极体话筒由声电转换和阻抗变换两部分组成。

声电转换的关键元件是驻极体振动膜。它是一片极薄的塑料膜片，在其中一面蒸发上了一层纯金薄膜，再经过高压电场驻极后，两面分别驻有异性电荷，形成一个电容。当驻极体

膜片遇到声波振动时，引起电容两端的电场发生变化，从而产生了随声波变化的交变电压。

驻极体膜片与金属极板之间的电容量比较小，一般为几十皮法。因而它的输出阻抗值很高（$X_c=1/2\pi fc$），在几十兆欧以上。这样高的阻抗是不能直接与音频放大器相匹配的，所以在话筒内接入一只结型场效应管来进行阻抗变换。场效应管的特点是输入阻抗极高、噪声系数低。普通场效应管有源极（S）、栅极（G）和漏极（D）3 个极。

驻极体话筒与场效应管电路的接法有两种：源极输出与漏极输出。

2. 动圈式话筒

动圈话筒的外形照片如图 11-1-4 所示，它由永久磁铁、振膜、输出变压器等部件组成。振膜的线圈套在永久磁铁的圆形磁隙中，当振膜受声波的作用力而振动时，线圈则切割磁力线而在两端产生感应电压。由于话筒的线圈圈数很少，其输出电压和输出阻抗都很低。为了提高其灵敏度并满足与扩音机输入阻抗匹配，在话筒中还装有一只输出变压器。变压器有自耦和互感两种，根据初、次级圈数比不同，其输出阻抗又有高阻和低阻两种。话筒的交流输出阻抗在 2kΩ 以下的一般称为低阻话筒，交流输出阻抗在 2kΩ 以上的称为高阻话筒。

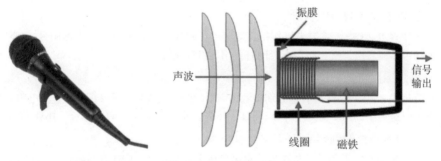

图 11-1-4 动圈话筒

动圈话筒的常见故障有无声、声小、失真或声音时断时续等。主要原因是振膜变形、线圈与磁铁相碰、线圈及输出变压器短路或断路、磁隙位置变动、磁力减小、插塞与插口接触不好或短接、话筒线短路或断路。

检查话筒是否正常，可利用欧姆表 R×10 挡来测量话筒的直流电阻值，低阻话筒应为 50～200Ω，高阻话筒应为 500～150Ω。如果话筒的线圈和变压器的初级电路正常，在测量电阻时，话筒会发出清脆的"喀、喀"声。

3. 晶体式话筒

晶体式话筒又称为压式话筒，它是利用某些晶体的压电效应制成的。当人们对着晶体话筒讲话时，声波的作用力使晶片作弯曲或张缩的变动，从而在晶体的两个面上产生一个微小的电压，即晶体的压电效应。化工材料中的酒石酸钾钠和钛酸钡晶体都有较强的压电效应，常被用作晶体话筒的晶片。

晶体话筒的优点是构造简单，造价低，灵敏度较高。但是由于酒石酸钾钠晶体在受潮和受热后，都容易损坏，损坏后又难于修理，因此晶体话筒目前较少使用。

4. 铝带式话筒

铝带式话筒是用很薄的有折纹的铝带悬在一对强磁极之间构成的。铝带的轴向与磁力线垂直，而带面则与磁力线平行。铝带受声波的作用而振动时，切割永久磁铁的磁力线，于是在铝带的两端就感应出电压来。铝带式话筒是双向性话筒，铝带的质量很轻，较低和较高频率的声波都能使它振动，因此频率响应较好，用在固定的录音室做音乐录音是很合适的。铝带式话筒本身的阻抗很低，输出须用变压器进行匹配后方可使用。

5. 电容式话筒

电容式话筒实质是一个平板形的预调电容器，它由一个固定电极与一个膜片组成。膜片是由铝合金或不锈钢制成的。使用时在两个合金片间接上 250V 左右的直流高压，并串入一个高阻值的电阻。平常电容器呈充电状态，当声波传来时，膜片因受力而振动，使两片间的电容量发生变化，电路中充电的电流因电容量的变化而变化。该变化的电流流过高阻值的电阻时，形成变化的电压而输出。

电容式话筒的频率响应好，固有噪声电平低，失真小，常在固定的录音室和实验室中作为标准仪器来校准其他电声器件。其不足之处就是体积较笨重，维修比较困难。

七、电声器件的检测

（一）扬声器的检测

1. 扬声器损坏与否的检测

用万用表 $R \times 1$ 挡，将黑表笔接扬声器某一接线端，用红表笔碰扬声器的另一接线端，正常的扬声器应发出"喀、喀"声，同时万用表指针应摆动。

2. 扬声器阻抗的检测

用万用表 $R \times 1$ 挡，将两表笔分别接触扬声器的两个接线端，测得音圈的直流电阻（R0）。扬声器的阻抗为 1.25R0，通常为 4Ω、8Ω、16Ω。计算值应取与 4Ω、8Ω、16Ω 接近的值。

3. 扬声器相位的判别

扬声器相位有时也称正、负极性。有多只扬声器并联时，应使各只扬声器同相工作，即正极与正极连接，负极与负极连接。正、负极的定义是当有一直流接入扬声器时，纸盒向前运动，则以电流流入端为正极，另一端为负极。用万用表 $R \times 1$ 挡，将两只表笔分别接触扬声器的两接线端，若纸盒向前运动，则黑表笔接触的接线端为正极。若纸盒向后运动，则红表笔接触的接线端为正极。

（二）传声器的检测

1. 动圈式传声器的检测

用万用表 $R \times 10$ 挡测量传声器的阻值。低阻传声器正常值为 $50 \sim 200\Omega$，高阻传声器为 $500 \sim 1500\Omega$。如传声器音圈和变压器初级电路正常，则测量阻值时，传声器会发出"喀、喀"的声音。

2. 电容式传声器的检测

将万用表置 $R \times 100$ 挡或 $R \times 1k$ 挡，用两表笔分别接触传声器的两个接线端，对准传声器受话口小声讲话。若传声器正常，则万用表指针应摆动。

3. 驻极体传声器的检测

方法一。首先判别漏（D）极、源（S）极，对于三端式驻极体传声器，接地（壳）端为 A 端。用万用表判别另外两端哪个是 D 极、哪个是 S 极。将万用表置 $R \times 1k$ 挡，测两个极的正、反向电阻，在阻值较小的测量中黑表笔接的是 S 极，红表笔接的是 D 极。对于两端式驻极体传声器，在内部已将 A、S 连接在一起，所以只有两端，判别 D、S 的方法同三端式。

将万用表置 R×100 挡或 R×1k 挡，黑表笔接 D，红表笔接 S，正常时，应测出 1kΩ 左右的阻值。对准传声器受话口吹气，万用表的指针在 500 ～ 3000Ω 范围内摆动，则说明传声器正常。

方法二，。这是一种在线检测方法，用万用表测量 D、S 两端直流电压，D、S 两端电压为电源电压的 1/3 ～ 1/2，若测量结果偏离太多，则说明传声器有故障。

（三）耳机的检测

将万用表置 R×1 挡，把万用表的一只表笔与耳机的一个引线端接触，用另一支表笔触碰耳机的另一个引线端。正常时，耳机应发出"喀、喀"声，万用表指针示值为 20 ～ 30Ω。

（四）蜂鸣器的检测

1. 压电式蜂鸣片的检测

（1）压电式蜂鸣片呈电容性，具有 0.005 ～ 0.0μF 的电容量，可用数字万用表的电容挡测量压电蜂鸣片的电容量。

（2）压电蜂鸣片具有压电效应，在压电蜂鸣片上加一电压，压电蜂鸣片会变形产生机械振动。若给压电蜂鸣片加上机械压力，则它又会产生电压。将万用表置直流 1V 挡，用两支表笔连接压电蜂鸣片的两极，用手挤压两极面时，万用表指针将向一个方向摆 0.1 左右。松手后指针反向摆动一次，则说明压电蜂鸣片正常。

（3）应用简易检测电路检测

检测电路如图 11-1-5 所示，VT₁ 与 VT₂ 组成直耦式低频放大电路，当接入压电蜂鸣片后则使电路形成自激多谐振荡。压电蜂鸣片既是正反馈元件（等效电容）又是发声元件。按下 S 后，若发声，则说明压电蜂鸣片正常。

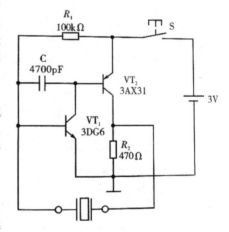

图 11-1-5　压电蜂鸣片的检测电路

2. 压电蜂鸣器的检测

将 6V 直流电源的正、负极分别与压电蜂鸣器的正、负极连接，正常的蜂鸣器应发声。

3. 电磁式蜂鸣器的检测

（1）自带音源的电磁式蜂鸣器的检测

按说明书要求加上电源电压，正常的蜂鸣器会发出声音（连续或断续）。

（2）将万用表置 R×10 挡，用黑表笔接蜂鸣器正极，用红表笔触蜂鸣器的负极，正常蜂鸣器应发出"喀、喀"声，万用表指针也应摆动。

第二节　石英晶体谐振器

一、概述

石英晶体谐振器俗称"晶振"。石英晶体的主要原料是石英单晶（即水晶），它具有极好的物理化学性能。石英晶体谐振器的 Q 值很高，频率稳定性特别好。

石英晶体谐振器的用途很广，例如 JA18 型用于电视机、TXC 型用于游戏机、455 型用于遥控器，晶振还可为各种数字电路、微处理机、无线电台、钟表电路提供时钟信号。图11-2-1 列出了部分常用晶振的外形和符号。

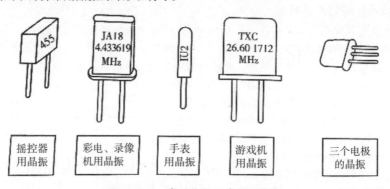

图 11-2-1　常用晶振的外形和符号

二、石英晶体谐振器型号的组成及意义

第一部分用字母表示外壳材料，第二部分用字母表示切割方式，第三部分用数字表示引脚特征（详见表 11-2-1）。

表 11-2-1　晶振器型号组成及意义

第一部分	A		B		C		J		K		R	S	
	矩形玻璃壳		圆形玻璃壳		平板玻璃壳		矩形玻璃壳		圆形塑料壳		矩形塑料壳	圆形塑料壳	
第二部分	A	B	C	D	E	F	G	H	M	N	U	X	Y
	AT切割方式	BT切割方式	CT切割方式	DT切割方式	ET切割方式	FT切割方式	GT切割方式	HT切割方式	MT切割方式	NT切割方式	音叉弯曲振动型切割	X切割方式（伸缩振动）	Y切割方式
第三部分													

例如：JA5 表示矩形金属壳、AT 切割方式的硬脚晶体谐振器；JD8 表示矩形金属壳、DT 切割方式的软脚晶体谐振器；BX1 表示圆形玻璃壳、X 切割方式（伸缩振动）的硬脚谐振器。

三、部分石英晶体谐振器的外形尺寸、主要参数

1. HX-49U 型石英晶体谐振器的外形尺寸、技术参数

HX-49U 型石英晶体谐振器的技术参数见表 11-2-2，其外形尺寸见图 11-2-2。

表 11-2-2　HX-49U 型石英晶体谐振器的技术参数

频率范围	1.8432 ~ 30MHz	30 ~ 60MHz	60 ~ 1000MHz
振动模式	基频	3 次泛音	5 次泛音
谐振电阻	25 ~ 200Ω	25 ~ 40Ω	100Ω
调整频差	± 10PPM	± 20PPM	± 50PPM
静电容	7pF（max）		
负载电容	12 ~ 50pF		
激励电平	0.1 ~ 2mW		

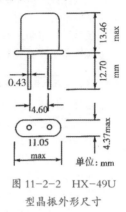

图 11-2-2　HX-49U
型晶振外形尺寸

2. DT-38 型叉状调音石英晶体谐振器的技术参数、外形尺寸

DT-38 型等石英晶体谐振器的技术参数见表 11-2-3，其外形尺寸见图 11-2-3 和表 11-2-4。

表 11-2-3　DT-38 型等石英晶体谐振器的技术参数

型号	DT-38	DT-381	DT-26	DT-261
频率范围	32.768kHz	50 ~ 150kHz	32.768kHz	20 ~ 80kHz
振动模式	基频			
负载电容	12.5Pf			
激励电平	1.0+2.0Mf			
最大调整频差	A: ± 20 × 10-6（25℃）		A: ± 20 × 10-6（25℃）	
	B: ± 30 × 10-6（25℃）		B: ± 30 × 10-6（25℃）	
最大谐振电阻	30kΩ		40kΩ	
静电容	1.3pF		1.1pF	
工作温度	-10 ~ +60℃			
存储温度	-20 ~ +70℃			

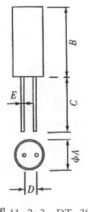

图 11-2-3　DT-38
型等晶振外形尺寸

表 11-2-4　DT-38 型等石英晶体谐振器外形尺寸

型号	A	B		C	D	E
DT-38 DT-381	Φ3.0	8.0	+0.1 -0.2	10.0 ± 1.0	1.1 ± 0.2	0.35 ± 0.07
DT-26 DT-261	Φ3.0	6.0	+0.1 -0.2	7.5 ± 1.0	0.7 ± 0.2	0.28 ± 0.05

3. 参数的意义

调整频差：基准温度时，工作频率相对于标称频率的最大偏离值。标称频率是技术条件中指定的谐振频率（呈阻性），基准温度是指定环境温度。

温度频差（频率漂移）：在规定条件下，某一范围内频率对基准频率最大偏离值。

负载电容：与石英谐振器一起决定负载谐振时的有效外界电容。

负载谐振电阻：石英谐振器与指定外部电容在负载谐振频率时的电阻。

激励电平：石英晶体谐振器工作时消耗的有效功率。

四、石英晶体谐振器使用常识

常规条件下，两引脚间电阻应为非常大，即开路。若有阻值，则说明已损坏。

使用正规厂家的产品，保证质量，保证频率稳定度。

拿取时，不要跌落，不要受到硬冲击，以免损坏。

注意谐振器使用的温度范围。

供电电源不要有浪涌脉冲（接滤波电容器）。

焊接时烙铁不应漏电（防静电）。

有晶振的电路板不要用超声波清洗。

五、石英晶体谐振器的检测

1. 一般检测方法

用万用表 R×10k 挡测量石英晶体谐振器各引脚间电阻应为无穷大；否则，说明被测石英晶体谐振器已损坏。

2. 应用测量电路检测

测量电路实为一振荡电路，如图 11-2-4 所示。

该电路可测 10kHz ～ 100MHz 的晶振。图中，VT_1 等组成多谐振器，经 C_3、VD_1、VD_2 检波后得到直流电压，驱动 LED 发光。若 LED 不发亮，则说明被检晶振已损坏。

3. 电笔测试法

用一支试电笔，将其刀头插入火线孔内。用手捏住晶体的一个引脚，用另一个引脚接触试电笔顶端的金属部分。若试电笔氖管发光，则晶振是好的；否则，晶振是坏的。

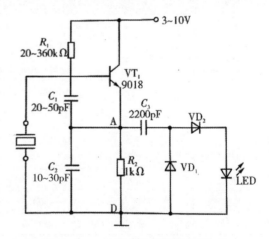

图 11-2-4 石英晶体谐振器测量电路

第三节 光电组件

前面介绍了发光二极管、光电管等单独的光电器件。如果把发光管、光电管和其他一些器件组合起来,可以得到光电耦合器、光电开关、LED 数码管、ICD 显示器等光电组件。下面介绍这些光电组件。

一、光电耦合器

光电耦合器是以光为媒介传输电信号的器件。它由一只发光二极管和一只光控的光敏元件(如光敏三极管、光敏二极管)组成。图 11-3-1 所示为几种光电耦合器的符号。

光电耦合器的主要优点是信号单向传输,输入端与输出端隔离,输出信号对输入端无影响,抗干扰能力强,传输效率高,工作稳定,无触点,使用寿命长等。现已广泛用于电气隔离、电平转换、极间耦合、驱动电器、开关电路、脉冲放大、固态继电器、斩波器、多谐振荡器、脉冲放大电路、仪器仪表和微型计算机接口电路中。

光电耦合器有各种形式,按其输出形式分,有光敏二极管型、光敏三极管型、光敏电阻型、光控晶闸管型、集成电路型,以及线性输出、高速输出和高传输比输出等。

按输出量与输入量的关系分,光电耦合器又分为开关型和线性光电耦合器。

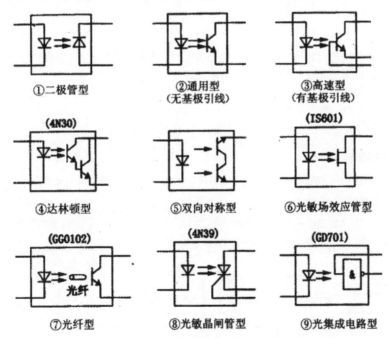

图 11-3-1 几种光电耦合器的符号

由于普通光电耦合器输入、输出间传输特性的线性不好,所以不能用于模拟量的转换,只能用作光电开关。

有了线性光电耦合器,可以实现信号的线性传达室输,即输出信号随输入信号大小的变化而成比例地变化。

光电耦合器的参数较多，最重要的参数是电流传输比（Current-Transfer Ratio，CTR），通常用百分数来表示。

二、光电开关

光电开关是光电接近开关的简称，属接近开关中的一类。光电开关是通过把光强度的变化转换成电信号的变化来实现控制。光电开关没有机械磨损，不产生电火花，是一种安全、可靠和寿命长的无触点开关。

光电开关按结构和工作方式可分成下列几种：

1. 沟式光电开关

沟式或开槽式光电开关把一个光发射器和一个光接收器面对面地装在一槽的两侧，发光器能发出红外光或可见光，光接收器在无阻挡情况下能收到光。但当被检测物从槽中通过时，光将被遮挡，光电开关便动作，输出一个开关控制信号，切断或接通负载电流，从而完成一次控制动作。沟式光电开关的检测距离因为受整体结构的限制一般只有几厘米。

2. 对射式光电开关

若把发光器和收光器分离开，就可使检测距离加大。由一个发光器和一个收光器组成的光电开关称为对射分离式光电开关，简称对射式光电开关。它的检测距离可达几米乃至几十米。使用时把发光器和收光器分别装在检测物通过路径的两侧，检测物通过时阻挡光路，收光器就动作，输出一个开关控制信号。

3. 反光板反射式光电开关

把发光器和收光器装入同一个装置内，在它的前方装一块反光板，利用反射原理完成光电控制作用的称为反光板反射式（或反射镜反射式）光电开关。正常情况下，发光器发出的光被反光板反射回来，再被收光器收到；一旦光路被检测物挡住，收光器收不到光时，光电开关就动作，输出一个开关控制信号。

以上3种开关都是在光从有变无或从亮变暗时动作，因而称为"暗态"接通。

三、LED 数码管

LED 数码管是目前最常用的一种数显器件，它是由若干发光二极管组成的。

1. 构造和显示原理

LED 数码管分共阳极与共阴极两种，如图 11-3-2 所示。a ~ g 代表 7 个笔段的驱动端，亦称为笔段电极，dp 是小数点，com 表示公共极。

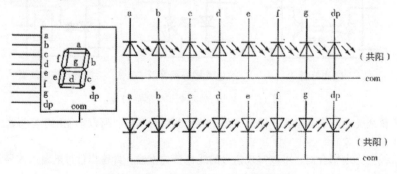

图 11-3-2　常用的 LED 数码管的构造

对于共阳极 LED 数码管，将 8 只发光二极管的阳极（正极）连接在一起作为公共阳极。其工作特点是，当笔段电极接低电平、公共阳极接高电平时，相应笔段可以发光。

共阴极 LED 数码管则与之相反，它是将发光二极管的阴极（负极）连在一起作为公共阴极。当驱动信号作为高电平、com 端接低电平时，才能发光。

2. 分类

目前国内生产的 LED 数码管种类繁多、型号各异，大致有以下几种分类方式：

（1）按外形尺寸分类

目前我国尚未制定 LED 显示器的统一标准，型号一般由生产厂家自定。小型 LED 数码管一般采用双列直插式，有 0.3″，0.5″，0.8″，1″ 等多种（1″ =25.5mm），大型 LED 数码管采用印制板插入式。

（2）根据显示位数划分

根据器件所含显示位数的多少，可划分成一位、双位、多位 LED 显示器。一位 LED 显示器就是通常所说的 LED 数码管，两位以上的一般是将多只数码管封装成一体，其特点是结构紧凑，与多只一位数码管相比成本较低。

为简化外部引线数量和降低显示器功耗，有些多位 LED 显示器采用了动态扫描显示方式。其特点是将各位同一笔段的电极连在一起作为一个引出端，并且各位数码管按一定顺序轮流发光显示，只要位扫描频率足够高，就观察不到闪烁现象。

（3）根据显示亮度划分

根据显示亮度，LED 数码管有普通亮度、高亮度和超高亮度之分。普通 LED 数码管的发光强度 IU ≥ 0.3mcd，而高亮度 LED 数码管的发光强度 IU ≥ 5mcd，提高将近一个数量级，并且后者在大约 1mA 的工作电流下即可发光。

（4）按字形结构划分

按字形结构，LED 数码管分为数码管、符号管两种。常见符号管能显示多种符号，如 +、-、- 等，"米"字管除能显示运算符号 +、-、×、÷ 之外，还可显示 A ~ Z 共 26 个英文字母，常用作单位符号显示。

另外，还可按共阳或共阴、发光颜色来分类。

图 11-3-3 是一些常用的 LED 数码管的照片，其中有单个的 0.3″、0.5″ 和 0.8″ 数码管，有能显示多种字符的 "米" 字形管，也有双位和 4 位 LED 数码管。

图 11-3-3 常用的 LED 数码管

3. 性能特点

LED 数码管的主要特点如下：能在低电压、小电流条件下发光，能与 CMOS，TT1 电路兼容；发光响应时间极短（<0.1"s），高频特性好，单色性好，亮度高；体积小，重量轻，抗冲击性能好；寿命长，使用寿命在 10 万小时以上，甚至可达 100 万小时；成本低。

因此它被广泛用作数字仪器仪表、数控装置、计算机的数显器件。

四、液晶显示器

液晶显示器件是一种新型显示器件，它利用液晶分子在电场中会改变排列方向的特点，来达到显示的目的。图 11-3-4 是一种小型的点阵式 LCD 照片。

1. 基本情况

液晶显示器件有独特的优越性能，如低压、微功耗、不怕光、体薄、结构紧凑、可以实现彩色化、可制成存储型等。但它也有不少特殊的缺点，如使用温度范围窄、显示视角小、本身不发光、不能作成大面积器件等。应该了解 LCD 适用于哪些方面，不适用于哪些方面，以便合理选用。

常用 TN 型液晶显示器具有下列优点：

一是工作电压低（$2 \sim 6V$），微功耗（$1MW/cm^2$ 以下），能与 CMOS 电路匹配。

二是显示柔和，字迹清晰；不怕强光冲刷，光照越强对比度越大，显示效果越好。

图 11-3-4 小型的点阵式 LCD

三是体积小，重量轻，平板型。

四是设计、生产工艺简单。器件尺寸可做得很大，也可做得很小；显示内容在同一显示面内可以做得多，也可以少，且显示字符可设计得美观大方。

五是可靠性高，寿命长，价格低廉。

LCD 适用于微型机、袖珍机，因为这类整机首先要求微功耗，所用器件必须小而薄，用液晶作显示器，一个积层电池可以使用几个月到一年以上。携带式微型机常在户外强环境光下使用，而 LCD 由于是被动型显示，必须要有外光源，且不怕光冲刷，在强光下最清晰，所以是很合用的。便携式微型机可以随意转动寻找最亮的外光源和最好的观察角度，这也正好适应了 LCD 的特点。但因 LCD 的工作温度范围较窄，在野外仪器上使用时应将整机尽量做小些，平时放在口袋内，用时拿在掌心里。此外整机的防潮、密封性能必须可靠。

2. 使用中的注意事项

一是防止施加直流电压。驱动电压中的直流成分越小越好，一般不得超过 1.0mV。长时间地施加过大的直流成分，会使 LCD 发生电解和电极老化，从而降低寿命。

二是防止紫外线的照射。液晶是有机物，在紫外线照射下会发生化学反应，所以液晶显示器在野外使用时应考虑在前面放置紫外滤光片或采取别的防紫外线措施，使用时也应避免阳光的直射。

三是防止压力。液晶显示器件的关键部位是玻璃内表面的定向层和其间定向排列的液晶层，如果在显示器件上加上压力，会使玻璃变形、定向排列紊乱，所以在装配、使用时须尽量防止随便施加压力。反射板是一块薄铝箔（或有机膜），应注意防止硬物磕碰，以免出现划痕，影响显示。

四是温度限制。液晶是一类有机化合物的统称，这些有机化合物在一定温度范围内既有液体的连续性和流动性，又有晶体所特有的光学特性，呈液晶态。如果保存温度超过规定范围，液晶态会消失，温度恢复后并不都能恢复正常取向状态，所以产品必须保存和使用在许可温度范围内。

五是显示器件的清洁处理。由于器件四周及表面结构采用有机材料，所以只能用柔软的布擦拭，避免使用有机溶剂。

六是防止玻璃破裂。显示器件是玻璃的，如果跌落，玻璃肯定会破裂。在设计时还应考虑装配方法及装配的耐振和耐冲击性能。

七是防潮。液晶显示器件工作电压甚低，液晶材料电阻率极高（达 $1 \times 10^{10}\Omega$ 以上），所以潮湿造成的玻璃表面导电，就可以使器件在显示时发生"串段"现象，设计和使用时必须考虑防潮。

五、光电器件的检测

1. LED 数码管的检测

（1）共阴、共阳结构的判别

将数字万用表置 h_{FE} 挡，在 NPN 插座的 c 孔（高电位）插入一根单股红色导线，在 e 孔（低电位）插入一根黑色单股导线，将红色导线另一端接触被测管任一引脚，黑色导线另一端接触被测管其他引脚，则会出现下列三种情况之一。

① 当黑色导线接触某一引脚时，数码管有一笔段发光，则被测管为共阴结构。在这种情况下，黑导线接触的引脚为公共阴极。

② 黑色导线接触任一引脚，笔段均不亮，被测管可能是共阳结构，交换红、黑导线位置再测一次，证实是共阳结构，并识别出公共引脚。

③ 黑色导线接触任一引脚，均有对应笔段发光。在这种情况下，红导线接触的是公共阴极，被测管是共阳结构。

（2）各笔段引脚的判别

以共阴极为例介绍各笔段引脚的判别方法。将数字万用表置 h_{FE} 挡，在 NPN 插座的 c 孔插入一根红色单股导线，在 e 孔插入一根黑色单股导线。将黑色导线与被测管的共阴极引脚接触。红色导线分别接触被测管其余各引脚，每接触一个引脚，有一个对应的笔段发光，如 1 脚 a 段发光，因此能一一确定各笔段所对应的引脚。若各段发光均无互连、残缺现象，则说明被测管正常。

2. 光电耦合器的检测

（1）发送器的检测

DIP 封装的光电耦合器较多，将引脚朝下，塑封平面朝上，把第 1 引脚的标记（小圆圈）置于左上方，这时面向读者的塑封平面称正面。发送器位于正面的左侧。

将数字万用表置二极管挡，将两支表笔分别与发送器的两个引脚接触。交换表笔测量两次，若一次示值为 1V 左右，另一次显示溢出，则为单管型发送器。在显示 1V 左右的一次测量中，红表笔接触的引脚为正极，另一引脚为负极。若两次测量示值均为 1V 左右，则是双管发送器。

（2）接收器的检测

在 DIP 封装中，接收器位于正面的右侧。

① 光电二极管型。将模拟万用表置 R×1k 挡，测量接收器的正、反向电阻。若两次测量阻值相差较多，一般正向电阻 $10k\Omega$ 左右，反向电阻无穷大，则接收器是光电二极管。在阻值较小的一次测量中，黑表笔接触的引脚是正极，另一引脚为负极。

② 两引脚光电晶体管型。这两个引脚分别为 c、e 极，没有 b 极引出线。光电耦合器中的光电晶体管大部分是 NPN 型。将模拟万用表置 R×1k 挡，测量 c、e 间的电阻，交换表笔测量两次。在阻值较小的一次测量中，黑表笔接触的引脚为 c 极，另一引脚为 e 极。

③ 三引脚光电晶体管型。其 b、c、e 极的判别方法，参见双极型晶体管的 b、c、e 极的判别方法。

（3）光电耦合器性能的检测

光电耦合器的主要参数是电流传输比 CTR，其测量电路如图 11-3-5 所示。

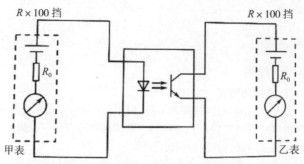

图 11-3-5　光电耦合器 CTR 测量电路

图 11-3-5 中，甲表、乙表是采用同一型号的模拟万用表，且均置 R×100 挡，设甲表的表针偏转格数为 n_1，乙表的表针偏转格数为 n_2，则 CTR 为

$$CTR=(n_2 / n_1)×100\%$$

通用型 CTR：20%×300%；达林顿型 CTR：100%～5000%。

3. 光电开关的检测

以槽隙式光电开关为例介绍光电开关的检测方法。光电开关的输入端为红外发光管，输出端为光电晶体管，通常没有 b 极引出线。

（1）输入端与输出端的判别及输入端正、负极的识别

将模拟万用表置 R×1k 挡，利用测量正、反向电阻法进行检测。正、反向阻值相差较大，即具有单向导电特性的为输入端。在电阻较小的一次测量中，黑表笔接触的引脚为正极，另一引脚为负极。正、反向电阻相近，即不具有单向导电特性的则为输出端。

（2）输出端 c、e 极的识别及光电开关性能的检测

光电开关检测电路如图 11-3-6 所示。采用双表法测量，将数字万用表置向 FE 挡，利用该表 NPN 插座的 c、e 孔向发光管提供电源。c 孔与发光管正极相连，e 孔与发光管负极相连。将模拟万用表置 R×10k 挡，红、黑表笔分别接触光电开关输出端的两个引脚。拿掉黑色挡板，如万用表示值明显减小，即表针明显向右摆动，则黑表笔接触的引脚为 c 极，另一引脚为 e 极。若表针基本不动，应交换表笔重新测量，直至识别出 c、e 极。上、下移动黑色挡板，万用表的指针应明显地摆动。摆幅越大，光电开关越灵敏。

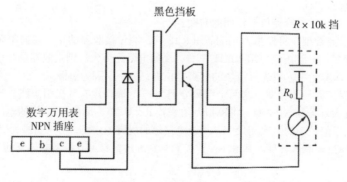

图 11-3-6　光电开关检测电路

第四节　表面安装元器件和芯片封装

随着电子技术的进步，表面安装技术开始出现，而SMT技术的发展，又极大地推动了电子技术的发展。本节介绍表面安装元器件，即SMT元器件。

一、表面安装元器件的特点和种类

1. 特点

表面安装元器件基本上都是片状结构。这里所说的片状是广义的概念，从结构形状说，包括薄片矩形、圆柱形、扁平异形等，因此表面安装元器件也称为贴片元器件或片状元器件。表面安装元器件最重要的特点是小型化和标准化。

在SMT元器件的电极上，有些完全没有引出线，有些只有非常短小的引线；相邻电极之间的距离比传统的双列直插式集成电路的引线间距（2.54mm）小很多，目前间距最小的达到0.3mm。在集成度相同的情况下，SMT元器件的体积比传统的元器件小很多；或者说，与同样体积的传统电路芯片比较，SMT元器件的集成度提高了很多倍。

SMT元器件直接贴装在印制电路板的表面，其电极焊接在与元器件同一面的焊盘上。这样，印制板上的通孔只起到电路连通导线的作用，孔的直径仅由制板时金属化孔的工艺水平决定，通孔的周围没有焊盘，使印刷板的布线密度大大提高。

除小型化以外，片状元器件另一个重要的特点是标准化。国外已经对其制定了有关标准，对片状元器件的外形尺寸、结构与电极形状等都作了规定，这对表面装配技术的发展无疑具有非常重要的意义。

2. 种类

表面安装元器件同传统元器件一样，从功能上分为无源元件和有源器件。

二、无源元件

无源元件（SMC）包括片装电阻器、电容器、电感器、滤波器和陶瓷振荡器等。应该说，随着SMT技术的发展，几乎全部传统电子元件的每个品种都已经被"SMT化"了。

如图11-4-1所示，SMC的典型开头是一个矩形六面体（长方体），也有一部分SMC采用圆柱体的形状，还有一些元件由于矩形化比较困难，是异形SMC。

表11-4-1　典型SMC的外形尺寸　　　　　　　　　（mm）

系列型号	L	W	a	b	T
3216	3.2	1.6	0.5	0.5	0.6
2025	2.0	1.25	0.4	0.4	0.6
1608	1.6	0.8	0.3	0.3	0.45
1005	1.0	0.5	0.2	0.25	0.35

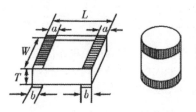

图11-4-1　SMC的基本外形

从电子元件的功能特性来说，SMC特性参数的数值系列与传统元件的差别不大，而SMC本身的规格是根据SMC长方体的外尺寸制定的。表11-4-1列出了几个公制系列型号，4位数字代表了 SMC 元件的长度和宽度。另有一种用英寸为单位的表示方法与此类似，但其单位是 1/100 英寸。

SMC 的种类用型号加后缀的方法表示。例如，3216C 是 3216 系列的电容器，2025R 表示 2025 系列的电阻器。由于表面积太小，SMC 的标称值一般用印在元件表面上的 3 位数字表示，前两位数字是有效数字，第三位是倍率乘数。例如，电阻器上印有 114，表示阻值为 110kΩ；电容器上的 103，表示容量为 100000 pF，即 0.01μF。

虽然 SMC 的体积很小，但其数值范围和精度并不低（见表 11-4-2）。以 SMC 电阻器为例，3216 系列的阻值范围为 0.39Ω ～ 10MΩ，额定功率可达 1/4W，允许偏差有 ±1%、±2%、±5% 和 ±10% 等 4 个系列，额定工作温度上限为 70℃。

表 11-4-2　常用典型 SMC 电阻器的主要技术参数

系列型号	阻值范围	允许偏差（%）	额定功率（W）	工作温度上限(℃)
3216	0.39Ω ～ 10MΩ	±1、±2、±5、±10	1/8、1/4	70
2025	1Ω ～ 10MΩ	±1、±2、±5、±10	1/10	70
1608	2.2Ω ～ 10MΩ	±2、±5、±10	1/16	70
1005	10Ω ～ 1MΩ	±2、±5	1/16	70

三、有源器件

有源器件（SMD）的电路种类包括各种半导体器件，既有分立器件的二极管、三极管、场效应管，也有数字集成电路和模拟集成电路的集成器件。由于工艺技术的进步，SMD 器件的电气性能指标往往更好一些。典型 SMD 器件的外形如图 11-4-2 所示。

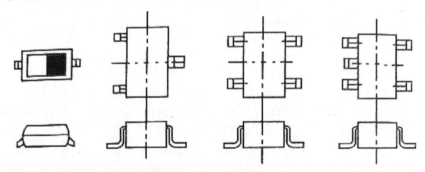

图 11-4-2　典型 SMD 器件的外形

二端 SMD 分立器件一般是二极管类器件，这类器件若有极性，则会在负极作白色或黑色标记；三端 SMD 分立器件一般是晶体三极管；四端～六端 SMD 分立器件内大多封装了两只三极管或场效应管。各厂商产品的电极引出不同，在选用时必须查阅手册资料。

SMD 集成电路

集成电路芯片的封装技术已经历了好几代的变迁，从 DIP、SOP、QFP、LCC、PGA、BGA 到 CSP，再到 MCM，技术指标一代比一代先进：芯片面积与封装面积之比越来越接近于 1，适用频率越来越高，耐温性能越来越好，引脚数增多，引脚间距减小，重量减小，可靠性提高，使用起来更加方便。

在以上芯片封装系列中，SOP、QFP、BGA 和 CSP 都是典型的表面安装器件，SOP、QFP 的引脚出线示意与图 11-4-2 相仿，BGA 和 CSP 的出线为矩阵贴片形式。

四、芯片封装简介

衡量一个芯片封装技术先进与否的重要指标是芯片面积与封装面积之比，这个比值越接近 1 越好。

以采用 40 根 I / O 引脚塑料包封双列直插式封装（PDIP）的 CPU 为例，其芯片面积／封装面积 =（3×3）/（15.24×50）=1：86。不难看出，这种封装尺寸远比芯片大，说明封装效率很低，占去了很多有效的安装面积。

从 DIP、SOP、QFP、LCC、PGA、BGA 到 CSP，再到 MCM 的封装变革进程中，DIP 尽管封装效率低，但它比较适合 PCB 的穿孔安装，并且操作方便，因而至今仍适合初学者和简单产品使用。SOP、QFP、LCC 属于芯片载体封装，它们具有适合 SIr4T 表面安装、外形尺寸小、寄生参数小、操作方便、可靠性高的特点。

从封装效率看，以 0.5mm 焊区中心距、208 根 I / O 引脚的 QFP 封装的 CPU 为例，外形尺寸 28mm×28mm，芯片尺寸 10mm×10mm，则芯片面积／封装面积 =（10×10）/（28×28）=1：7.8，由此可见芯片载体封装比 DIP 的封装效率大大提高。

BGA 封装是大规模集成电路的一种极富生命力的新型封装方法。它将原来器件 LCC／QFP 封装的引脚改变成球形引脚；把从器件本体四周"单线性"顺列引出的电极，改变成本体腹底之下"全平面"式的格栅阵排列。这样，既可以疏散引脚间距，又能够增加引脚数目。

BGA 具有引脚间距大，组装成品率高，厚度和重量小，寄生参数小，信号传输延迟小，占用基板面积和功耗较大的特点。

BGA 封装比 QFP 先进，更比 PGA 好，但它的芯片面积／封装面积的比值仍未取得实质性的改进。

CSP 封装在 BGA 的基础上做了改进，其封装外形尺寸只比裸芯片大一点。也就是说，单个 IC 芯片有多大，封装尺寸就有多大，因此命名为芯片尺寸封装（Chip Size Package 或 Chip Scale Package，CSP）。

CSP 封装将封装面积缩小到 BGA 的 1/4～1/10，延迟时间缩小到了极短，它同时满足了 IC 芯片引出脚不断增加的需要，也解决了 IC 裸芯片不能进行交流参数测试和老化筛选的问题。

曾有人提出，当单芯片一时还达不到多种芯片的集成度时，能否将高集成度、高性能、高可靠的 2SP 芯片（用 LSI 或 IC）和专用集成电路芯片（ASI）在高密度多层互联基板上，用表面安装技术（SMT）组装成为多种多样的电子组件、子系统或系统。由这种想法产生出多芯片组件 MCM。MCM 将对现代化的计算机、自动化、通信等领域产生重大影响。

随着 LSI 设计技术和工艺的进步，以及深亚微米技术和微细化缩小芯片尺寸等技术的使用，人们在形成 MCM 产品想法的基础上，进一步又想把多种芯片的电路集成在一个大圆片上，从而又导致了封装由单个小芯片级转向硅圆片级封装的变革，由此引出系统级芯片。

随着 CPU 和其他 ULSI 电路的进步，集成电路的封装形式也将有相应的发展，而封装形式的发展也会反过来促进整个电子信息技术和社会的进步。

参考文献

［1］梁勇，王术良，孙德升．电子元器件的安装与拆卸［M］．北京：机械工业出版社，2020.

［2］王水平，等．电子元器件应用基础［M］．北京：电子工业出版社，2016.

［3］韩雪涛．电子元器件识别、检测、选用与代换［M］．北京：电子工业出版社，2019.

［4］孙洋，孔军．电子元器件识别·检测·选用·代换·维修全书［M］．北京：化学工业出版社，2021.

［5］蔡杏山．电子元器件一本通［M］．北京：人民邮电出版社，2020.

［6］刘纪红，沈鸿媛，等．电子元器件应用［M］．北京：清华大学出版社，2019.

［7］韩雪涛．电子元器件从入门到精通［M］．北京：化学工业出版社，2019.

［8］张校铭．从零开始学电子元器件——识别·检测·维修·代换·应用［M］．北京：化学工业出版社，2017.

［9］高礼忠，杨吉祥．电子测量技术基础［M］．南京：东南大学出版社，2015.

［10］于安红．简明电子元器件手册［M］．上海：上海交通大学出版社，2005.

［11］王昊，李昕，郑凤翼．通用电子元器件的选用与检测［M］．北京：电子工业出版社，2006.

［12］张庆双，等．电子元器件的选用与检测［M］．北京：机械工业出版社，2007.